高职高专"十三五"规划教材

# 职业形象与职场礼仪

ZHIYE XINGXIANG YU ZHICHANG LIYI

张 华 周兴中 主 编
赵 敏 副主编

化学工业出版社
·北京·

教材从高等职业人才培养目标出发，采用"任务驱动"的教学模式，针对"就业为导向"的人才培养目标，根据高职院校人才培养定位及职业人士如何设计塑造良好的职业形象需要设置内容，以塑造良好的职业形象为主线，以职场礼仪为宗旨，系统地介绍了职业形象的认知、职业形象的塑造、职场形象的展示、职业形象的提升四大篇内容，较为全面地介绍了职业形象与职场礼仪的相关知识和运用技巧，可帮助大学生在走入职场时展示得体的职业形象，更好地体现一个人的教养、风度、气质，掌握职场基本礼仪，塑造良好的职业形象。

本教材为各类职业院校各专业的必修教材，也可作为社会各界职业礼仪培训的基础教材。

### 图书在版编目（CIP）数据

职业形象与职场礼仪/张华，周兴中主编. —北京：化学工业出版社，2017.12（2023.7重印）
高职高专"十三五"规划教材
ISBN 978-7-122-30872-6

Ⅰ.①职… Ⅱ.①张…②周… Ⅲ.①个人-形象-设计-高等职业教育-教材②心理交往-礼仪-高等职业教育-教材 Ⅳ.①B834.3②C912.12

中国版本图书馆CIP数据核字（2017）第263509号

---

责任编辑：于 卉　　　　　　　文字编辑：李 曦
责任校对：王 静　　　　　　　装帧设计：史利平

出版发行：化学工业出版社（北京市东城区青年湖南街13号　邮政编码100011）
印　　装：北京天宇星印刷厂
787mm×1092mm　1/16　印张17¾　字数460千字　2023年7月北京第1版第6次印刷

购书咨询：010-64518888（传真：010-64519686）　售后服务：010-64518899
网　　址：http://www.cip.com.cn
凡购买本书，如有缺损质量问题，本社销售中心负责调换。

---

定　价：42.00元　　　　　　　　　　　　　　　　　　版权所有　违者必究

在职场上，职业人员每时每刻都离不开与他人交往，良好的职业形象和职业礼仪是助其事业取得成功的重要因素。因此，职业形象与职场礼仪是职场活动中必不可少的组成部分。一个优秀人才，不仅应当有高水平的专业知识与技能，还必须有良好的职业形象和礼仪修养，随着就业形势的不断严峻，各用人单位对学生的形象与礼仪素养也提出了更高的要求，提升个人和员工的形象与礼仪素养是每一个人的必修课，良好的职业形象是个人在职场中致胜的法宝和展示个人素质的重要方面。加强职业形象礼仪的教育有助于提高大学生素质、增强人际交往能力，提升社会文明水平。

一个成功的个人形象，展示给人们的是你的自信、尊严、力量和能力，它并不仅仅反映在一个人展现给别人的视觉效果，同时也是一种外在辅助工具，它让你对自己的言行有了更高要求，能立刻唤起你内在沉淀的优良素质，通过你的一举一动，让你浑身都散发着一个成功者的魅力。当代大学生要想在就业中占得先机，就应该注重培养基本的职业形象。一个好的形象，不只是打扮得多么美丽、光鲜，最重要的是要具备高雅的礼仪风貌、得体的言行举止，使自身服饰、发型、言谈举止与职业、场合、地位相吻合，这样更能恰当地展示个人的良好职业形象。

《职业形象与职场礼仪》是实用性很强的教材，根据《教育部关于深化职业教育教学改革全面提高人才培养质量的若干意见》《高等职业教育创新发展行动计划（2015—2018年）》等大背景下进行编写，重在落实立德树人的根本任务，把提高教材质量作为重点，以服务学生为宗旨，以学生就业为导向，把培养学生职业道德、职业技能、就业创业和继续学习能力作为重要载体。按照德育为先、能力为重、全面发展、系统培养的要求，推进课程的综合化、模块化和项目化，提高学生职业技能和培养职业精神高度融合，让学生更好地适应教材、走进课堂，真正做到以学习者为中心的教育教学改革模式，全面提高人才培养质量，推动教材开发可持续发展。

本书从高等职业人才培养目标出发，采用"任务驱动"的教学模式，对职业形象和职场礼仪的主要内容进行构建，本着实用、适用、够用的原则，体现了职业教育的特点，以增强学生的感性认识，提高学生的认知能力，激发学生的学习兴趣，修养和形象的养成，有效地掌握职场基本礼仪、塑造良好的职业形象，在日常生活、社会交往和工作中能够轻松自如地运用。

本书的特色：

① 从如何设计塑造大学生良好的职业礼仪形象出发，精心设计体例，形式多样活泼，按照"任务描述—任务目标—案例导入—任务知识—拓展阅读—案例分析—小案例—小故事—任务总结—思考与练习"的认知规律构建项目内容，对职业形象与礼仪进行全面的介绍和阐释。把大学生职业形象与礼仪的教育引入课堂，便于组织实际教学活动。

② 让大学生走进礼仪的世界、塑造优雅的举止、拥有端庄的仪容仪表、在交往中提升个人价值、塑造良好的形象。教学内容紧扣学生特点，并附有案例、图示、阅读等，将理论

融于实际运用体系中,有较强针对性;形式新颖,内容生动,易于掌握,以满足大学生对职业形象与职场礼仪知识了解、掌握的需求。

③ 适应时代背景,精简文字,理论上只选最重要的内容,较为精悍;创设情境以激发大学生学习的兴趣;通过现代教学手段,融于实际运用,具有新颖、易读的特点,突出了典型实例分析,增强专业性和实用性。

本书是结合课程的建设和日常教学体会并总结多年的教学经验编写而成的。由张华、周兴中担任主编,赵敏担任副主编。文婧羽、王瑛、丁旭兵参编。其中,任务一、十五、十九、二十一至二十三由张华编写,任务七、二十四、二十五由周兴中编写,任务三至六由赵敏编写,任务十、十一、十四由文婧羽编写,任务十二、十三、十六、十七、二十由王瑛编写,任务八、九、十八由丁旭兵编写,任务二由刘江编写,最后张华统稿。

在本书的编写过程中,借鉴和参考了国内外相关资料和书籍,得到了有关专家的指导,以及编者所在学院和教学院系的大力支持,在此,一并表示敬意和感谢!

由于编者水平有限,书中难免存在疏漏和不足之处,敬请广大读者批评指正。

编者

2017 年 6 月

# 目录 CONTENTS

## 第一篇 职业形象的认知 ... 1

### 任务一 ▶ 角色定位——职业形象的认知 ... 2
- 一、职业的含义和特点 ... 3
- 二、形象与职业 ... 4
- 三、职业形象的含义和特征 ... 7
- 四、职业形象的意义和作用 ... 8
- 任务总结 ... 10
- 思考与练习 ... 11

### 任务二 ▶ 多变角色——职业形象的构成 ... 13
- 一、职业形象的构成 ... 14
- 二、职业形象的类型 ... 14
- 三、职业形象对事业发展的影响 ... 15
- 四、职业形象的自我定位 ... 17
- 任务总结 ... 19
- 思考与练习 ... 19

### 任务三 ▶ 角色感染——职业形象的准确演绎 ... 22
- 一、职业形象设计 ... 23
- 二、职业形象设计的实现形式 ... 24
- 三、职业形象的形、色、韵 ... 26
- 四、职业形象的视觉设计 ... 28
- 五、职业形象设计的行为视觉 ... 29
- 任务总结 ... 30
- 思考与练习 ... 30

### 任务四 ▶ 角色展示——职业形象的影响力 ... 32
- 一、职业形象对职业生涯的影响力 ... 33
- 二、职业形象对成功的影响力 ... 33
- 三、职业意识的培养 ... 35
- 四、职业心态 ... 38

任务总结 ………………………………………………………… 39
　　思考与练习 ……………………………………………………… 39

## 第二篇　职业形象的塑造

### 任务五 ▶ 职业化形象——做合格的职场人士 ………………………… 42
　　一、做有素质的职业人 ……………………………………………… 43
　　二、做遵守道德的职业人 …………………………………………… 45
　　三、做规划职业生涯的职业人 ……………………………………… 46
　　四、做具备良好心理素质的职业人 ………………………………… 47
　　五、做专业技能过硬的职业人 ……………………………………… 49
　　任务总结 ………………………………………………………… 50
　　思考与练习 ……………………………………………………… 50

### 任务六 ▶ 首因效应——留下你的第一好印象 ………………………… 52
　　一、首因效应的概念 ………………………………………………… 53
　　二、首因效应的实践意义 …………………………………………… 54
　　三、首因效应的影响因素 …………………………………………… 56
　　四、首因效应在职场中的应用 ……………………………………… 57
　　五、打造完美的第一印象 …………………………………………… 58
　　任务总结 ………………………………………………………… 58
　　思考与练习 ……………………………………………………… 58

### 任务七 ▶ 首因效应——个人形象的锤炼 ……………………………… 61
　　一、个人形象塑造的基础 …………………………………………… 62
　　二、塑造个人形象的标准 …………………………………………… 63
　　三、塑造个人形象的方式 …………………………………………… 64
　　四、在职场中加强个人礼仪修养的作用 …………………………… 65
　　任务总结 ………………………………………………………… 66
　　思考与练习 ……………………………………………………… 66

### 任务八 ▶ 光环效应——职业形象的设计 ……………………………… 69
　　一、秀于外 …………………………………………………………… 69
　　二、慧于中 …………………………………………………………… 70
　　三、掌握相关的形象艺术 …………………………………………… 72
　　四、具有魅力的艺术 ………………………………………………… 76
　　任务总结 ………………………………………………………… 77
　　思考与练习 ……………………………………………………… 77

### 任务九 ▶ 职场礼仪——塑造职业形象的手段 ………………………… 79
　　一、外表整合塑造完美的形象 ……………………………………… 79
　　二、内在素质整合展现魅力 ………………………………………… 81
　　三、发展素质整合 …………………………………………………… 83
　　四、塑造"内慧外秀"品质 ………………………………………… 84
　　任务总结 ………………………………………………………… 85

思考与练习 ·················································································· 85

## 第三篇　职场形象的展示　87

### 任务十 ▶ 仪态修炼——优美姿态风度翩翩 ·············································· 88
一、挺拔的站姿 ··········································································· 89
二、文雅的坐姿 ··········································································· 91
三、稳健的行姿 ··········································································· 93
四、得体的蹲姿 ··········································································· 95
五、增加你的亲和力 ····································································· 96
六、面部表情 ············································································· 99
任务总结 ··················································································· 101
思考与练习 ················································································ 101

### 任务十一 ▶ 妆容设计——塑造专业形象 ················································ 103
一、职业妆容设计的概念和内涵 ······················································ 103
二、职业妆容设计的基本原则与技巧 ················································ 104
三、职业妆容修饰技巧 ·································································· 106
四、职业女士化妆技巧 ·································································· 109
任务总结 ··················································································· 113
思考与练习 ················································································ 113

### 任务十二 ▶ 服饰设计——体现良好职业风范 ·········································· 115
一、职场着装 ············································································· 116
二、色彩的搭配 ·········································································· 121
三、饰品装扮 ············································································· 122
任务总结 ··················································································· 123
思考与练习 ················································································ 124

### 任务十三 ▶ 手势准确——举手投足显示素质 ·········································· 126
一、手势的含义 ·········································································· 126
二、职业手势语 ·········································································· 127
三、几种常见的手势语 ·································································· 128
四、象征性手势语 ······································································· 130
五、应避免出现的手势 ·································································· 131
任务总结 ··················································································· 132
思考与练习 ················································································ 132

### 任务十四 ▶ 会听善说——职场沟通基本手段 ·········································· 134
一、交谈礼仪要求与方法 ······························································· 135
二、交谈的主题 ·········································································· 137
三、交谈的方式 ·········································································· 139
四、交谈的语言 ·········································································· 141
任务总结 ··················································································· 142
思考与练习 ················································································ 142

### 任务十五 ▶ 和蔼相见——有礼有节、交往适度 ·············· 144
　　一、工作中的称呼 ································· 144
　　二、问候 ······································· 147
　　三、寒暄 ······································· 148
　　四、介绍 ······································· 149
　　五、握手礼 ····································· 154
　　六、鞠躬礼 ····································· 155
　　七、名片礼仪 ··································· 156
　　任务总结 ······································· 159
　　思考与练习 ····································· 159

### 任务十六 ▶ 电话礼仪——虽不见面礼仪有加 ·············· 161
　　一、基本电话礼仪 ······························· 162
　　二、拨打电话的礼仪 ····························· 163
　　三、接听电话的礼仪 ····························· 164
　　四、手机礼仪 ··································· 165
　　五、职场中使用手机的礼仪要求 ··················· 166
　　任务总结 ······································· 168
　　思考与练习 ····································· 168

### 任务十七 ▶ 餐饮礼仪——餐桌上面见人品 ················ 170
　　一、宴请 ······································· 171
　　二、中餐礼仪 ··································· 174
　　三、西餐礼仪 ··································· 175
　　四、咖啡礼仪 ··································· 177
　　五、茶礼仪 ····································· 177
　　任务总结 ······································· 179
　　思考与练习 ····································· 179

### 任务十八 ▶ 接访礼仪——微小细节决定成败 ·············· 181
　　一、接待礼仪 ··································· 181
　　二、拜访礼仪 ··································· 184
　　任务总结 ······································· 187
　　思考与练习 ····································· 187

### 任务十九 ▶ 场所礼仪——营造和谐的工作氛围 ············ 190
　　一、工作环境的礼仪 ····························· 191
　　二、上、下级关系礼仪 ··························· 193
　　三、同事关系礼仪 ······························· 194
　　四、职场沟通礼仪 ······························· 196
　　任务总结 ······································· 197
　　思考与练习 ····································· 197

### 任务二十 ▶ 会务礼仪——团队沟通的基本方式 ············ 199
　　一、会议的含义 ································· 200
　　二、会前礼仪 ··································· 200
　　三、会中礼仪 ··································· 201

四、会后礼仪 …………………………………………… 202
　　五、会务的具体事宜 …………………………………… 203
　任务总结 ………………………………………………… 205
　思考与练习 ……………………………………………… 205

## 任务二十一 ▶ 职场位次礼仪 …………………………… 207
　　一、行进中的位次礼仪 ………………………………… 208
　　二、乘坐交通工具的位次礼仪 ………………………… 211
　　三、会客座次礼仪 ……………………………………… 215
　　四、商务活动的位次礼仪 ……………………………… 216
　任务总结 ………………………………………………… 220
　思考与练习 ……………………………………………… 220

## 任务二十二 ▶ 大学生就业形象设计 …………………… 222
　　一、塑造优雅的个人求职形象 ………………………… 223
　　二、设计求职材料 ……………………………………… 226
　　三、量身设计定做求职材料 …………………………… 228
　　四、书面求职礼仪 ……………………………………… 229
　任务总结 ………………………………………………… 231
　思考与练习 ……………………………………………… 231

## 任务二十三 ▶ 求职面试礼仪 …………………………… 233
　　一、求职面试概述 ……………………………………… 234
　　二、面试前的准备工作 ………………………………… 234
　　三、面试中的礼仪 ……………………………………… 236
　　四、面试后的礼仪 ……………………………………… 242
　任务总结 ………………………………………………… 243
　思考与练习 ……………………………………………… 243

# 第四篇　职场形象的提升　　245

## 任务二十四 ▶ 气质的培养与职业形象 ………………… 246
　　一、气质的概念 ………………………………………… 247
　　二、气质与职业形象的关系 …………………………… 250
　　三、气质的塑造 ………………………………………… 251
　　四、良好形象的气质体现 ……………………………… 255
　任务总结 ………………………………………………… 258
　思考与练习 ……………………………………………… 258

## 任务二十五 ▶ 素质修养与职业形象提升 ……………… 260
　　一、素质与职业形象 …………………………………… 260
　　二、素质修养与职业形象 ……………………………… 262
　　三、职业诚信 …………………………………………… 267
　　四、职业忠诚 …………………………………………… 270
　任务总结 ………………………………………………… 271

# 参考文献

# PART1

# 第一篇
## 职业形象的认知

　　形象是一个人内在素质的外在表现。职业形象决定职场命运,作为一个职场人士,不管你从事什么样的工作,工作能力是关键,但个人的形象也至关重要,将对收入、成就乃至职业生涯的发展等产生重大影响。良好的个人形象可以增加人的自信,对其求职、工作、晋升和社交都起到十分重要的促进作用。

　　本篇所有的理论知识点需要充分理解和掌握。怎样才能塑造一个良好的职业形象呢?这需要我们在日常工作生活中加以学习和培养。因此,在学习过程中,要从今后步入职场的定位上认知你的角色,还要从职场发展的角度上塑造你的良好形象,展示你较高的职业素养。

# 任务一 角色定位——职业形象的认知

### ▶▶ 任务描述

你的形象就是你的价值,你的形象就犹如公司的广告牌。你的形象在工作中影响着你的成就,在生活中影响着你的人际关系。它无时无刻不在影响着你的自尊和自信,最终影响着你的幸福感。

职业形象是指你在职场中公众对你的印象。良好的职业形象,有助于提高企业的整体形象。

任何人都想成为成功的职业人,都要为自己进行正确的角色定位,对自己进行适当的自我形象设计与美化,使自己的角色明确化、具体化,按照职场的规则要求扮演好自己的角色。

### ▶▶ 任务目标

1. 充分认识职业的含义、作用;
2. 正确理解形象的含义、形象与职业的关系;
3. 掌握职业形象的含义和特征;
4. 学会应用和掌握职业形象的作用。

### 案例导入

刘先生是化工专业的大学生,在大学三年的学习期间获得过奖学金。毕业后刘先生到了一家大型化工企业工作了近两年,有一天,他的上司与他会见了一位客人,客人走后,上司对他说:"我讨厌他的面孔。"刘先生说:"可是人的面孔是天生的。"上司接着说:"不,人一定要对自己的面孔负责。"

从上面的实例可以看出,经理指的不是客人的天生面孔,而指的是其职业形象。职业形象体现在每一个员工的个体形象上,每一个行业、每一个组织,都有它相适应的整体面貌,而这个整体面貌是建立与维护企业形象的关键。因此在踏上事业道路之初,是值得我们去花时间学习如何塑造良好形象的技能。一个人的形象远比人们想象得更为重要。当大学毕业之时,面临着第一次求职,如何给人留下你良好的形象呢?

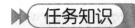

## 一、职业的含义和特点

### 1. 职业的含义

一般意义上对职业的理解就是工作，现在所做的工作即是职业。其实讲的更具体一些，职业是人们在社会中所从事的作为谋生手段的工作。从广义的社会角度看职业是劳动者获得的社会角色，劳动者为社会承担一定的义务和责任，并获得相应的报酬的过程。所以，职业是参与社会分工，利用专门的知识和技能，创造物质财富、精神财富，获得合理报酬，满足物质生活、精神生活的工作。

按照我国《职业分类大典》（以下简称《大典》）对职业的定义，职业是指从业人员为获取主要生活来源所从事的社会工作类别。根据中国职业规划师协会的定义：职业＝行业＋职能，这样才算是一个完整的对职业的解释。

  拓展阅读

**我国职业的分类**

我国的职业分类结构包括四个层次，即大类、中类、小类和细类，依次体现由粗到细的职业类别。细类作为我国职业分类结构中最基本的类别，即职业。《大典》将我国社会职业划分为 8 个大类、66 个中类、413 个小类、1838 个职业。8 个大类分别是：①国家机关、党群组织、企业、事业、单位负责人；②专业技术人员；③办事人员和有关人员；④商业、服务人员；⑤农、林、牧、渔、水利业生产人员；⑥生产、运输设备操作人员及有关人员；⑦军人；⑧不便分类的其他人员。

### 2. 职业的特点

（1）职业的社会属性　职业是人类在劳动过程中的分工现象，它体现的是劳动力与劳动资料之间的结合关系，其实也体现出劳动者之间的关系，劳动产品的交换体现的是不同职业之间的劳动交换关系。这种劳动过程中结成的人与人的关系无疑是社会性的，两者之间的劳动交换反映的是不同职业之间的等价关系，这反映了职业活动和劳动成果的社会属性。

（2）职业的规范性　职业的规范性应该包含以下两层含义：

① 职业内部的规范性操作要求。

② 职业道德的规范性。

不同的职业在其劳动过程中都有一定的操作规范性，这是保证职业活动的专业性要求。当不同职业在对外展现其服务时，还存在一个伦理范畴的规范性，即职业道德。这两种规范性构成了职业规范的内涵与外延。

（3）职业的功利性　职业的功利性也叫职业的经济性，是指职业作为人们赖以谋生的劳动过程中所具有的逐利性。职业活动应既满足职业者自己的需要，同时，也要满足社会的需要，只有把职业的个人功利性与社会功利性结合起来，职业活动及其职业生涯才具有生命力和意义。

（4）职业的技术性和时代性　职业的技术性指不同的职业具有不同的技术要求，每一种职业往往都表现出一定的技术要求。职业的时代性指职业由于科学技术的变化及人们生活方式、习惯等因素的变化导致职业打上那个时代的"烙印"。

> **拓展阅读**
>
> ### 三百六十行，行行出状元
>
> 　　中国有句名言——"三百六十行，行行出状元"。这句谚语也不知流传了多少年，几乎是家喻户晓，妇孺皆知。
>
> 　　所谓"三百六十行"，即是指各行各业的行当而言，也就是社会的工种。俗话说得好："敲锣卖糖，各干一行。"关于行业，自唐代开始就有三十六行的记载。宋代周辉《清波杂志》上便记有肉肆行、海味行、酱料行、花果行、鲜鱼行、宫粉行、成衣行、药肆行、扎作行、棺木行、故旧行、陶土行、件作行、鼓乐行、杂耍行、皮革行，等等。
>
> 　　由三十六行如何发展为"三百六十行"呢？据徐珂《清稗类钞·农商类》载："三十六行者，种种职业也。就其分工约计之，曰三十六行；倍之，则七十二行；十之则三百六十行。"可见"三百六十行"只是一个约数，其实自古之来，行业的工种决不止"三百六十行"，三千六百行也不止。"三百六十行"只是概括数，民间所流传的"三百六十行"是个统称，多年来习惯成自然，说起来方便，听起来顺耳，所以一直到现在，说起行业还是笼统地称"三百六十行"。

## 二、形象与职业

　　你的形象，在工作中影响着你的升迁，在商业上影响着你的交易，在生活中影响着你的人际关系，它无时无刻不在影响着你的自尊和自信，最终影响着你的幸福感。

　　你的形象，无声而准确地在讲述你的故事——你是谁？你的社会地位如何？你如何生活？你是否有发展前途？……

　　美国形象大师罗伯特·庞德说过，"大多数不成功的人之所以失败，是因为他们首先看起来就不像成功者。再者，他们看起来就不想成功，或者根本不知道什么是成功，或者当成功的机会到来时，他们不知道如何把握成功"。

　　形象是一个人在社交生活中的广告和名片，每个渴望成功的人都应该善于利用自己的形象资本，把形象美作为个人的一项重要素养来培养，从一点一滴做起，在他人心中为自己塑造一个美好的形象，并充分利用这份美丽去开拓和创造自己的成功人生。

　　许多公司把形象作为员工的基本素质来着重培养。员工的形象不仅通过外表，还通过沟通行为、职业礼仪等给客户留一种印象，这种印象反映了公司的信誉、产品和服务的质量，反映了公司管理者的素质、层次等。

### 1. 形象的含义

　　形象是指可以表达某种含义的媒介物的客体或事件。从心理学的角度来看形象就是人们通过视觉、听觉、触觉、味觉等各种感觉器官在大脑中形成的关于某种事物的整体印象。形象是一个认知过程，形象是别人对你的判断（表1-1）。

表1-1　形象的含义

| 特点 | 表现 |
| --- | --- |
| 外部形态、外观表象 | 人的外表长相，事物的长短方圆等 |
| 人的精神风貌、性格特征 | 人物形象如刚强、柔弱、阳光等 |
| 对象的形状、性状、形态的一种抽象 | 具体事物的一种抽象思维 |

　　形象就是你的外表、容貌、言行在直观上给别人留下的印象，是一个人内在品质的外在表现。比如，想到葛优，大家会想到他的什么形象特点呢？想必是（"葛优躺"吧）；再比

播音员身着西装革履，相貌端庄，这都是个人形象的体现。例如，你一伸手，指甲缝中有黑污物，这也会成为你在别人眼中形象的一部分。

形象是一种观念，是一个光环，让别人看到你的优势而忽略劣势；形象是一种细节，靠持之以恒才能树立；形象是一种精神，助你充满个人魅力，迈向成功。

 拓展阅读

### 美丑的标准

陈某到饭店去吃饭，遇到两位服务员：一位服务员虽相貌平平，但见到陈某来了热情地接待了他，并向陈某推荐店里的菜品；而另一位服务员虽长得亭亭玉立，楚楚动人，很漂亮，可客人询问菜品时，她却爱理不理，还斜眼看客人，一副无所谓的样子。

陈某叫那位漂亮的服务员，她昂首挺胸地走到陈某旁连看都不看她一眼，对陈某说："还要什么？"陈某说："我是来吃饭的，不是要饭的。"漂亮的服务员说："瞧这德性，这模样，实在叫人生厌。"从这看出，外形漂亮的她哪里知道什么叫美，什么为丑！漂亮的服务员自恃美貌却轻视他人，傲气得不得了，陈某越看她越觉得丑；而另一位相貌平平却心地善良，待人谦和，知情达理，陈某越看越觉得漂亮。

外形固然很重要，品行却更重要。一个人若貌美再加上品格高尚，那就一定会受到人们的爱戴，若相貌普通而心灵美，也会获得尊重。

对美与丑从来有两条标准：追求外在美，是表面的、肤浅的；崇尚内在美，是本质的、富有内涵的。炫耀表面美，持美自傲是浅薄的丑陋；自尊自爱、谦逊待人是美的境界。表面美是暂时的，内在美却是永恒的。

从心理学的角度来看，形象就是人们通过视觉、听觉、触觉、味觉等各种感觉器官，在大脑中形成关于某种事物的整体印象。简言之，是知觉，即各种感觉的再现。有一点认识非常重要：形象不是事物本身，而是人们对事物的感知，不同的人对同一事物的感知不会完全相同，因而其正确性受到人的意识和认知过程的影响。由于意识具有主观能动性，因此事物在人们头脑中形成的不同形象会对人的行为产生不同的影响。

**2. 形象与职业的关系**

（1）形象会影响你的收入、快乐、发展　形象在商场上影响着你的交易，在生活中影响你的人际关系。没有成功的思维，就没有成功的形象，也就没有卓越的人生。

（2）你的形象犹如公司的广告　根据英国有关部门的调查，能展现良好形象的企业的收费标准要高于同行平均值的9%，可见形象=效益。员工形象不好，忽略、怠慢顾客，会大幅度增加客户的投诉率。而且，这些不满的客户中的96%并不是向公司投诉，而是向其他地方投诉，这些不满就是破坏公司形象的负面新闻。由此看出，员工的形象=公司形象=公司利润。

（3）顾客从喜欢的人手中买东西　无论多么优秀的产品，没有能够向社会传递公司产品信誉的人，公司将走向失败。让客户首先不拒绝你，然后才会接纳、喜欢你，最后购买产品。

（4）优秀的形象比文凭更重要　优秀的人才长年在一个位置上停滞不前，是他们不努力，还是缺少才智？都不是，是他们没有展示出他们的潜力。实际上他们的形象就让人认为："他不适合更高的位置！"当今社会上的人，每时每刻都在根据你的服饰、发型、手势、声调、语气等自我表达方式对你判断。无论你在意与否，你时时都在给别人留下的印象。

形象如同天气，无论是好是坏，别人都能注意到，但却没人告诉你。

美国对2500名律师进行调查，结果发现形象还影响着个人的收入，那些外表形象有魅力的律师的收入，比他们的同事收入平均高了14%。

管理者普遍认为：优秀的形象比研究生的学历更重要。你的形象代表着公司的形象，代表着公司的产品质量。

职业的内涵和特征决定了职业形象是一个行业或组织的精神内涵和文化理念在从业人员身上的具体体现，是行业或组织的形象与具体从业人员个体形象的有机结合。

 案例分析

### 意气用事辞职后

张某（某国有出版社编辑）自述：刚工作的时候，我很幸运，在一家国有出版社做编辑。工作和收入很稳定，被很多同学羡慕。可惜好景不长，几个月后我们部门换了新的领导，她对人要求很高，批评起人来非常严厉，让人接受不了。更不幸的是我作为一个刚毕业不久的大学生，难免会成为她的重点"培养对象"。终于在几次交锋之后，我没控制住，和她大吵了一架，在激愤下辞了职。

那个时候，自己还是心高气傲的，自恃是重点大学毕业，又有着良好的工作业绩。虽然那个时候我还没满一年的实习期，但总觉得自己竞争力较强，于是大胆地到处求职，并且在求职过程中毫不隐瞒辞职的原因和过程，说得理直气壮、慷慨激昂。

结果残酷的现实教育了我，几轮下来我发现，一个实习期未满的不稳定的毕业生，是很难让那些提供稳定工作的企业接受的。而我的稚嫩和冲动又让一些好的私企和外企迅速将我排除在外。就连一些看起来一般的企业也私下对我说："你的背景还不错，但是我们需要的是一个有团队精神、成熟负责的员工，你的性格太冲动了，恐怕适应不了我们的工作。"

屡次碰壁之后，我终于渐渐怀疑自己当初的冲动是不是错误的？我是不是太不珍惜自己的工作了？是不是太高看自己了？

直到女友一次无意间聊到她妈妈讲"意气用事的男孩太幼稚，靠不住"，我瞬间崩溃了。

后来还是女友和几个好朋友把酩酊大醉的我找到，并鼓励我走出那段阴霾。在他们的支持下，我重新看清了自己的定位，在认真地准备和演练之后，我终于找到了一份比较理想的工作。上班前一天，女友对我说："你记得这份工作不只为你一个人，还要为了我和我们的未来。"那一刻，我百感交集，说不出话，只有点头，心里也觉得自己成长了很多。

现在我已经是一个3岁孩子的父亲了，也做了单位的领导，再回首当初那个冲动的自己，心里非常感慨。作为心高气傲的年轻人，那个时候真是不知天高地厚，总觉得自己了不起，其实对于周围的一切都了解太少。既不能正确地评估自己，也不能很好地适应环境，容易感情用事，不计后果，更不顾家人的感受。如果一切可以重新来过，我想我一定不会选择用那样的方式来对待当时的领导。

但我也感谢那次冲动给我带来的挫折，它让我真实体会到了爱情和友情的珍贵，也让我迅速成长，懂得为自己和所爱的人负责。

点评：适应，尤其是人际适应也许是许多职场新人的重要挫败来源。张某的"意气用事"正是很多年轻人的代表。"不珍惜"不是因为优秀，而是因为还不懂得。所以，对于张某来说，这一次挫败对他的价值是"懂得"，懂得了身边的温暖，懂得了责任，懂得了成熟地面对自己的人生。这"懂得"让他付出了代价，也成为他日后职场发展的重要底蕴。

所以，对张某来说，这次失败意味着一次"脱胎换骨"的机会，意味着成熟。人什

么时候从内心长大，真的无法预测。常常是，那个令你铭心刻骨的失败就会带来一个一夜之间不同的你。成长可遇而不可期，但失败给了它巨大的燃料和动力。

## 三、职业形象的含义和特征

### 1. 职业形象的含义

职业形象是指你在职场中树立的印象，具体包括外在形象、品德修养、专业能力和知识结构这四大方面，它是通过你的衣着打扮、言谈举止等反映出你的专业态度、技术和品行等。

内在素质是指在生活中和在职业活动中所表现出来的道德情操、审美情趣、价值取向、学识修养、性格特征等。

职业形象是个人职场气质的符号，包括仪容（外貌）、仪表（服饰）、仪态（言行举止）、修养、气质和风度六个方面的内容。最需要注意的是个人形象与职业的搭配。

职业形象需要严格恪守一些原则性尺度。其中最为关键的就是职业形象要尊重区域文化的要求，不同文化背景的公司肯定对个人的职业形象有不同的要求，绝对不能我行我素破坏文化的制约，否则受损的永远是自己。其次，不同的行业、不同的企业，因为集体倾向性的存在，只有在你的职业形象符合主流趋势时，才能促进自己职业的升值。如果把职业形象简单地理解为外表形象，或者把一个人的外表跟成功挂钩的话，那么你就犯了一个非常严重的错误。

职业形象包括外表形象、知识结构、品德修养、沟通能力等多种因素。如果把职业形象比作一个大厦的话，外表形象好比大厦外表的墙面一样，知识结构就是地基，品德修养是大厦的钢筋骨架，沟通能力则是连接大厦内部与外界的通道。

实际上，不管你愿意与否，在社会中你时刻带给别人的都是关于你形象的一种直接印象。当你进入一个陌生的房间时，即使这个房间里没有人认识你，房间里的人也可以通过对你的第一印象得出关于你的结论：经济、文化水平如何；可信任程度如何，是否值得依赖；社会地位如何，阅历深浅；你的家庭教养的情况，是否是一位成功人士。调查结果显示，当两个人初次见面的时候，第一印象中的55%是来自你的外表，包括你的衣着、发型等；第一印象中的38%来自于一个人的仪态，包括你举手投足之间传达出来的气质，说话的声音、语调等，而只有7%来源于简单的交谈。也就是说，第一印象中的93%都是关于你的外表形象的。

美国一位形象设计专家对美国财富排行榜前300位中的100人进行过调查，调查的结果是：97%的人认为，如果一个人具有非常有魅力的外表，那么他在公司里会有很多升迁的机会；92%的人认为，他们不会挑选不懂得穿着的人做自己的秘书；93%的人认为，他们会因为求职者在面试时的穿着不得体而不予录用。

现实中我们也有很多这样的例子，参加同一个招聘会，有的人因为得体的穿着和良好的表现，在求职的过程中取得了很好的职位，而很多人因为没有注意到个人形象而与机会失之交臂。所以你要成功，就要从你的形象开始（图1-1）。

图1-1 职业装束

### 2. 职业形象的特征

（1）稳定性与可变性的统一　稳定性，职业形象的稳定性表现在两个方面：一是职业形象中的主要构成要素可以超越不同的社会和时代进行继承；二是在同一行业或组织中，由于长期的职业训练所养成的职业行为习惯、职业工作模式也都是大同小异的，而其基本要素又是不易改变的。

可变性，社会分工的发展和细化，引起了职业的变动性和多样化，这就为职业形象的变化提供了广阔的空间。加之形象与时尚的必然联系，职业形象的变动就是必然的，是绝对的。

（2）个性化与规范化的统一　个性化，不管是否刻意塑造，我们每个人都有自己的形象。多数时候，我们可能并不会有意识地去设计自己的形象，但这并不意味着别人就不注意你的形象，这就是职业形象的个性化特点。

规范化，规范化的特点不仅体现在职业着装上，更重要的是体现在职业心理、职业行为、职业习惯等方面。

（3）主动性与被动性的统一　主动性，是从业人员对自我职业形象的一种自觉认同，主动、自觉地按照行业或组织的要求，设计自己、完善自己。

被动性，是行业或组织，乃至社会公众对从业人员的一种职业要求，从业人员必须按照某一特定标准来设计自己、完善自己。

**3. 职业特征与职业形象的关系**

职业特征决定职业形象，不同的行业有不同的职业形象。例如教师的职业形象，是思想、道德、作风、礼仪等综合素质的外在表现，是具体的印象和评价，这是一个综合的概念，既有外在的表现，又有内在的涵养。职业的特征对职业形象会产生影响。例如，不同的职业会塑造出各自不同的形象：语文教师的儒雅，政治教师的善辩，数学教师的严谨，美术和音乐教师的艺术气质，等等。总体来说，作为教师，其形象应该具有优雅的表相美，崇高的道德美以及两者浑然一体的风貌美。

致加西亚的信

地点：古巴

背景：美国和西班牙发生战争，古巴是西班牙的殖民地。

人物：古巴将领加西亚、美国总统、罗文（一个送信人）。

事件：美国总统想与古巴将领加西亚结盟，以对抗西班牙的侵略。但问题是他不知道加西亚身在何方。在他一筹莫展的时候，有人向他推荐了罗文。于是总统让罗文去给加西亚送信。没有人知道罗文是如何把信送到加西亚将军手上的，只知道加西亚将军确实收到了这封信。从企业用人的角度考虑，罗文就是真正的人才。假设一个人，他做事时需要公司提供所有的要件，那么，这个人不是能够给企业创造财富的人，而只是一个机器。真正的人才是自己想办法克服困难，能够处理老板办不到的事情。

问：这个故事说明了什么？

## 四、职业形象的意义和作用

好的形象并不只是靠几件名牌衣服就可以建立的，人们会更多重视到一些细节。

**1. 职业形象的意义**

（1）决定你"命运时刻"的30秒　第一印象只有一次，无法重来。形成第一印象的过程：性别—年龄—外表—脸部表情—视线—态度—声音—谈话内容—行为举止。

（2）自尊自爱的需要　首先自己爱自己、尊重自己，才会得到他人的爱护和尊重。爱护自己是最重要的。尊重自己的同时也爱护自己，是进入职场的职业规则。

### 美丽人生

肖小姐是机关的一名工作人员。每当她碰上一些挫折，如评职称没评上、分房子没分到、失恋、生病等，她就会专门给自己腾出半天空闲的时间，换上一套精心挑选的适合自己身材、肤色的衣服，对镜薄施粉黛，淡扫蛾眉，再配上一两件得体的精美首饰，收拾完毕后静静审视自己几分钟，看着镜中自己的倩影，不由得信心大增，在心中暗暗告诉自己："造物主并未亏待你，你很优秀，也还年轻，还有时间、有能力与命运抗争……"如此一番由外及内的自我心理疏导，使她的情绪由低落逐渐回升甚至高涨。当她漂漂亮亮地跨出家门时，又能像从前那样与人谈笑风生了。

（3）尊重他人的需要　尊重他人的人格，尊重他人的劳动，对他人有礼貌，不做伤害他人自尊心的事。要欣赏他人，善待他人，从内心接纳他人。

### 失败的面试

小岳是某高校的应届毕业生，看着周围的同学们都陆续找到工作，他也坐不住了，开始为自己的将来做打算。很快，在朋友的帮助下，一家公司的人事主管答应给他一个面试机会，两人约好先见个面。由于是朋友事先介绍的，小岳也就不太在意。到了约定时间，只见小岳穿着一件皱皱的格子衬衫，牛仔裤居然还是破的，再加上前一天没有休息好，整个人都显得无精打采。人事主管看到他后不禁皱起了眉头，工作的事自然也就没有下文了。

（4）工作的需要　"每位员工都是企业形象的代言人。"良好的职业形象是维护企业形象的关键，员工在仪容、仪表、姿态、语言、表情、沟通等的一举一动都代表着企业形象。

### 错失的机会

万雨丽是个让许多同学羡慕的女孩。姣好的容貌、高挑的身材不仅使她在校园中成为了风云人物，同样也为她的就业带来了好运气。当其他同学都在为工作发愁时，她已经顺利地进入了当地一家非常有名的英语培训机构，开始了实习。但是好运气没有一直伴随着她，一个月后，公司告诉她试用期没有通过，理由就是她平时穿着太过夸张时髦，没有考虑到自身的工作需要，给一些前来报名的学员留下了不好的印象，影响了公司的形象，万雨丽也为此追悔莫及。

**2. 职业形象的作用**

（1）企业形象的代表　有一天，你需要做头发，走进了一家理发店，里面的理发师自己顶着一通乱糟糟的头发，你退出来又走进了隔壁的理发店，这时你遇上的是一位自己画着完美妆容的美容顾问，那你最终会选择哪一家呢？

这个时候，客户对员工的第一印象，就决定了对整个公司形象的了解与判断。小小的细节，影响是巨大的。

（2）企业品牌的代表　很多时候，企业职员就代表着企业形象，职员的形象应与企业渴望展示的形象保持一致，通过"人的行为"和统一化标准，强化企业形象；专业、严谨、友好、统一的员工形象，更能帮助企业从同行业的竞争者中脱颖而出，确立企业在客户心中的卓越位置，成为优秀品牌。

英国著名的形象公司 Color Me Beautiful（色彩美我，CMB）对 300 名世界著名金融公司的决策人调查后发现，在公司中位置越高的人越认为形象与成功有密切的关系，甚至认为形象是成功的关键因素之一，因而他们十分注重形象的塑造和管理，并且也愿意雇用和提拔那些有出色的外表并能向客户展示出良好形象的人。

（3）企业风范的代表　职业人员的形象也是非常重要的。个人形象通过专业属性的特征表现出来，符合其特定的职业角色，反映出良好的职业风范，从而提升个人形象，有利于开展工作，职员的形象照就是将个人形象和职业形象有机地结合起来。如作家、主持人、模特、演员、设计师、艺术家、律师、培训讲师等自由职业者，他们是职场精英，但时常需要面对不同雇主，也要不断推销自己。面对只有两分钟的时间，你只有一分钟展示给人们你是谁，另一分钟让他们喜欢你用图片的形式记录你的良好形象——通过互联网可以时刻向外界展示你的魅力，传递你的权威。

如果你是一个公司的老总，你的形象就是公司最好的说明书。拥有良好的形象，能让你及你的公司更出类拔萃。如果你是一个公司的职工，你留给客户的第一印象，就传递了公司的文化和实力、信誉。但无可否认，无论你是公司的老总还是职员，一张好的职业形象照就是公司的最佳广告。

### 拓展阅读

#### "专业形象"的形成

"专业形象"有许多方面，不同的场合需要我们呈现不同的身份，有时是个人，有时是主管所交付的身份，有时则是社交团体成员的身份。例如，在同一宴会场所里，一个人代表公司出席商务晚宴，这与他陪同爱人以员工家属的身份出席餐叙，自我期望与被期望的表现都不相同。这与我们生活上面对的情境一样，每个人在不同阶段、场合都有不同的身份，不同的身份会调整不同的形象。例如，今天你是一个人的学生，有一天你可能成为这个人的同事，又可能有一天因为某些改变，你成了这个人的亲朋好友。关系不同、身份不同，彼此的表现也会大异其趣。于是，当你面对某种情境时，问问自己，要用什么关系、角度为自己定位？自然状态是什么？现在"应该"是什么样的形象？好好地记住那个"应该"的你，扮演好这个角色。有句话说"假久成真"，如果你应该在某方面是位专业人士，但目前你还不是，你可以时刻想象自己就是这种角色，言行举止都尽力仿真，没多久，你就真的会拥有这等专业人士的"专业形象"。

为什么我们会觉得一个人很专业？我们观察一个人，很容易能看出他"专业形象"的水平高低。这到底指的是什么？各位清楚自己目前的形象，与你所期望的专业形象之间，有什么样的差距吗？

"专业形象"的建构，是个人的自我认知及性格特质的投射，这建构的过程，受情境与习惯的影响，这两种力量会相互牵引、相互影响，最终让我们每个人的样貌都很不一样，所建构的专业形象也会有所不同。

### 任务总结

在职场中，职业形象是十分重要的，除了你的工作实力和能力外，应该认识、管理及发挥自己的形象。职场外在形象固然重要，但是内在的形象才是关键。形象是个人素质的概念体现，会令人联想到你的外形、装扮、行为及个性，也可说是外形、行为、人格魅力的整合体。在职场中树立良好的形象能使你的工作事半功倍，反之，糟糕的职场形象只会令你不招人喜欢，处处碰壁。本任务介绍了职业的含义和作用；阐述了形象的含义、形象与职业的关系；从职业形象的含义和特征中大家要学会应用和掌握职业形象的作用。

## 思考与练习

一、判断题
1. 职业是人们在社会中所从事的作为谋生手段的工作。（　　）
2. 职业具有不同的技术要求，每一种职业往往表现出不一定相应的技术要求。（　　）
3. 在工作中你的形象时刻影响着你的升迁。（　　）
4. 形象是表达客体或事件的。（　　）
5. 形象的好坏会影响你的发展、收入、快乐。（　　）
6. 职业形象具有稳定性与可变性的统一。（　　）
7. 职业性质决定职业形象。（　　）

二、单选题
1. 形象就是你的外表、（　　）、言行在直观上给别人留下的印象，是一个人内在品质的外在表现。
   A. 容貌　　　　B. 体形　　　　C. 肤色　　　　D. 妆容
2. （　　）是指在生活中和职业活动中所表现出来的道德情操、审美情趣、价值取向、学识修养、性格特征等。
   A. 品德修养　　B. 内在素质　　C. 专业能力　　D. 知识结构
3. 职业形象中的主要构成要素可以超越不同的社会和（　　）进行继承。
   A. 阶段　　　　B. 时期　　　　C. 过程　　　　D. 时代
4. 自己爱自己、尊重自己，才会得到他人的爱护和（　　）。
   A. 尊敬　　　　B. 敬佩　　　　C. 认可　　　　D. 尊重

三、多选题
1. 职业的特点有（　　）。
   A. 社会属性　　B. 规范性　　　C. 功利性　　　D. 技术性和时代性
2. 形象就是人们通过（　　）等各种感觉器官在大脑中形成的关于某种事物的整体印象。
   A. 视觉　　　　B. 听觉　　　　C. 触觉　　　　D. 味觉
3. 职业形象具体包括外在形象和（　　）。
   A. 内在形象　　B. 品德修养　　C. 专业能力　　D. 知识结构
4. 职业形象的作用是（　　）。
   A. 企业形象的代表　　　　B. 企业荣誉的代表
   C. 企业品牌的代表　　　　D. 企业风范的代表
5. 职业形象是个人职场气质的符号，包括仪容、仪表、仪态和（　　）方面的内容。
   A. 气质　　　　B. 修养　　　　C. 外表　　　　D. 风度

四、简答题
1. 什么是职业？什么是职业形象？
2. 职业形象的特征包括什么？
3. 职业形象的作用是什么？
4. 形象与职业是怎样的关系？

五、案例分析题
一天傍晚，巴黎的一家餐馆迎来了一些中国人，于是老板特地安排了一名中国侍者去为他们服务。侍者向他们介绍了一些法国菜，他们一下子点了几十道。点完菜，他们开始四处拍照留念。用餐时他们嘴里不时发出咀嚼食物的声音，而且还弄得桌子、地毯上到处是油渍和污秽。邻座的客人实在看不下去了，对他们提出了批评。

1. 请指出中国客人的失礼之处。
2. 公众场合应注意哪些用餐礼仪规范？

## 任务二 多变角色——职业形象的构成

### ▶ 任务描述

职业是一种使命,是一种责任。形象体现人格,形象是立世之本。职业形象要尊重区域文化的要求,不同文化背景的公司对职业形象要求有所不同,每个行业都具有各自的形象要素。只有当人的职业形象符合主流趋势时,才能促进职业的发展。

### ▶ 任务目标

1. 了解职业形象的构成;
2. 了解职业形象包括哪些类型;
3. 理解和掌握职业形象对事业发展的影响;
4. 掌握职业形象的自我定位。

### 案例导入

#### 10分钟的面试

张先生去一家知名的杂志社面试,如果进了这家单位,将意味着他达到同样的成绩要比在现公司少奋斗5年,所以,他非常重视他人生的这次抉择。临行前,他特意找到在这家单位工作的一名曾经的同窗好友,问她为这次面试他可以准备些什么。好友的回答让他不知所措:"这家单位的面试总共就有10分钟,应该没什么准备的。"张先生不解,10分钟怎么够,还没介绍完自己、证明自己的能力就结束了。作为一家著名的杂志社,怎能这么不负责任呢?好友笑道:"其实10分钟就够了,从应聘者走进单位的大门,敲门进入主管的门,有礼貌地问声'你好',开始做个简短的自我介绍,也就5分钟的时间,再回答几个主管的问题,总共也不超过10分钟。而这10分钟的时间就足以判断你是否符合单位的基本标准。"有10%的人去面试衣着不整,表明对他人缺乏应有的尊重;有5%的人进门不懂得敲门;8%的人连句"你好"也没有,便单刀直入地推销自己……像这些人连10分钟也不用,一两分钟就被淘汰出局。因为他们缺乏最起码的修养。张先生听了,倒吸了一口气,原来最容易被人忽视的一言一行成了他人衡量一个人的基本标准之一。

点评:正如故事告诉我们的一样,一滴水能折射出太阳的光辉,10分钟能衡量一个人的修养。亲爱的大学生们,我们的形象正是这样在不经意间展现出我们的内在,左右着他人对我们的评价。请记住,从你踏入职场的第一步开始,你的形象就不仅是个人的事情,它已经成为你生活、工作中不可或缺的一部分,它不仅可使你在激烈的职场竞争中胜出,更能够潜移默化地在你的心中树立成功的信念,成为你成功的铺路石!

## 任务知识

### 一、职业形象的构成

#### 1. 行业或组织形象

行业或组织形象是一个规范化的运作系统,也是一种潜在的文化氛围。

(1) 行业文化 是一个行业内的从业人员在长期工作过程中所形成的行业价值观念、准则、规范、道德、传统、习惯、礼仪等,是一个行业成文或不成文的各项规定。

(2) 组织文化 一个组织的文化是由多个要素构成的,这些要素在不同程度上影响组织文化的建设与发展。起决定性作用的主要有:共同价值观、行为规范、形象与形象性活动三个要素。

#### 2. 个体的精神面貌

(1) 职业理想 是人生理想的一个组成部分,是指人们在社会分工的前提下,选择什么样的具体职业以及希望达到的职业成就,从而实现自己对人生目标的追求。

(2) 职业道德 是一种社会行为规范,是社会道德在特定的职业活动中的具体化,是人们在长期的劳动实践中,在行业或组织的工作中,逐渐训练、养成一种具有一定约束力的行为方式和传统习惯。

(3) 职业信念 是一个行业、一个组织或一个人对自己所从事的事业的确定、自信的看法。

#### 3. 个体的仪表形象

(1) 职业素质 主要由职业精神和职业能力两方面组成。

职业精神,包括敬业精神、社会责任、职业责任、专业意识、创新意识、协作意识、规范意识等。

职业能力,包含职业基本能力、专业技术能力、职业发展能力等。

(2) 职业气质 职业气质的形成,是一个人在长期的职业生活中历练的结果,是从业人员个人内在的、长远的、深层次的职业形象。

(3) 职业仪表 职业仪表在一个人的职业交往中有着非常重要的作用,人们通过你的职业仪表,可以判断你的身份和地位、你的能力和素质以及你对所从事职业的态度。

**拓展阅读**

**问政**

齐景公问政于孔子,孔子对曰:"君君,臣臣,父父,子子。"公曰:"善哉!信如君不君,臣不臣,父不父,子不子,虽有粟,吾得而食诸?"

译:齐景公问孔子如何治理国家?孔子说:"做君主的要像君的样子,做臣子的要像臣的样子,做父亲的要像做父亲的样子,做儿子的要像做儿子的样子。"齐景公说:"讲得好啊!如果君不像君,臣不像臣,父不像父,子不像子,虽有粮食,我能吃得上吗?"

### 二、职业形象的类型

#### 1. 整体形象与局部形象

整体形象主要包括职业气质、职业仪表、职业礼仪等整体方面的展示。局部形象主要是指诸如职业着装、职业发型等局部方面的体现。

### 2. 外在形象与内在形象

外在形象，是指人们感官直接感知的职业形象，如职业发型、职业着装、职业仪表等。

内在形象，则是指诸如职业素质、职业精神、职业能力等行业或组织的内涵精神及文化理念。

### 3. 期望形象与实际形象

期望形象又分为自我期望形象和公众期望形象。实际形象也可分为自我感觉的实际形象和公众感觉的实际形象。

#### 新人上班不足三天被辞退

今年24岁的小陆从北京理工大学珠海学院本科毕业后到重庆发展，面试了六七家公司以后，获得了好几家公司的录取通知。但是他在众多家公司中选择了一家电子公司，并担任公司的设备技术员，这与他的专业对口。

在电子公司里，每周工作六天，每天工作八个小时，包吃包住试用期每月2200元的工资，转正以后能拿2800元左右。小陆觉得这样的工作很好，并想用心在公司里干。但是好景不长，才短短的三天，小陆就被辞退了。

事情是这样的，小陆第三天上班，早上八点二十五分左右，他来到公司人力资源部打卡考勤，比公司规定的上班时间要早五分钟。随后路过卫生间，一时忍不住便上了个厕所，几分钟出来后却发现四周都没有人了，透过车间四周的透明玻璃才发现大伙都在开会。小陆立马回想之前新员工培训时的内容，要求新入职员工周三8:30在车间开会。他不好意思地敲了敲玻璃门进了车间，站在两排员工身后。过了一会儿，小陆注意到部门主管黄经理慢慢走到自己身边，对他轻声说了一句话，"会后去办公室拿张单子来填"。后来他被辞退了。

问：小陆上班才三天为何会被辞退？

## 三、职业形象对事业发展的影响

没有成功的形象，就没有卓越的人生。成功地建立形象，并不是为了有多漂亮，我们必须尊重职场规则，注重建立职业权威及可信度和影响力。

#### 穿错衣

超级明星赵薇一夜之间成了"民族罪人"，也曾经作为模特给《时装》杂志拍摄了一组照片，当时所穿的一款时装上印有日本军旗，一夜之间成了万夫所指的"民族罪人"，遭到了全国上下轰轰烈烈地声讨和谴责，"汉奸"甚至更难听的话不绝于耳，引来一片哗然，这对于一个正当走红的年轻艺人来说无疑是灭顶之灾。

### 1. 职业形象和个人职业发展有着密切的关系

（1）职业形象影响个人发展　个人的人性特征是通过第一印象来表现出来的，这种表现不仅展示个人的形象，而且也代表着企业的形象。企业的形象就是品牌的标志，凝聚着企业的文化、经营理念等。不良的形象将带给他人难忘的不良印象。形象是一个人的内在修养的外在特征的综合体现，在自身的修炼过程中，要正确认知形象，理解形象的内涵，认知形象的作用，追求个人形象的表征，树立完美的个人形象。

（2）职业形象影响个人业绩  良好的形象能展示个人的自尊、品味、自信、干练、尊重他人等特点，好的形象容易获得他人的好感，便于和他人沟通、协商、合作。因此，注重个人形象是提升综合素质的重要方面，也能为个人职场发展奠定良好的基础。

（3）职业形象影响个人晋升  得体的言行举止、独特的职业形象是个人的名片，阳光、勤奋、严谨、精神饱满的工作状态，在获得上司的认可或晋升中属于重要因素。

### 尼克松的失败

1960年9月，尼克松和肯尼迪在全美的电视观众面前，举行他们竞选总统的第一次辩论。当时，这两个人的名望和才能大体相当，棋逢对手。但大多数评论员预料，尼克松素以经验丰富的"电视演员"著称，可以击败比他缺乏电视演讲经验的肯尼迪。但事实却并非如此，肯尼迪事先进行了练习和彩排，还专门跑到海滩晒太阳，养精蓄锐。结果，他在屏幕上出现时，精神焕发、满面红光、挥洒自如。而尼克松没听从电视导演的规劝，加之那一阵十分劳累，更失策的是面部化妆用了深色的粉底，因而在屏幕上显得精神疲惫、表情痛苦、声嘶力竭。正是仪容仪表上的差异和对比，帮助肯尼迪取胜，使竞选的结果出人意料。

问：尼克松的失败说明了什么？

**2. 良好的职业形象对职业生涯的影响**

良好的职业形象包括很多方面，如衣着、谈吐、举止等。

一个良好的职业形象能够为你踏入职场大大加分，也会为你的整个职业生涯增加众多的助力！如果你是应届大学生或者是在校大学生，一定要对自己进行相关知识的学习，职业形象不是一蹴而就的，需要持续地积累和历练！

**3. 职业形象是成功的基础**

（1）追求成功  从职业选择上设计好职业规划，从自己的职业需要、职业兴趣、职业价值观出发，结合自己的素质特点，在校期间进行职业角色设计、培养良好的职业心理、职业适应能力、按照职业的需求去学习、工作、行动，形成符合自己特点的职业心理。根据自己的能力、气质、性格和兴趣去选择、从事、适应一定的职业，打造属于你自己职业的形象。

（2）品位和修养的再现  从文化素质和道德提升做起，有文化才能淡定自若，博学才能知大礼。加强个人品德修养、品味、格调、格局自我修炼。男士就要做谦谦君子，女士应当做优雅大方的淑女，"秀外慧中"，把无形的内心世界，通过有形的外在举止表现出来，达到内外的有机融合，才能真正获得认可。作为职场人就要将做人的理念深植内心，具有胸怀宽广、意志坚毅、谦逊品质，从知识中获得启迪，从文化中吸收养分，在做事中展示职业品味，从而追求人生的最高境界。

（3）教养的体现  教养体现细节，内强素质、外塑形象，是每一个职业人的必修课，更是一个企业文化的象征。表情自然，笑容可掬，彬彬有礼，是维护企业良好形象的再现，也是具有良好教养的体现。做一个有教养的人就要从学习掌握基本礼仪行为规范开始，纠正自己不良的行为，养成讲文明、有礼貌的良好习惯，加强谈吐、举止、修养等各方面的修炼，全面提升内在素质，以内外兼治的礼仪行为培养，文化积累与处事原则的熏陶，逐渐形成具有大方端庄的仪态、得体优雅的行为等良好的个人风度。

## 拓展阅读

### 当你的成就还不能和比尔·盖茨相比时

五年前，海峰毕业于一所名校经济系。那时，他是个追求独特个性、充满抱负和野心的年轻人。崇拜比尔·盖茨和斯蒂文·乔布斯这两位电脑奇才，追随他们不拘一格的休闲穿衣风格，他相信"人的真正才能不在外表，而在大脑"。

对那些为了寻找工作而努力装扮自己的人，他嗤之以鼻。他认为真正珍惜人才的公司不会以外表衡量人的潜力。如果一个公司在面试时以外表论人，那这也不是他想为之效力的企业。他不仅穿着牛仔裤，还穿上一双落伍的"文革"时代的鸭舌口黑布鞋，他认为自己独特的抗拒潮流又充满叛逆性格的装束，正反映自己有独特创造性的思想和才能。然而，他去外企一次次面试，却一次次以失败结束。直到最后一次，他与同班同学被某外企公司召去先后面试。他的同学全副"武装"，发型整洁、面容干净、西装革履，手中提了1个只放几页纸的公文包，看起来已俨然是成功者的姿态，而自己依然是"潇洒"的服装，外加上"性格宣言"的黑布鞋。在进入面试的会议室时，看到约有五六个人，全是西服正装。他们看起来不但精明强干，而且气势压人。他那不修边幅的休闲装，显得如此与众不同、格格不入，巨大的压力和相形见绌的感觉使他恨不得找个地缝钻进去。他没有勇气再进行下去，放弃了面试机会。他说："我的自信和狂妄一时间全消失了。我明白了一个道理，我还不是比尔·盖茨。"

如果你不注意仪表，就会使人觉得你对事业也并不热心，而且能从另一个侧面表明你的生活缺乏条理。可以想象，没有人会将合作对象选定在一个难以信任的人身上。

——卡耐基《人性的弱点》

## 四、职业形象的自我定位

事业的长期发展优势中，视觉效应是你能力的九倍。

——哈佛商学院《事业发展研究》

人们用三个概念描述成功的领导者——性格、能力、形象。

——伦敦商学院行为心理学家尼克森教授

你可以装扮成"那个样子"，直到你成为"那个样子"。

——西方谚语

在现代社会，强调专业高于一切，所以"形象定位"必须充分考虑自己的工作需求。"认识自己"是让自己面对一个真实的自我，把真实的自我拿来面对社会，就是"形象定位"。

对自我的职业形象进行定位分析，目的不是为了追求外在的美，而是为了辅助事业的发展，展示给人们你的力量和成功的潜力。在今天这个飞速发展的高科技时代，"形象"变得比任何时期都要重要！没有一个正确恰当的好形象，可能会让你在职场上屡受挫折！同样的，成功的、卓越的形象也并不是一夜之间就建立起来的，它起始于生活的一点一滴（图1-2）。

心理定位就是综合考察评价自己的优劣势，然后给自己定一个适合自己的发展方向和空间。

### 1. 合适的装扮

了解自己的身材、脸型、个性特质以及工作需求，再参考专家的意见，设计出既具个人风格又符合工作场合的造型，就能给人留下更加得体的印象。

图 1-2　职业形象的自我定位

### 2. 表现工作能力

掌握机会，用适当方法表现自己的才能，便于让领导、部门同事迅速认识自己。同时，应掌握不躁进、不矫情的大度思想，更应把持"胜不骄，败不馁"的原则。

#### 俄罗斯人种树的故事

美国人看见两个俄罗斯人在干活，前一个挖坑，后一个填土。美国人很不理解，就问为什么。俄罗斯人说："我们三个人出来种树，第一个挖坑，第二个放苗，第三个填土，但是今天第二个有事没来。"

问：你认为这个故事说明了什么？

解释：只有岗位职责，没有结果意识，岗位职责只是一纸空文。

### 3. 适当表现个性

虽然在一个有制度、有规模的大公司工作，不适合展现自己的个性。但是一味地压抑、逢迎也不是长久之计，其实，公司本意也并非如此。可以用适当方式，把自己的个性做合理伸张。

### 4. 表现自己的修养

修养的好坏，可以表现出一个人智慧的大小、气度的深浅。特别是在别人急躁、慌乱的时候，我们如果还能用个人修养圆融地化解，就能树立良好的形象。

 拓展阅读

#### 勤奋制胜逆境

诗人莎士比亚，是大家再熟悉不过的人，但又有几个人真正知道"莎翁"成名前的学习环境呢？莎士比亚原来只不过是剧院中的打杂工而已，但他不因身处逆境而怨天尤人，而是一有空闲便从剧院的门缝和小孔里偷看戏台上的演出，他凭着这种执着的"偷学"精神，终于使自己闻名于世。

司马迁，西汉著名大史学家。意外横祸，使他身受"宫刑"，但他并没有被逆境击倒。出狱后，以惊人的毅力，忍受残体的折磨，终于完成了名垂千古的我国第一部纪传体通史——《史记》，被鲁迅称之为"史家之绝唱，无韵之离骚"，后世称之"中国历史之父"。

### 5. 必须注重礼仪

礼仪是"发乎内形于外"的肢体语言，也是人与人沟通良好与否的重要因素之一。尤其在职场上，一个具礼仪风范的人，往往能摒除情绪干扰，就事论事，化戾气为祥和，就能建立个人良好形象。

实践证明，以上几点是自我形象定位非常有效而简单的方法。

俗话说，不想当元帅的士兵不是一个好士兵，就职场定位应该把自己定位于一个适合的角色。应做到以下几个方面。

① 积极主动工作，表现出自己的工作能力，形成自己的工作形象。

② 乐于助人，对于同事的求助，乐于帮忙解决，以形成自己能够处理同事关系的良好能力的形象。

③ 不断学习和实践，提升自己的工作能力。

④ 勇于承担责任，让自己具有敢担当且能担当的能力。

### 拓展阅读

**仅仅因为一口痰吗？**

美国的约瑟先生对于对手——中国某医疗机械的范厂长，既恼火又钦佩。这个范厂长对即将引进的"大输液管"生产线行情非常熟悉。他不仅对设备的技术参数要求高，而且价格压得很低。在中国，约瑟似乎没有遇到过这样难缠而有实力的谈判对手。他断定，今后和务实的范厂长合作，事业是能顺利的。于是信服地接受了范厂长那个偏低的报价，双方约定第二天正式签订协议。

天色尚早，范厂长邀请约瑟到车间看一看。车间井然有序，约瑟边看边赞许地点头。走着走着，突然，范厂长觉得嗓子痒，不由得"咳"了一声，便急匆匆向车间一角奔去。约瑟诧异地盯着范厂长，只见他在墙角吐了一口痰，然后用鞋底擦了擦，地面留下了一片痰渍。约瑟快步走出车间，不顾范厂长的竭力挽留，坚决要回宾馆。

第二天一早，翻译敲开范厂长的门，递给他一封约瑟的信："尊敬的范先生，我十分钦佩您的才智与精明，但车间里你吐痰的一幕使我一夜难眠。恕我直言，一个厂长的卫生习惯，可以反映一个工厂的管理素质。况且，我们今后生产的是用来治病的输液管。贵国有句俗语：人命关天！请原谅我的不辞而别，否则，上帝会惩罚我的……"

范厂长觉得头"轰"的一声，像要炸了。

### 任务总结

本任务主要从职业形象的构成，描述了行业文化和组织文化、个体的精神面貌和职业理想、职业道德和职业信念。个体的仪表形象的职业素质、职业气质和职业仪表的概念。职业的类型包括整体形象与局部形象、外在形象与内在形象、期望形象与实际形象的区分。职业形象对事业发展的影响与个人的职业发展、职业生涯的影响和成功的人生密切相关。职业形象自我定位包括合适的装扮、工作的表现能力、适当个性表现、修养和礼仪的遵守。

### 思考与练习

一、判断题

1. 行业或组织形象系统是一个规范化的运作系统，也是一种潜在的文化氛围。（　　）
2. 职业仪表在一个人的职业交往中有着非常重要的作用。（　　）
3. 人们通过你的职业仪表，可以判断你对所从事职业的态度。（　　）
4. 修养的好坏，可以表现出一个人气度的大小、智慧的深浅。（　　）
5. 职业形象欠佳，不会破坏与对方的合作。（　　）
6. 细节体现一个人的教养。（　　）
7. 修养的好坏，可以表现出一个人智慧的大小、气度的深浅。（　　）

8. 教养是指一般文化和品德的修养。（    ）

二、单选题

1. 组织文化在不同程度上影响组织的建设与发展，起决定性作用的主要有：共同价值观、（    ）、形象与形象性活动三个要素。
   A. 行为要素　　　　B. 行为规范　　　　C. 行业规范　　　　D. 行业道德

2. 职业素质，主要由（    ）和职业能力两方面组成。
   A. 职业气质　　　　B. 职业仪表　　　　C. 职业精神　　　　D. 职业行为

3. 良好的职业形象不仅能够提升个人品牌价值，而且还能提高自己的职业（    ）。
   A. 气质　　　　　　B. 魅力　　　　　　C. 修养　　　　　　D. 自信心

4. （    ）就是综合考察评价自己的优劣势，然后给自己定一个适合自己的发展方向和空间。
   A. 心理定位　　　　B. 心理素质　　　　C. 职业定位　　　　D. 职业素质

三、多选题

1. 行业文化是一个行业内的从业人员在长期工作过程中所形成的行业价值观念、（    ）、行业习惯、行业礼仪等，是一个行业成文或不成文的规定。
   A. 行业准则　　　　B. 行业规范　　　　C. 行业道德　　　　D. 行业传统

2. 职业能力包含职业的（    ）。
   A. 基本能力　　　　B. 专业技术能力　　C. 创新能力　　　　D. 发展能力

3. 个人形象主要指的是容貌、魅力、（    ）等直观的外表感觉。
   A. 风度　　　　　　B. 气质　　　　　　C. 化妆　　　　　　D. 服饰

四、简答题

1. 个体的精神面貌包括哪些？
2. 职业形象的类型包括哪几种？
3. 职业形象对个人职业发展的影响因素是什么？

五、案例分析题

### 我的职场法宝

6年前，我被万福楼酒店录用为服务生之后，参加了酒店举办的为期半个月的技能培训。

培训的主要内容是摆台、折纸巾、斟酒等。我是一个男孩，在家过着"衣来伸手，饭来张口"的生活，选择做服务生，是我瞬间的决定。我喜欢那家酒店里男孩穿蓝马夹的样子，还有一个原因就是我长大了，必须步入社会。开始的时候，洁白的瓷餐具让我有点害怕，总担心拿不稳，掉地上摔碎；柔软干净的纸巾在我手里一点也不听使唤，总是折不出要求的样子；当酒瓶对准杯口时，我总忍不住颤抖……就这样，第一堂课，我成了二十多个服务生中表现最差的一个。不服输的我，当晚就在家里操练起来，我把家里的茶具、酒瓶、酒杯全部找来，还找来一块大红色的塔夫绸，所有动作和要求都是按照领班讲的去做，一遍一遍直到瓷餐具在我手里不再想溜，酒瓶对着杯口不再颤抖，塔夫绸在我的手里也能折成一朵简单的花……

第二天，在实习表演的时候，领班发现了我。她说，我不是表现最好的一个，但却是进步最快的一个。我不满足于这样的评价，如果通过努力可以做到最好，我为什么不做呢？

继续努力，到第七天的时候，我摆台的时间只用了3分钟，得了第一名。斟酒的动作及标准我都把握得恰到好处，连用纸巾折的"鱼水情深"也是最美的。

在安排岗位的时候，经理突然发现酒店还差一名DJ，问领班服务生里有没有可造之才，领班把我推到他面前说我是接受能力最强的一个。

于是，我成了酒店从学校请来的一位资深 DJ 的学生。他手把手地教，我尽心尽力地学。3 天之后，DJ 老师走了，我已经能够熟练操作 DJ 间的所有设备。

4 年后，我已经成为了这家酒店的副总经理。为了追求更大的梦想，我南下深圳，通过老乡介绍，进入一家服装厂打工。开始的时候，我只能完成车商标之类简单的工序。工资比别人低很多。空闲时，我就找来废布，学做领子和开口袋，一遍又一遍。

一个月后，组长见我做的领子不错，口袋也算开得周正，就给了我更多的学习机会。2 年后，我从深圳来到广州一家集生产、销售于一体的服装公司。我想进入销售部，可公司不直接招聘销售人员，所有的销售人员都必须从技术部里选拔。

这天上午，正在赶一批西装时，中央空调突然坏了。8 月的广州，没有空调的厂房人是待不下去的，而这批西装的货期很短，必须分秒必争地赶货，在这紧要关头，当然不能停工。所以，虽然车间里热得似火炉，员工们仍自觉地继续工作，只是不时地拿毛巾擦一把脸。

我有点胖，就更怕热了，真想去楼上凉快凉快！可一抬头，发现技术部的几个同事早已没了踪影，在这种情况下，我再走就不合适了！

我一边不停地用一块纸板当扇子扇风，一边在车间里来回走动。在 6 楼办公的老总听说生产车间的空调坏了，就下楼来看。他四处看了一下之后，走到我面前，问技术部其他人员去哪里了，我还没来得及回答，一个组长抢先说，他们早就凉快去了。

第二天，一纸调令，把我调进了销售部。老总说，一个人有这样的责任心，没有什么做不好的，而销售部，是体现"一分耕耘，一分收获"的地方，它能让你的付出得到应有的回报。

在销售部，我是一个没有任何经验的新人，我买了一些关于市场开拓方面的书，一边自学一边向同事虚心请教。

几个月后，公司下属的一家工厂生产了一批女式针织上衣，因为裁前没有做好缩水测试，造成成衣尺寸普遍缩小，缩小幅度竟有两寸之多！

公司为此专门召开部门会议，商讨怎么处理这几万件已经裁好的针织裁片。有人提出把这些半成品做成成衣，当次品销售；有的说，混到正品里卖，不合格率也不过 1%，不会出问题。我建议把那批裁片修成童装。因为，那种针织面料又软又细，非常适合儿童穿着。虽然这样会有大量的工作要做，但对公司的声誉不会有丝毫不良影响。

这个建议很快得到了老总的认同，他安排技术部设计了几套儿童服装，并指定由我来进行这个项目的市场运作。

不久，经修改后生产的第一批童装完工了，我作为这个项目的负责人，对这批已经包装的童装进行抽查。公司有个抽查标准，即：每一型号抽查率达到 1%，数量上达到 5‰。因为这批童装的特殊性，我将抽查率提高到了 10%。

在抽查过程中，我发现有几件加大码的尺寸偏大，就加强了对 QC（质量控制）的质检要求。于是，大量的返工出现了。老总知道返工的原因后，对我说："你做得对，信誉是企业的生命，而产品是好信誉的保证。"

就靠着这点认真劲，那批童装取得了出乎意料的好效益：本来会造成经济损失的裁片，后来为公司净赚了 150 万元。一年后，我成为该公司新成立的儿童品牌服装厂运营总监。

请问主人公通过怎样的方法成功的？

# 任务三 角色感染——职业形象的准确演绎

### ▶ 任务描述

魅力来自色彩，品味源于风格。

——于西蔓（中国著名色彩专家）

设计来源于生活，又为生活服务。脱离生活的设计是没有生命力的，脱离职业特点去进行设计也是没有意义的。职业是一种使命，是一种责任，是一种演出（角色即人格），形象是人格，是立世之本。职业形象需尊重和符合区域文化的要求，不同文化背景的企业对职业形象要求不同，每个行业有着自己独特的形象要素，只有当你的职业形象符合主流趋势时，才能促进自己职业的升值。

### ▶ 任务目标

1. 了解职业形象设计的概念和原则；
2. 熟悉职业形象设计的实现形式；
3. 理解职业形象的视觉设计和行为设计；
4. 理解职业形象的形、色、韵。

### 案例导入

#### 入职面试

小鹿，今年高职刚毕业，与同学到一家知名企业去求职。小鹿一贯注重个人形象，他整洁得体的着装，整齐流畅的发型，都给人以精神清爽、干练的感觉。来到企业人事部，临进门时，他上下打量了一下自己，小鹿自觉地擦了擦鞋底，进入办公室后，随手将门轻轻关上。见到长者或到人事部去汇报工作的人，他礼貌地起身让座。人事部经理跟他交谈时、询问他时，尽管有别人说话干扰，他也能注意力集中地倾听，并准确迅速地回答人事部经理的问题。说话时，小鹿精神专注，目不转睛，从容地交谈。这一切，都被来人事部调查情况的该企业总经理看在了眼里。尽管小鹿这次是抱着陪同学来应试的心态来求职的，但总经理还是诚恳地邀请小鹿加入这家企业。现在，小鹿已经成为这家企业的销售部经理。

### ▶ 任务知识

职业形象设计，是对被设计者的总体形象的把握，即将其个性、气质、脸型、肤色、发色、身高、年龄、职业等诸多因素综合起来形成一个完整的构思，并运用造型艺术，设计出符合人物身份、职业的形象，以求得到被设计者认可以及公众欣赏的艺术创造的过程。

## 一、职业形象设计

### 1. 职业形象设计的概念

职业形象设计，是根据职业人所从事的职业内容、性质和特点等要素，以最大限度地利用职业为总要求，利用各种科学理论和方法、技术，对其职业形象的各个方面进行系统的设计。设计适合个人特点的发型、妆容和服饰，及个人的气质谈吐，展现公司、品牌的整体形象。

### 2. 职业形象设计意义

在职场中，行业或组织按要求对员工内、外形象塑造、完善，使员工的内、外形象符合行业或组织的标准，适应企业文化理念，具有重要的现实意义。仪表、礼仪形象设计可满足交往需求，职业能力、气质形象设计将满足职业需求，职业精神形象设计可适应社会需求。

良好的职业形象不仅能够展现个人的人格魅力，有助于构建和谐的人际关系，成就非凡事业，丰富人生意义，对企业而言更是展示组织、企业的重要方面，也是社会精神文明建设的一个重要部分。

### 3. 职业形象设计的原则

（1）针对性　职业形象设计要针对职业主体的个性特点进行设计。职业不同，其职业内容和职业性质也就不同。如银行职员的着装，较好地体现了职业特点。

（2）时代性　在进行职业形象设计时，应以体现时代风貌的、受欢迎的形象为导向。一个人职业形象设计成功与否，关键在于是否能把握时代和顺应大众审美的心理。如，目前多数职业女性，仍采用自然的发型、衣身宽、呈直筒型的短裙或西装套裙的形象设计，以突出简洁、庄重大方的特点。

（3）科学性　在职业形象的设计中，以职业道德、行为科学、成功学、美学、公关礼仪等有关学科的知识与形象设计理论为指导，采用科学的方法进行总体设计，是职业形象设计的科学性原则。如，一个人要想顺利地开展职业活动，就必须自觉地加强职业道德修养和职业形象塑造。

（4）创新性　职业形象设计是一种信息传播活动，只有创新才能符合公众喜新厌旧的心理，才能引起公众的注意。创新性是形象设计最重要的前提，如在设计上要最大限度地符合对生活和对美的追求。

（5）一致性　职业形象设计的结果要与形象主题的目标相一致。也就是说，形象设计应符合形象主体的目标、意愿、现状。如对企业女性主管来说，一般都要穿裙装，在色调上要庄重、远离粉红色、橙色、柠檬黄色等，服饰质量必须上乘，款式应简洁大方，给人一种成熟感。

（6）平衡性　职业形象设计要把握好公众期望与形象设计主体条件之间的平衡，要巧妙地做到求同存异。如在公众中树立的形象，要以工作为对象，以你工作能接受和互动的过程而设计一个完整的公众环境，并注意形象与工作环境之间的整体平衡与协调。

（7）系统性　职业形象设计的各方面和整个过程都要有系统性。职业形象设计是一项系统工程，设计的各个方面、各个步骤只有系统化，才能使形象设计高效化。

职业形象设计是一种必须分步骤进行才能做好的工作，是贯穿于个人和团队职业生涯全过程的工作，不是做一下子、做一阵子就能做好、做完的工作。人的一生都在自觉或不自觉，主动或被动地进行着人生形象的设计、塑造和维护。

## 二、职业形象设计的实现形式

关于形象，古人云："凡形于外者皆曰象。"此言指的正是人的显性特征。而用于表人之"象"的，正是人人身上都有的色彩、形状、材质这三大元素。

在形象理论上，我们通常说人体是由"色、形、材"构成的，用于装饰人的服饰元素也是由"色、形、材"构成的。

### 1. 造型

形象设计造型就是以人为基础设计出的不同造型。形象造型是一种相对固定的形态，多指平时的形象状态，而不包括在其他同事面前所出现的变化。日夜活动不同，职业形象设计的风格也会有很大的差异。从基础表现风格看，风格的差异主要表现在主体结构上；从空间造型的角度看，形象设计就是塑造一个崭新的活动雕塑。

形象造型必须适应人的形态，并在适应人体的基础上设计变化，通过变化人的基本外形的手段，不仅要达到美化人的效果，而且还要表现出某种预期的气质。

形象造型是表达人体美的重要手段。人的知觉，最能把握的是物体的外部特征。对于物体的外观形状，人的感官是最容易敏锐地捕捉到，并在脑海中形成印象的。

形象设计造型通常用以下几何形体表示。

（1）长方形（H形）　长方形是在职业形象设计中应用比较广泛的一种，具有整体轮廓修长、简洁、庄重的特点，适用于比较正式的场合。

（2）正三角形（A形）　造型特点是上小下大、风格活泼，多适用于女性和年轻人。

（3）倒三角形（V形）　整体轮廓呈上部夸张、下部收紧，以直线条为主，曲线为辅，男、女形象均适用。

（4）对三角形（X形）　造型特点表现为上、下展开，中部收紧，常适用于女性形象。

（5）花瓶形（S形）　造型特点是以人的曲线为轮廓，对穿着者的要求比较苛刻，适用范围有一定的局限性，这种造型极富表现力。

（6）椭圆形（O形）　造型特点是宽松随意的线条，似乎是无形的感觉，整体效果丰满、舒适。

由于职业的不同，从业者的形象也要随职业活动的变化，而变换造型。

### 2. 比例

比例是任何艺术设计作品的结构基础，合理的比例有助于达到形象和谐的效果。设计比例分配要使造型与功能发生联系，把适用、结构合理放在首位。

黄金比例（黄金分割）是物体的整体与其中较大部分之比，如人体就是黄金比例最典型的实例，以肚脐为分割点，肚脐至头顶的长度与肚脐至足底的长度比率为0.61。

### 3. 和谐

在形象设计中，不同的环境、人物的发型、头饰、妆容、服装、饰物等都有很多变化，色彩应用也呈多样性，但在设计中各种造型与色彩因素的变化必须和谐统一。

### 4. 均衡

（1）对称式　对称式是左右或上下完全对称或相同的形式。在形象设计中对称式被广泛地应用，它表现出端庄、稳重的风格。对称式设计大方自然，适合多种职业形象设计。

(2) 非对称式　非对称式均衡的实质是把不对称的形式稳定下来，给人以感觉上的平衡。这种形式的特点是自由、灵活、富于变化。

5. 呼应

(1) 同形　同形呼应的方式是指某一种造型在整体造型中的重复出现。

(2) 同色　服装、饰品设计及妆容用同一色彩或近似色彩，能使效果表现力强，富于感染力。

(3) 同风格　风格是形式与精神共同的体现，可以说是设计的灵魂。风格既是无形的，又是有形的，因为风格需要用有形来表现无形。在同风格的呼应中，要有明确的表现目的。

(4) 同质地　例如在服饰设计中，相同质地的面料在不同部位上的呼应，常常会收获意想不到的美。

(5) 同装饰　相同的装饰呼应可以使整体形象呈现出一种更为活跃的气息。

6. 节奏

节奏也称为旋律。节奏与均衡正好相反，均衡是静的显示，而节奏则是动的表现。

(1) 有规律的重复　有规律的重复，会令人感到舒适。相同的形式以相等的间隔重复出现，会给人以有规律的视觉刺激，产生轻微的动感。

(2) 无规律的重复　无规律的重复产生的节奏活跃而有趣。无规律的重复对人的视觉产生的刺激性有强有弱，表现的内涵也较为复杂，一般职业女性在服饰设计中经常会表现出这样的特点。

(3) 色彩的节奏　色彩的节奏变化包含有规律、无规律、渐变等形式，色彩的色相变化、明度变化、纯度变化均能产生节奏感。色彩的节奏变化至少需要三种以上的颜色反复配合，重复越多节奏感越强烈，表达的内容也更为丰富。

 拓展阅读

### 色彩简介

色彩是人的眼睛对物体表面反射不同波长的光所产生的视觉效应。认识色彩要从色相、明度、纯度三个方面入手。从色相上看，色彩可以分为三类，以蓝色为基调的称为冷色调，多表现忧郁、悲凉、理性等；以红、黄色为基调的称为暖色调，多表现欢快、喜庆、热情等；以黑、白、灰色为基调的称为无色调或中性色。明度是色彩的明暗程度，纯度是色彩的鲜艳程度。

7. 强调

强调的作用就是烘托主题，它能使人们的视线从一开始就关注到最主要的部分，然后再向其他次要部分逐渐地延伸或转移。

(1) 造型强调　在形象设计时突出某一造型，强调主体部分，其他的局部均为衬托设计，以加强主体部分的个性风格。

(2) 色彩强调　选择某一色彩突出表现，其他色彩烘托、对比，使强调的色彩更加引人注目，以达到设计的效果。设计时强调色彩要与设计主题相呼应，使主题风格得到更好的表现。

(3) 质地对比　在形象设计时，突出某种质地的展示，也是一种强调形式。

(4) 局部修饰　强调某一局部，采用局部修饰的形式。

(5) 装饰点缀　可以起到吸引视线的作用，或用于掩饰有缺陷的体形，使整体效果近乎完美。

**8. 视错**

在现实生活中，由于环境的变化以及光线、形体、色彩等因素的干扰，人们对于物体的观察有时会发生错误的判断，这就是视错。

（1）线段视错　在日常生活中，长度相等的一条水平线与垂直线相比，人们会感觉垂直线比水平线长；在数条长度相同的水平线上，加上不同的附加物时，人们会感觉其长度有所不同；当一条水平线和一条垂直线相交时，由于接触位置的不同，人们也会感觉线段的长短有所不同。

（2）分割视错　在形象设计中对某物体运用不同的方法分割，会使人们感到它的造型和尺寸都发生了变化。

（3）面积视错　相同大小的面积，会因为色彩的明度而产生视错。所以在进行形象设计时，要根据具体的设计对象采用不同的面积视错手法，使其达到预期效果。

## 三、职业形象的形、色、韵

**1. 形**

形，是人和物体的几何外形。根据自身的身体比例、体貌特征，塑造得体的职场形象。先与身体对话，再与服饰对话，先研究自己，再研究别人。

形，指形体健康，良好的健康生活方式才会塑造出好的身体，以高蛋白饮品、多种维生素为主，定期纤体。

审美的最高极致是和谐，只有符合比例才是和谐的。充分了解自己的身材比例和体型特点，根据体型、脸形扬长避短地选择适合自己的衣服款式。

**拓展阅读**

### 着装技巧

无论你是什么体型，你都可以穿出你的迷人风采！关键是找到适合自己体型的款式。

（1）偏胖体型的穿衣要诀

哪里胖，哪里就穿得宽松一点（若你已经穿了一件宽松的衣服，另一件就得避免类似款式）。

加宽肩膀以平衡你的臀部（自然的垫肩＋略收的腰身；上衣长度不能落在臀部的最宽处）。

深色、单色衣服有瘦身效果。

（2）娇小体型的穿衣要诀

用合体的服装强调上半身。

直筒长裤或者稍稍露出膝盖的及膝裙。（避免穿长裙。）

浅色衣服容易产生膨胀感。

（3）穿衣禁忌

胖紧瘦松。

上下装长度比例为1∶1。

过于暴露或紧身的服装。

过于艳丽的色彩。

## 2. "色"

色,色彩。这里指肤色、体色,即是人和物体的色彩位移,色彩是人类文化的温度计,没有不好的色彩,只有不好的搭配。根据自身肤色特征、出席事由、职场定位及个性,把握色彩的选择和搭配的定位。要有充足的睡眠,才有良好的精神面貌。学会科学地护理皮肤,掌握自己的"色度"。

造型色彩构成:肤色、发色、着装色、环境色。

(1) 色彩定位  最基本的是红、黄、蓝,也称为三原色。专家建议:东方人适合中性色而不是对比鲜明的色彩,我们能把如灰色、驼色演绎出独特的风韵。东方人穿蓝色系和黄色系的衣服与肤色比较和谐,可以减少出错的概率。肤色较暗的人可尝试深蓝色、浅黄色、鹅黄色,肤色明度高的人可尝试宝蓝色等挑战性较高的颜色。

(2) 色彩的三要素  认识色彩要从色相、明度、纯度三个方面入手。

一是色相,色相是指颜色本来的具体面貌,即颜色的种类和名称。

每个人的着装都与我们的肤色明度、色相的特征有关系。由于色彩的色相在对比时会产生不同的感觉,我们在了解自身肤色特点的前提下,当需要决定服装颜色的具体色相时要依据自己的肤色条件扬长避短地做出选择。

二是明度,明度指的是颜色的明暗程度、深浅程度。

① 同一物体的色相受光后,由于物体色相受光的强弱不一,产生了不同的明暗变化。

② 一种颜色本身的明度。可以这样理解,在某种颜色里加入白色,颜色明度就会提高,加入黑色,明度就会降低。

三是纯度,纯度是色彩的鲜艳程度。当一种颜色的含色成分达到极限强度时,正好发挥其色彩的固有特性。东方人的肤色分为黄肤色、暗肤色、红肤色、白肤色四大色。

 **拓展阅读**

**着装搭配小窍门**

① 衣服的明度要比肤色的明度低,肤色明度低的人应穿弱反差的衣服。
② 男士服装明度越低可信度越高。
③ 高明度的衣服应穿在下身或小面积。
④ 男士应聘最佳色:深蓝色、灰色、黑色。
⑤ "色不过三",全身衣服颜色不超过三种。
⑥ 黑、白、灰色被称为"万能色",可任意搭配。
⑦ 色彩搭配禁忌:等面积的搭配;等明度搭配;等纯度搭配;色彩繁杂;图案与图案互相搭配。

## 3. 韵

"韵"是指个体的魅力和风格,是内在的修养,与外在的肢体语言。韵就是穿出自信,穿出品味。风格是个性化的,没有什么潮流可以追溯,风格是一个人由内而外散发出来的一种气质。"韵"根据"TPO"原则(有关服饰礼仪的基本原则),调整自身非语言符号的表达,凸显个性特色。

拓展阅读

**穿出自信的诀窍**

① 遵守TPO原则：T——Time，P——Place，O——Occasion。
② 做好充分的准备，要保持良好的心态，对自己充满自信。
③ 不要穿借来的不合身的衣服。
④ 新衣服在面试前先穿两天适应一下，寻找自信。
⑤ 注意细节，如拍掉衣服上的头皮屑，擦亮自己皮鞋。

职业装，穿着职业服装在职场中是对他人的尊重，也使着装者有一种职业的自豪感、责任感，是敬业、乐业在服饰上的具体表现。

职业妆，要求妆容简洁明快，用于人的日常生活和工作，表现在自然光和柔和的灯光下。

一个人如果清楚地知道自己的体型、气质、肤色及各种场合的恰当风格，并学会运用自己最适合的色彩群，不仅能把自己独有的品味和魅力最完美、最自然地呈现出来，还能因为通晓服饰间的色彩关系而节省装扮时间，回避浪费。更重要的是，由于你清楚什么颜色最能提升自己，什么颜色是你的"排斥色"，你会轻松驾驭色彩，科学而自信地装扮出最漂亮的自己。你向世界呈现了什么形象，这一点很重要。风格是用简单的方式陈述复杂事物的一种方法。

### 四、职业形象的视觉设计

外表能"说话"，人们可以从你的装束上，读出你的内心世界，鉴别你的品位。一位心理学教授，经常在考试之前对学生说："为迎接这个重要的考试，穿好一些，戴一条新领带，把西装烫平整，擦亮皮鞋，使自己看上去整洁一些，这将使你变得思维敏捷。"良好的职业形象是从着装、妆容、言谈、举止等多个方面体现出来的，而这些细节都是职业形象的重要组成部分。社会对于职业人的要求是打扮得体，说话斯文，举手投足适度，外在和内在相统一，也就是我们说的"表里如一"。

#### 1. 职业仪表设计

仪表，犹如生动的介绍信。我们在和他人见面的前二十秒钟，就已经用一种"古老而全球通用的语言"交谈过了，那就是我们的服装和饰物。职业人的衣着服饰要符合社会规范，符合大众的审美观。不要奇装异服，而应该整洁、大方、朴素。正式场合的着装，多数时候要穿得正式保守些，但也要根据职位而变化。总之，你的穿着一定要适合你的职位。

要遵循三个"A"原则，即：

（1）Aesthetics（美观）　能衬托你的身段和肤色，颜色、质地、纹理彼此和谐。

（2）Appropriateness（合适）　想一想要赴会的场合、时间、地点、天气、文化及要会面的人对你的期望。

（3）Attitude（状态）　你的穿着将尽显你自己、公司和所从事的工作的状态。

#### 2. 职业人的仪容设计

"三分长相，七分打扮"，我们要根据自己的年龄、头型、脸形、体型、服饰、职业、性格特征七大因素正确选择发型；还应以自身面部客观条件为基础，适当美化妆容，以自然、清新为主，要妆而不露，化而不觉，切不可失真，给人造作之感。

**拓展阅读**

法国电影明星苏菲·玛索给了我们一个正面的例子，她平日是个态度严肃，不苟言笑的人，可是一旦和宾客交谈的时候，她立刻笑逐颜开，一派喜气洋溢，令周围的人都十分愉快，和她聊天是一种享受，她能从一个贫穷木匠的女儿成为全世界瞩目的明星，与她迷人的笑容是分不开的。

## 五、职业形象设计的行为视觉

### 1. 成熟稳重是专业形象的关键

资深形象设计师吕晓兰认为，专业形象的设计，首先要在衣着上尽量穿得像这个行业的成功人士，宁愿保守也不能过于前卫时尚。另外，最好事前了解该行业和企业的文化氛围，把握好特有的办公室色彩，谈吐和举止中要流露出与企业、职业相符合的气质；要注意衣服的整洁干净，特别要注意尺码适合；衣服的颜色要选择适合皮肤的中性色，注重现代感，把握积极的方向。

还有专业人士认为，成熟稳重是专业形象的关键，所以在日常工作中一定要注意表现出自身的成熟。应该尽量避免脸红、哭泣等缺乏情绪控制力的表现，因为那不但令你显得脆弱、缺乏自制力，更会让人怀疑你会破坏公司形象。另外，在言谈中表现出足够的智慧、幽默、自信和勇气，少用"嗯""呵"等语气词，会使你看起来更果断而可靠。

### 2. 职场形象要突出个人风格

现在在中国职场"唱主角"的是20世纪70～80年代的年轻一代，他们的思维和性格越来越有差异化、个性化，对自己职业形象细节的专注，对自己职业形象价值的认识也达到了前所未有的高度。因此在职业形象的设计上必须在细节上体现出个人风格。职业形象的功能在于交流和自我表达，在于打造个人的品牌，如果在形象上千篇一律，没有个性，即使再得体、再职业化也是不成功的。

要想打造出自己的个人风格，首先需要对自己皮肤、相貌、体形、内在气质进行对比、测量和分析，了解到自身的优缺点，然后再针对这些细节去寻找最适合的设计，包括服装用色、款式、质地、图案、鞋帽款式、饰品风格与质地、眼镜形状与材质、发型等。

**案例**

### 相貌平平的应聘者

郑红是某高职学院市场营销专业的高材生，因相貌欠佳，找工作时总过不了面试关。经历一次又一次的打击，郑红不再相信招聘广告，她决定专挑大公司主动上门推销，以展示自己的长处。在做了充分准备后，她走进一家化妆品公司，从外国化妆品公司的成功说到国内产品特性及推销妙计，侃侃而谈，顺理成章，逻辑缜密。公司老板听后很兴奋，犹豫一下说："小姐，恕我直言，化妆品广告很大程度上是美人的广告——外观很重要。"郑红毫不自惭，她迎着老板的目光大胆进言："美人可以说是因为使用了你们面霜的结果，丑女则可以说是因为没有使用你们面霜所致，殊途同归，你不认为后者更高明吗？更何况现代的人们购买化妆品不再是简单的美人形象就能奏效的，顾客更注重购买能与自己皮肤特征相适应的化妆品，精通化妆品特性和美容原理更有利于促销。"

最后，老总写了张条子递给她："你去人事科办理入职，先搞推销，试用3个月。"

#### 3. 职场形象展示坦诚交往的愿望

在日常生活中，如果别人对你有好的印象，那你做起事来就顺利一些，待人礼貌周到、谦恭和顺，随时随地都展现出笑容的人，自然受人欢迎；若是骄傲霸道，常常拉长面孔不理人，则一定让人讨厌。

### 案例分析

#### 光鲜外表的不足

卡耐基说："有一次，在纽约参加一场宴会，遇到一位女宾，因她在不久前得到一笔巨额的遗产，因此，她特地花了不少金钱把自己从头到脚装饰得十分华丽。她这样做，无非是想给别人一个好印象。可是很不幸，她那张面孔却有着一副冷漠得像铁板一样的表情，并且显得傲气凌人，使人见了她，一点也不觉得愉快。她只知道装饰自己身上的衣饰，却忘记了女人最重要的面部表情。"人是有感情的动物，只有你把愉快的情感表现出来，以谦和、热情的态度与人相处，别人才可能对你产生好感。

### 任务总结

通过学习本任务，我们了解了职业形象设计、职业形象设计的原则，并认识了职业形象的形、色、韵，以及职业形象的视觉设计、职业形象的行为设计。

### 思考与练习

#### 一、判断题

1. 职业形象设计是根据职业内容性质和特点因素来决定的。（    ）
2. 职业形象设计要针对职业形象主体的个性特点进行设计。（    ）
3. 职业女性的发型应自然。化淡妆，配以短裙和西服套裙。（    ）
4. 形象造型设计必须适合人的形体、肤色、年龄和职业特点。（    ）
5. 在形象设计中，各种造型与色彩因素的变化必须和谐统一。（    ）

#### 二、单选题

1. 良好的职业形象，不但是展示（    ），也是社会精神文明建设的重要方面。
   A. 人格魅力　　　B. 气质风度　　　C. 仪表仪态　　　D. 谈吐举止
2. 形象的造型有 H 形。A 形，V 形（    ）。
   A. B 形　　　　　B. Y 形　　　　　C. X 形　　　　　D. T 形
3. 韵是个体的魅力和风格。韵就是穿出（    ），穿出品味。
   A. 气质　　　　　B. 自信　　　　　C. 风格　　　　　D. 魅力
4. 职业仪表设计要遵循（    ）、合适、状态，三个"A"原则。
   A. 美观　　　　　B. 大方　　　　　C. 合体　　　　　D. 庄重

#### 三、多选题

1. 职业形象设计的原则：针对性、（    ）、平衡性。
   A. 时代性　　　　B. 科学性　　　　C. 创新性　　　　D. 一致性
2. 职业形象设计的实施形式均衡，包括（    ）。
   A. 对称式　　　　B. 非对称式　　　C. 相称式　　　　D. 非相称式
3. 职业形象设计的实施呼应，包括（    ）。
   A. 同风格　　　　B. 同质地　　　　C. 同装饰　　　　D. 同款式
4. 色彩的三要素，包括（    ）。

A. 亮度　　　　　　B. 色度　　　　　　C. 明度　　　　　　D. 纯度

四、简答题

1. 职业形象设计的原则是什么？
2. 职业形象要遵循哪三个"A"原则？
3. 职业形象设计的行为视觉包括哪几项？

五、案例分析题

财富修养

在一次新闻发布会上，人们发现坐在前排的美国传媒巨头 ABC 副总裁麦卡锡突然蹲下身子钻到桌子底下，大家目瞪口呆，不知道这位大亨为什么会在大庭广众之下做出如此有损形象的事情。

不一会儿，他从桌子底下钻了出来，扬扬手中的雪茄，平静地说："对不起，我的雪茄掉到桌子底下了，母亲告诉过我，应该爱惜自己的每一分钱。"

麦卡锡是亿万富翁，照理说，应该不会在意掉在地上的雪茄，但他的举动却给了我们一个意想不到的答案。

这个案例说明了什么？并进行分析。

# 任务四 角色展示——职业形象的影响力

### 任务描述

谁也无法说服他人改变,因为我们每个人都守着一扇只能从内开启的改变之门,不论动之以情或晓之以理,我们都不能替别人开门。

——美国作家弗格森

在当今社会,一个职场人的形象将左右其职业生涯发展前景。你的形象的影响力,它体现着素质修养和教养,对职业发展有绝对的加分作用,直接与你的生活质量相关。一个人要想充分地去影响他人,就不能忽略职业形象在职业生涯中的作用,否则将会使我们失去很多成功的机会。

只有具备职业意识、保持积极的态度、敬业的精神、诚信的品格,加上个人的职业能力才有可能成为企业所需的人才。

### 任务目标

1. 了解职业形象对职业生涯的影响力;
2. 理解职业形象对成功的影响力;
3. 掌握职业意识的培养;
4. 学会培养好的职业心态。

### 案例导入

传说在很久以前,知了是不会飞的。一天,它见一只大雁在空中自由地飞翔,十分羡慕。于是就请大雁教学飞,大雁很高兴地答应了。

学飞是一件很艰苦的事情。知了怕艰苦,一会儿东张西望,一会儿爬来爬去,学习很不认真。大雁给它讲飞的道理,它只听几句就不耐烦地说:"知了!知了!"大雁教给它本领,它只试几下,就自满地嚷着:"知了!知了!"

秋天到了,大雁要飞到南方去啦!知了很想跟着大雁一起展翅高飞,可是,它用力扑腾着翅膀还是没能飞离树梢。这时候,知了望着万里长空,只见大雁远走高飞,它真懊悔自己当初没有努力学习!可这时已经晚了,只好叹着气说:"迟了!迟了!"

问:这个案例说明了什么?

点评:在我们身边有多少这样的"知了",就有多少这样的"迟了";自满使我们目光短浅,安于现状;怠慢使我们固步自封,坐失良机。

▶ **任务知识**

## 一、职业形象对职业生涯的影响力

职业形象就像个人职业生涯乐章上的跳跃音符，伴随着主旋律会给人创意的惊喜和美好的感觉，脱离主旋律的奇异或不适合的符号会打破职业韵律的和谐，给自己的职业发展带来负面影响。

职业形象和个人的职业发展有着紧密的联系。首先，个人的人性特征和特质通过形象表达，容易形成令人难忘的第一印象。这样的第一印象却在个人求职、社交活动中起到很关键的作用。特别是许多人力资源部门在招聘员工时，对应聘者职业形象的关注程度要远远高于我们自己的估计。甚至许多公司在职业形象方面的重视占很大比例。因为他们坚信，实际工作中那些职业形象不合格、职业气质度低的员工不可能在同事和客户面前获得高度认可，极有可能令工作效果打折扣。

其次，职业形象强烈影响个人业绩。首当其冲的就是业绩型职业人，如果自己的职业形象不能体现专业度，不能给客户带来信赖感，所有的技巧都是徒劳，特别是对一些以非物质性销售工作的职业人，客户认可的更多是人本身，因为产品对他们来说是虚的。即使是人力资源部门的职业人，如果在和政府机关、事业单位、合作企业的人打交道的过程中无视对方的特点和要求展现职业形象，极有可能把良好的合作关系破坏。

再次，职业形象会牵动个人晋升概率。获得上司的认可是晋升的核心要素之一，如果在上司面前因为职业形象问题导致误会、尴尬甚至引发上司厌恶，业绩再好也难有出头之日。如果在同事同级层面上因为职业形象问题导致脱离群体、被孤立、被排斥的现象，几乎可以放弃晋升的念头了。

职业形象涵盖面的扩大化越来越密切地和个人职业成功挂钩，忽略职业形象在自己职业生涯中的重要作用将会使职业人失去很多成功的机会。

## 二、职业形象对成功的影响力

随着经济的快速发展，竞争也愈演愈烈。优胜劣汰，适者生存已成为自然界和人类社会共同遵守的生存法则。而竞争是个性的天地，参与竞争的个体，不论是企业、个人还是商品，要想在激烈竞争的风口浪尖上立于不败之地，就必须独具特色，既有良好的品质，又有精彩的包装与形象。市场经济在推动社会生产力高速发展的同时，也把我们带进了个性的时代。谁能更快地适应时代的要求，让个性早点觉悟，并从多方面去培养和展示个性，谁就能在竞争中把握主动。

21世纪是品牌凸显的时代，是个人品牌制胜的时代，要想在芸芸众生中超然而出，你就要建立属于自己独特的个人形象，使你在人群里显得夺目并令人难忘。没有成功的形象，就没有卓越的人生。成功的建立形象，并不是为了漂亮而穿着，我们必须尊重商业游戏的规则，更加注重建立职业权威、可信度和影响力。其实，成功的事业是成功人生的一个最基本的内容，而追求成功实际上是人生的一场最重大、最复杂、最具有挑战性、最激动人心、最有趣的"游戏"。谁得不到别人的注目，谁就要失败！

所以，要想成为焦点，你就必须打造属于你自己的形象。

当人们出现在正式的社交场合时，修饰打扮、仪表形象常常代表着一个人的品位和修养。质于内而形于外，文化修养高、气质好的人，懂得如何修饰自己的形象。仪表端庄体现了一个人的素养、自尊和品位格调，也是对其他人和周围环境的尊重。美国行为学家迈克尔·阿盖尔做过实验：当他以不同的仪表装扮出现在同一个地点，遇到的情况完全不同。当他身着西装以绅士的面孔出现时，无论是向他问路还是打听事情的陌生人都彬彬有礼，显得颇有教养；而当他装扮成流浪汉时，接近他来对火或借钱的人以无业的游民居多。尽管不能以貌取人，但人际交往中仪表表达出的意义胜过语言，完全可以透露出一个人的灵魂和内在品质。

美好的第一印象很难再来第二次，人们一般在见面后5秒钟内就会对对方产生第一印象，因此我们一定要把握住"第一次"的机会。许多人因为"第一次"给人带来的邋遢形象而找不到工作，为此苦恼不堪。一家大型制药厂的人事经理说，他不会录取一个穿脏皮鞋的应聘者。因为这穿鞋的一件小事，就会影响公司以后的制药工作。

美国成功学家拿破仑·希尔说，一个人能否成功，关键在于他的心态。成功人士都有一种积极心态。而穿着打扮、仪表修饰正是人的心态的外在表现，积极的、明快的、得体的、优雅的仪表外形能够增加人的自信心。当人们以积极奋发的、进取的、乐观的心态，去面对现实，处理所遇到的各种矛盾、困难和问题的时候，就可能受"成功女神"的青睐；相反，连自己仪表都不去关注的人，就很容易产生消极、悲观的心态，在人际交往中很难获得别人的尊敬和信任。因此，人的仪表形象是人事业成功的形象工程。

一个成功的个人形象，展示给人们的是你的自信、尊严、力量和能力，它并不仅仅反映在对别人的视觉效果上，同时它也是一种外在辅助工具，它让你对自己的言行有了更高要求，能立刻唤起你内在沉淀的优良素质，通过你的一举一动，让你浑身都散发着一个成功者的魅力。

要树立良好的个人形象必须要进行以下几方面的努力。

1. 进行个人能力训练

建立干练、有素、个性独特的个人形象。首先要进行强化时间概论的训练，这项练习要求受训者具有较强的时间观念，在谈论问题时，尽量在较短的时间内讲述完毕，要有重点，思路要清晰，语言表达要做到言简意赅，逻辑性强，层次清楚。在集体活动中，既要保持自己独特的个性，又能与朋友同事有一个良好的互动关系，求大同存小异。

2. 进行个性修养训练

建立健康、愉悦向上的个人形象。一是要注意选择健康的生活方式，保持充沛的精力和足够的体能；二是要经常显现出活泼、愉悦的表情；三是要培养积极、自信、坚毅的精神，即使遇到困难与挫折，也不要轻言放弃。

3. 进行个人修养训练

建立起尊重他人的个人形象。要学会站在他人的角度去看问题，即将心比心，设身处地思考问题。要学会倾听他人说话，不要随便抢话，发表自己意见时要选在他人的谈话告一段落时；与人有约时，要注意守时，这样会让你在尊重他人的同时赢得别人对你的尊重。与人交谈时要避免采用双手交叉在胸前这类防御性较强的动作，要尽量采用对方能够理解和熟悉的方式进行沟通和互动；要尊重别人的生活习惯，平等相待；在公众场所要注意言谈的音量控制，千万不可旁若无人，随性而为。

树立良好的个人形象是事业成功的重要因素。成功的外表形象为你事业的成功起着推波助澜的作用，也可以破坏或阻碍你事业的顺利发展。当然，形象对于那些身在失败者之列的人们是一个陌生而无用的概念。对于企业的领导者和管理者，优秀的领导者能用形象掌控追随者的心理，为自己创立一个神话般的形象以确立自己稳固的位置。"企业的文化就是老总的文化"，对于那些在传统行业和保守行业中的领导者和管理者，如银行业、保险、金融、会计、律师业,更应该精心地策划、设计个人形象。对于追求成功的人,创立一个可信任的、有竞争力、积极向上、有时代感的个人形象,无论你在什么群体中都能获得公众信任,从而脱颖而出。

## 三、职业意识的培养

做什么要像什么,说什么要像什么,穿什么要像什么。

### 1. 职业意识的概念

职业意识,指人们对所从事的职业活动的认识、评价、情感和态度等心理成分的综合。其核心是爱岗敬业精神,在本职岗位上能够踏踏实实地做好工作。良好的职业意识可以最大限度地激发人的活力和创造力,是企业赢得顾客与利益的砝码,它不但能成就优秀的员工,而且能成就卓越的企业。

常见的三种职业意识见表1-2。

表1-2 常见的三种职业意识

| 项目 | 第一种 | 第二种 | 第三种 |
| --- | --- | --- | --- |
| 认知评价 | 工作是一件讨厌的事情 | 工作无所谓好坏,只是等价交换 | 工作是一种快乐和享受 |
| 情感 | 厌恶、反感、抱怨 | 踏实对待工作 | 热爱,充满激情 |
| 态度倾向 | 拒绝、逃避工作 | 认真对待工作 | 越干越有劲,积极对待工作,克服困难,提升能力,激发潜能 |
| 结果 | 工作仅为了满足个人的生存需求被企业解雇,四处打工 | 工作可能稳定,但默默无闻,平庸 | 把自身发展和企业发展高度融合,企业重用,升职加薪 |

在工作中,一个人要获得成功,60%取决于职业意识,30%取决于职业技能,10%靠运气。国外调查发现,大多数雇主认为,选择员工,首先考虑良好的职业意识,其次职业能力,再次工作经验。

### 2. 职业意识的具体表现

(1)职业人的"德"——宽容

你的最大责任就是把你这块材料铸造成器。

——易卜生

职场上,我们要和各种各样的人打交道,所以要有良好的沟通方式,不同的人沟通方式不一样,所以我们要学会站在他人的立场上去理解别人,知己知彼百战百胜,这样我们才能更好地去沟通,和别人好好相处,共同把工作目标完成。

案例分析

### 三个盖房子的年轻人

第一个人边盖边说:"我累得满头大汗却让别人来住,我凭什么这么认真?于是胡乱地盖,把乱糟糟的牢骚也砌了进去,把那间房盖得像座坟墓。"

第二个人默默地干着,心想:我既然拿了钱,就该好好地干、认真地干,砌墙的时候,也把自己的责任心小心翼翼地砌了进去,那间房盖得挺结实。

第三个人,他一边挥汗如雨地砌着墙,一边想:等这里住上了人,房前种了花草,屋后垂着绿阴,那该多美!于是越干越有劲,那间房不仅盖得结实无比,而且盖得美不胜收——他把自己金灿灿的幸福感全砌进去了。

过了三年。

第一间房就列为"危房",拆了。

第二间房挺结实,住在里面的人也挺安全。

第三间,屋后结满了金灿灿的果实,屋里不时传出孩子们的笑声,高墙上还爬满美丽的花枝,就像一幅美丽的画。

10年之后。

第一个人未老先衰,早就什么也干不动了;第二个人则身子骨硬朗,仍然干着他的老本行;第三个人呢,早已成为名扬天下的建筑大师了。

问:为什么有相同开始的人却有着不同的命运的呢?

分析:第一个工人把工作当苦差,第二个工人把工作当义务,第三个工人把工作当乐趣。他们三个人的命运不同,是因为他们对职业意识的注重程度和树立正确职业意识的情况不同。

(2) 职业人的"能"　工作就是需要行动力与充满热情,只有贯彻到底,才能解决问题。

真正的能力就是贯彻到底,解决问题。有一种管理叫作"剥五层皮",也就是任何问题问五次。

 **拓展阅读**

### 四问

问:"机器为什么坏掉?"(第一问)
答:"电源开关坏了。"
问:"电源开关为什么坏掉?"(第二问)
答:"电源开头中的保险丝断掉了。"
问:"保险丝为什么会断掉?"(第三问)
答:"材质不好。"
问:"材质为什么不好?"(第四问)
答:"因为掺了杂质。"

通常问了四五次之后,大概都可以摸清楚问题症结所在。这种贯彻的能力是工作执行中最重要的能力。

(3) 职业人的"才"　如何增加自己的知识?在企业中增加知识的方法,有一个最重要的观念——不会就要问,不耻下问,这是孔子传授给我们的美德,不要担心职位在你之下的员工会讥笑你。不管你在公司的职衔是什么,你总会有不明白的地方,不明白就要问。即使全部的人都会,只有你不会,你也要问,这样才能增加自己的知识。卡耐基说"封闭的心像一池死水,永远没有机会进步。"

书到用时方恨少,平常若不充实学问,"临时抱佛脚"是来不及的,也有人抱怨没有机会,然而当升迁机会来临时,再叹自己平时没有积蓄足够的学识与能力,以致不能胜任,只好后悔莫及。

21世纪的企业需要成为学习型企业。那么个人最重要的能力是什么?同样也是学习能力!

谨记:

活到老，学到老——要永远学习，企业是一个大学堂；

海纳百川，有容乃大——三人行，必有我师焉，要善于向他人学习；

少时不努力，老大徒伤悲——不要等到被同龄人远远甩在后面才恍然悔悟；

具备"比他人学得快的能力"是唯一能保持的竞争优势——我们处在一个追赶时代。

过去的辉煌与成绩很可能就是你成长路上的绊脚石，你要抛弃历史的包袱。

学习要有高度的自觉性，必须要有强大的自律能力并深信自己有足够的能力去管理自己的学习过程，学习成长的路是崎岖不平的，这是一条充满痛苦及喜悦的路，挫折、迷惑、抵制各种使你偏离目标的诱惑，等等，都会让你感到内心的痛苦，而当你战胜它们，看到自己一步一步成长，及自己脱胎换骨成为新人时，那将是人生最大的喜悦。但如果你没有强大的自觉、自律能力，则在路途中随时都会倒下。

**有备而战**

一只山猪在大树旁勤奋地磨獠牙。狐狸看到了，好奇地问它，既没有猎人来追赶，也没有任何危险，为什么要这般用心地磨牙。山猪答道："您想想看，一旦危险来临，就没时间磨牙了。现在磨尖利，等到要用的时候就不会慌张了。"可见，预先做好的准备，就是正当需要时获得成功的重要保障。

3. 职业人的"拼"

拼命工作，有拼才有赢，做得多，学得更多。

曾经有一位新来的员工，他是一个很优秀、很有效率的人，但他对公司一些部门总是要加班很不理解。

有一天，他对老张说有一个问题要向他请教。他说："您觉得没有效率地工作12小时好呢？还是很有效率地工作8小时比较好呢？"

老张当然知道他不是真的要请教，于是微笑地注视着他说："你既然可以有效率地工作8小时，为什么不有效率地工作12小时呢？如果做得到，那你不是可以远远超过别人吗？"

人与人的差距并没有我们想象得那么大，每个人都是有着同样的器官和同样的每天24小时。工作是一个学习的过程，也是一个遗忘的过程，有效率地每天工作12小时，其结果不只是工作8小时者的1.5倍，而是会学得更多、忘得更少。几个月之后，与他人的程度就拉开了。

在这个竞争的时代，要想获得更多，就要拥有这种精神。

**看风景的启示**

有甲、乙两个人去看风景。开始的时候你看我也看，两人都很开心。后来甲要了一个小聪明，走得快一点，比乙早看到风景。乙一看，怎么能让你比我早看到风景，就走得更快一点超过甲。于是两人越走越快，最后跑起来了。本来是来看风景的，现在变成赛跑了，后面一段路程的风景两人一眼也没看到，到了终点两人都很后悔。

问：这说明了什么？

分析：生命的本质是追求快乐而不是比赛。一缕阳光从天上照下来的时候，总有照不到的地方。如果你的眼睛只盯在黑暗处，抱怨世界黑暗，那么你的人生是不快乐的。

## 四、职业心态

有人说：心态决定一切；也有人说：心态决定你的成败，心态决定你成功的高度；还有人说：心态决定行为，行为决定习惯，习惯决定命运。心态是什么？心态是个人内心的一种潜在意志，是个人的能力、意愿、想法、价值观等在工作中所体现出来的外在表现。心态就是你区别于其他人，使自己变得重要的一种能力。心态是衡量一个人能否获得成功的重要标准，一个人的能力来自于三个方面：知识、技能和心态。无论做什么事情，一个人的心态非常重要。激情地投入工作，与麻木呆滞地工作，完全不同。爱默生说："一个朝着自己目标永远前进的人，整个世界都给他让路。"反之，失败不是因为我们不具备实力，而是我们易被环境左右、惯于附和、缺乏主见、态度不正确、容易沮丧的缘故。

职业心态决定工作成绩，一个人的心态直接决定了他的行为，决定了他对待工作是尽心尽力，还是敷衍了事，是安于现状还是积极进取。我们不能保证你具有了某种心态就一定能成功，但是成功的人们都有着一些相同的职业心态。在企业之中，我们每个人都持有自己的工作心态。有的人勤勉进取、工作忙碌、充满热情、精神抖擞、积极乐观、永争第一，总是积极地寻求解决问题的办法，即使是在受到挫折的情况下也是如此。有的人悠闲自在、得过且过，从来都是按时上下班，按部就班，职责之外的事情一概不理，分外的事情更不会主动去做，不求有功但求无过。有的人牢骚满腹，永远悲观失望，总是在抱怨他人与环境，认为自己所有的不如意，都是由环境造成的，常常自我设限，使自己的无限潜能无法发挥，整天生活在负面情绪当中，完全享受不到工作的乐趣。

一位伟人曾说过："你的心态就是你真正的主人。"你的心态如何，在一定程度上已决定你是失败还是成功。要改变现状、克服困难，首先要做的就是要端正自己心态，没有正确的心态，这一切就无从谈起。

那么，我们应该树立什么样的职业心态，才能享受到工作的乐趣，取得事业的成功呢？

敬业、勤奋、忠诚、进取是我们应有的职业心态。敬业就是敬重自己从事的事业，专注致力于事业，千方百计将事情办好；敬业既包含了个人做事的执着，又有着对本职工作的忠诚；敬业是将自己对岗位、对工作的热爱化为奋发而持久的工作激情，为圆满完成任务而调动自己的所有细胞，勤奋拼搏、坚韧不拔、不达目的决不罢休，这是一种精神。如果一个人以一种尊敬、虔诚的心态对待职业，甚至对职业有一种敬畏的态度，那么它就是敬业的。尊敬并重视自己的职业，即使付出再多也心甘情愿，并能够坦然地面对各种困难，努力去克服它们，做到始终如一，善始善终。因此，敬业也是一种人生态度，是珍惜生命、珍视未来的表现，是我们工作的强大动力。

 **案例分析**

### 担当

从前，在一座大湖中央人们修建了一座庙，庙中供奉着传说中菩萨戴过的佛珠链子，一位老住持带着几位年纪较轻的和尚在庙里面修行。有一天，老住持召集他们说："菩萨的链子不见了！"年轻的和尚们听完这句话，几乎个个瞠目结舌，他们都不敢相信，佛珠链子怎么可能不见呢？因为庙中只有一个门，24小时都由这几位和尚轮流看守，外人根本进不来。老住持以平静的口吻说："给你们七天静思，只要拿的人能够承认错误，然后好好珍惜这串佛珠链子，我愿意将链子送给喜欢的人。"

第一天没有人承认，第二天也没有，只是原来互敬共处的和尚们，多了猜疑与猜忌，甚至彼此之间也不再交谈，这样的气氛到第七天，还是没有人站出来。看到这种情况，老住持说话了："各位，你们都认为自己是清白的，表示你们的定力已够，佛珠链子不曾诱惑得了你们，明天早上你们就可以离开这里了，修行可以告一段落了。"

第二天早上，为了表示自己的清白，和尚们一大早就背着行囊，只剩一个双眼失明的瞎和尚依然在菩萨面前念经，众和尚心中松了一口气，终于有人承认拿了佛珠链子，这下子让冤情真相大白。老住持分别向这些无辜的和尚道别后，转身询问瞎和尚："你为什么不离开？佛珠链子是你拿的吗？"瞎和尚回答："佛珠掉了，佛心还在，我为修养佛心而来！""既然没拿，为何留下来承担所有的怀疑，让别人误会是你拿的？"老住持问道。瞎和尚回答："过去七天中，怀疑很伤人心，自己的心，还有别人的心，需要有人先承担才能化解怀疑。"于是，老住持从袈裟中拿出传说中的佛珠链子，戴在瞎和尚的颈子上："链子还在，只有你学会了承担！你将是这座庙的新住持！"

可见，一个人有无责任心，将决定他的生活、家庭、工作、学习的成功和失败。也是每位职员做人做事的最基本准则之一，是衡量每个员工是否有良好的心态、主人翁意识的判断标准之一，是每个人人生观、价值观的直接体现，是每个人能否做好工作、获得上司认可和在公司存在价值的前提条件，更是一个人能力发展得到良好提升和未来职业规划的综合素质的全面反映。

## 任务总结

做一个合格的职场人士必须要认识和了解职业形象对职业生涯的影响力，职业形象对成功的影响力。具有健康的职业意识，将职业意识的培养渗透到学习与实践的方方面面。培养好的职业心态，奠定成为社会职业人的坚实基础。

## 思考与练习

一、判断题

1. 职业气质度低的员工不可能在同事和客户面前获得高度认可。（　　）
2. 在上司面前因为职业形象问题导致误会、尴尬甚至引发上司厌恶，业绩再好也难有出头之日。（　　）
3. 职业形象在自己职业生涯中的重要作用将不会使职业人失去很多成功的机会。（　　）
4. 没有成功的形象，就没有卓越的人生。（　　）
5. 得不到别人的注目，也一定能够成功！（　　）
6. 当人们出现在正式的社交场合时，修饰打扮、仪表形象常常代表着一个人的品位和修养。（　　）
7. 质于内而形于外，文化修养高、气质好的人，懂得如何修饰自己的形象。（　　）
8. 敬业、勤奋、忠诚、进取是我们应有的职业心态！（　　）

二、单选题

1. 仪表端庄体现了一个人的素养、自尊和品位格调，也是对其他人和周围环境的（　　）。
   A. 尊敬　　　　B. 敬佩　　　　C. 认可　　　　D. 尊重
2. 美国成功学家拿破仑·希尔说，一个人能否成功，关键在于他的（　　）。
   A. 心态　　　　B. 态度　　　　C. 状态　　　　D. 素质

三、多选题

1. 仪表端庄体现了一个人的（　　），也是对其他人和周围环境的尊重。

A. 素养　　　　　B. 自尊　　　　　C. 品位　　　　　D. 格调

2. 一个成功的个人形象，展示给人们的是你的（　　）

A. 自信　　　　　B. 尊严　　　　　C. 力量　　　　　D. 能力

3. 要树立良好的个人形象必须要进行（　　）。

A. 个人能力训练，建立干练、有素、个性独特的个人形象

B. 个性修养训练，建立健康、愉悦向上的个人形象

C. 个人修养训练，建立起尊重他人的个人形象

D. 体育锻炼

### 四、简答题

1. 要树立良好的个人形象必须要怎样做？
2. 简述职业意识的概念。
3. 职业意识的具体表现在什么方面？

### 五、案例分析题

横看成岭侧成峰

古时候有甲、乙两位秀才一起去赶考，路上他们遇到一支出殡的队伍。看到那黑乎乎的棺材，甲秀才心里立即"咯噔"一下，凉了半截，心想：完了，赶考的日子居然碰到这个倒霉的棺材。他的心情一落千丈，走进考场后，那个"黑乎乎的棺材"一直挥之不去，结果文思枯竭，最后名落孙山。乙秀才看到棺材时心里也"咯噔"了一下，但转念一想：棺材棺材，有"官"又有"财"，好兆头。乙秀才十分兴奋，情绪高涨，走进考场后，文思泉涌，最终金榜题名。

同样是遇见一口棺材，甲乙两位秀才赶考的结果为什么截然不同？

# PART2

## 第二篇
## 职业形象的塑造

提升职场人员的职业谋划,树立专业的职业形象,做遵守道德的职业人;规划你的职业生涯,做具备良好心理素质和专业技能过硬的职业人;优化个人形象设计,保持和维护个人形象,是提升你的职场竞争力的利器。

作为一个职业人士首先要充分了解自己,谋划好自己的职业生涯,形成职业化行为习惯,学会发挥好第一印象的重要性,保持和维护个人形象,真正落实体现出职业人"内强素质,外塑形象"的修养,做到有所为有所不为。其中最为关键的就是把握职业形象,要尊重区域文化的要求,不同文化背景的公司对个人的职业形象有不同的要求,绝对不能我行我素破坏文化的制约,否则受损的永远是职业人自己。其次,不同的行业、不同的企业,因为集体倾向性的存在,只有在你的职业形象符合主流趋势时,才能促进自己职业的升值。你准备怎样进入职场?具有职业化的工作技能、工作形象、工作态度、工作技能,就应该"像个做事的样子!""用心把事情做好!""对就职的企业品牌信誉的坚持!""看起来就像那一行的人!"

# 任务五 职业化形象——做合格的职场人士

### ▶▶ 任务描述

你准备好了没有？作为公司员工是否懂得和运用现代生活中的基本礼仪，不仅反映出该员工自身的素质，而且折射出员工所在公司的企业文化水平和经营管理境界。谁是受欢迎的人？职业形象需要严格恪守一些原则性尺度，即做有素质的、遵守道德的、规划你的职业生涯的、具备良好心理素质的、专业技能过硬的职业人。

### ▶▶ 任务目标

1. 认识素质和职业素质；
2. 了解遵守职业道德的重要作用；
3. 掌握如何规划职业生涯；
4. 理解如何培养良好职业心理素质；
5. 明确练就过硬专业技能的重要性。

### 案例导入

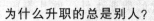

#### 为什么升职的总是别人？

王林，工作3年了，却迟迟没有升职？委屈至极，去找老板理论一二。

老板笑着说："你的事咱们等会儿再说，我手头上有个急事，请你先帮我处理一下？"一家外地客户准备到公司来考察，老板让王林主动联系一下他们，问问何时能到。

一刻钟后，他回到老板办公室。

"联系上了吗？"老板问。

"联系上了，他们说可能下周过来。"

"具体是下周几？"老板问。

"这个我没细问。"

"他们一行多少人？"

"啊？您没让我问这个啊！"

"那他们是坐火车还是飞机？"

"这个您也没叫我问呀！"

老板不再说什么了，他打电话叫朱政过来。

## 案例导入

朱政比王林晚到公司一年,现在已是一个部门的负责人了,他接到了与王林刚才相同的任务。一会儿工夫,朱政来了。

"哦,是这样的……"

朱政答道:"他们是乘下周五下午3点的飞机来,大约晚上6点钟到,他们一行5人,由采购部王经理带队,我跟他们说了,我公司会派人到机场迎接。另外,他们计划考察两天,具体行程到了以后双方再商榷。为便于工作,我建议把他们安置在公司附近的国际酒店,如果您同意,房间明天我就提前预订。还有,下周天气预报有雨,我会随时和他们保持联系,一旦情况有变,我将随时向您汇报。"

朱政出去后,老板拍了王林一下说:"现在我们来谈谈你提的问题。"

"不用了,我已经知道原因,打搅您了。"

点评:从这个案例中我们看出,王林是一个想急于改变现状的员工。当他接到上司安排的任务以后,思想上没有足够重视,只是应付差事,没有站在公司的角度去考虑圆满完成任务。相反,他的同事朱政对待同样的任务,却没有抱着领导安排一件就简单做一件的态度,而是站在上司的高度,并用心去思考,全面考虑工作任务及相关背景,因而任务就完成得相当圆满。倘若王林平时不论对什么工作任务都能认真做好每一件事,那么,他的工作态度、努力与能力,迟早会被上司发现。不满足现状、不认真、不努力、不扎实地做每件事,只是一味地抱怨没有"伯乐"发现自己,这是目前不少年轻人的现状。其实,"不积跬步无以至千里",王林们平时注重自我能力培养,关键时刻就有可能抓住机遇。在公司里,那些善于替老板解决问题的员工,能力总是不断地得到提升,也会得到重用。因为他们总是想与公司融为一体,不断探索未知领域,尝试新鲜事物,通过不断地解决新问题来增加自己的经验与知识,如此一来其获得重用与提升是迟早的事。相反,那些安于现状、不思进取的人,只想不劳而获、或少劳而多获,肯定迟早会被公司抛弃。

## 任务知识

### 一、做有素质的职业人

#### 1. 素质的概念

素质指决定一个人行为习惯和思维方式的内在特质,从广义上还可包括技能和知识。

素质是一个人能做什么(技能、知识)、想做什么(角色定位、自我认知)和会怎么做(价值观、品质、动机)的内在特质的组合。如自信、聪明、责任感、敢于挑战、不怕失败、热爱生活等。

素质对于人,犹如水面上的冰山对于整座冰山,原来浮于水面的一角只不过是庞然大物小小的角而已。决定人成功的不仅仅是技能知识,更重要的是价值观、素质等潜伏在水下的冰山部分(图2-1)。

这就启示我们不仅要提高我们的技能知识,更要通过自我

图2-1 冰山模型

批判和自我提升，改善自己的综合素质，以不断地自我修养来将个人的成功和组织的成功更好地融合起来。

2. 职业素质的分类

职业素质的分类见表 2-1。

表 2-1　职业素质的分类

| 分类 | 名称 | 特点 | 在工作中的表现 |
| --- | --- | --- | --- |
| 显性素质 | 知识 | 主要是指从学校系统学来的知识 | 懂得运用知识作判断 |
| | 技巧 | 为人处世的技巧。如沟通技巧、谈判技巧 | 掌握让客户满意的技巧 |
| | 理解能力 | 对事件的理解程度和速度 | 能够根据自己理解的信息作出合理的反应 |
| | 分析判断能力 | 对事件的判断和评价 | 能够灵敏感知外界的变化，具有识变、应变、改变的心理素质 |
| | 经验 | 工作中积累的经验和技能 | 不断总结以往的经验，结合知识，持续地提升 |
| 隐性素质 | 职业道德 | 爱岗敬业、勤劳节俭、顾全大局、团结协作 | |
| | 职业意识 | 文明礼貌、遵纪守法 | |
| | 职业态度 | 诚实守信、团结互助、服从分配、积极主动、勤奋踏实、尽职尽责、学无止境 | |

隐性素质支撑着显性素质。作为一名合格的职业人、企业员工，不仅要具备一定的显性素质，更重要的是要具备隐性素质。

3. 职业素质的概念

职业素质，指从业者在一定生理和心理条件的基础上，通过教育、劳动实践和自我修养等途径而形成和发展起来的，在职业活动中发挥重要作用的内在基本品质。

如：爱岗敬业、诚实守信、团结协作、一丝不苟、反应迅速等。

职业素质具有职业性、稳定性、内在性、整体性和发展性等特征。

4. 职业素质的构成

(1) 思想政治素质　指从业者在政治方向、政治态度、理想信念、价值观等方面的状况和水平。

(2) 职业道德素质　指从业者在职业活动中表现出来的遵守职业道德规范的状况和水平。

(3) 科学文化素质　指从业者对自然、社会和思维科学知识掌握的状况和水平。

(4) 专业技能素质　指从业者从事某种职业活动，掌握和运用专业知识、专业技能的状况和水平。

(5) 身体心理素质　指从业者的身心健康的状况和水平。

5. 职业化素质要素＝德＋行＋技

(1) 要素一——"德"

为官而不欺——怜下属的勤奋，悯平民之艰辛；

为商而不奸——感客户的信任，得付出之回报。

(2) 要素二——"行"

为官者：报提携之恩，顾下属之途，利百姓之乐——尊敬所有的人；

为商者：以精心塑造价值，以价值回报信任——惠及周围的人。

**拓展阅读**

职业化七大表现

理性——想得清。尽量在工作中对事、对人不夹杂情感因素。
系统——想得高。从全局、更高层次考虑工作意义与目标。
细致——想得深。考虑问题全面、周到，并具有保障措施。
自觉——不需管。无需激励与管束，形成自我习惯。
纯熟——总是好。职业技能标准化、规范化、制度化。
得当——恰到位。做事合乎当前的场合与时宜。
融合——合得来。个性的发展能够适应团队的条件。

（3）要素三——"技"
为官者：执行指令、提携下属、友助同事——成就事业；
为商者：理解客户、服务客户、公平交易——成就价值。

**拓展阅读**

职业化素养的修炼需要经历以下七道关：
印象关——初入职场形象管理；
心态关——学生向社会人转变；
道德关——职场安身立命之本；
沟通关——打造职场"人气王"；
专业关——"菜鸟"变"大虾"；
诚信关——取得职场长期"居住证"；
忠诚关——走进高层核心圈。

## 二、做遵守道德的职业人

遵守职业道德是职业人的从业之本。职业道德，是指从事一定职业的人在职业生活中应当遵循的具有职业特征的道德要求和行为准则。职业道德的特点是：行业性、广泛性、实用性、时代性。

职业道德的作用如下。

① 职业道德具有调节职能的作用，可以规范从业人员的行为，使其更加符合道德要求，促使从业人员做好本职工作；

② 职业道德有助于塑造企业和行业形象，提高企业和行业信誉，促进企业和行业发展；

③ 职业道德有助于提高全社会的道德水平，促进社会主义和谐建设。

职业道德是整个社会道德的主要内容。职业道德一方面涉及每个从业者如何对待职业，如何对待工作，同时也是一个从业人员的生活态度、价值观念的表现；是一个人的道德意识、道德行为发展的成熟阶段，具有较强的稳定性和连续性。另一方面，职业道德也是一个职业集体，甚至一个行业全体人员的行为表现，如果每个行业、每个职业集体都具备优良的道德，对整个社会道德水平的提高肯定会发挥重要作用。

由于工作性质、社会责任、服务对象、服务内容、服务方式等方面存在差异，因而各个行业都有自己特殊的职业道德要求。但总体都遵循着统一的道德标准，那就是爱岗敬业、诚实守信、办事公道、服务群众、奉献社会。

我们要自觉践行职业道德规范，学习职业道德规范，增强自觉性；理解职业意义，树立积极的职业态度；学习和掌握娴熟的职业技能；做遵守道德的职业人。

小刘在某公司的人力资源部工作，负责招聘新员工。一天，她正在查看求职简历，选择合适的人才。突然，她在一份简历中发现了一个红包，红包里有1000元现金。在人力资源部工作几年来，小刘还是第一次碰到这样的"突发事件"。想来想去，最后，她直接将红包交给了单位领导。

### 三、做规划职业生涯的职业人

做好职业生涯规划是职业人实现奋斗目标的重要前提。我们如何去成功规划自己的职业生涯，使自己少走弯路，截弯取直呢？主要从以下三个方面进行。

**1. 明确方向，做好职业定位**

如今很多找工作的人都会问同样的一个问题："我应该去做什么样的工作呢？我真的不知道什么样的工作适合自己啊！"其实，这类人之所以这样问，是因为他们还没有明确自己的职业发展道路，没有给自己以后的职业发展做一个清晰明确的定位。

俗话说："方向不明，无以为动。"职业方向不明确导致不少人成了职场上的弱势群体。如何抉择职业，这个问题一直困扰着他们。那么如何找到适合自己的职业发展方向是他们所面临的根本问题。感到迷失的人应该在对职业类型和个人的能力、状况做出综合分析的基础上，了解职业种类、特性和要求，以及行业和岗位之间的关联性，根据对自己的外在能力以及自己性格的认识和对职业的了解，合理设计职业生涯，选择最适合自己的职业。

**2. 正确分析，了解自我喜好**

一份好工作到底是外在的"三高"（高薪、高职位、高发展）呢？还是自己喜欢、适合的呢？职场中人，尤其是刚毕业的大学生一定不要只重视高薪、高职位、高发展，而忽略了内心追求，不考虑工作自己是否喜欢、是否能做就盲目应聘。这样的选择只会带来短暂的功利，最终会因经不起职业持续性的考验而放弃。为了避免这种结果，我们就要从自身出发，正确分析，根据自己的喜好，找到一个可以长期发展的工作。

**3. 利用优势，最大化的"扬长"**

每个人都有自己最擅长的地方。在职业发展上，要做的就是最大化的"扬长"，这样才能安身立命、建功立业。研究成功人士的奋斗史会发现，他们都善于利用自己的长处，都是把优势发挥得淋漓尽致才获得成功。所以，要想在职场上有所作为、有所突显，首先就要找到自己的优势，然后最大化地利用优势。特别是在选择创业时，如果没有分析自己的优劣势，就想当然地由着性子去做，又不了解创业要具备的个人优势，那么你就会不可避免地用自己的短处来打拼，失利就成了必然。

**4. 树立理想，有具体的实现目标**

在职场中，当一个人不知道自己要实现什么时，就会迷失工作方向，胡乱做着各种能做的工作。没有理想的人是最可悲的，他们在职场中打拼，付出了精力、时间，却不知道为了什么而努力，即使是一时的加薪升职，带来的只是暂时的满足，总是找不到归宿和方向，心灵的空寂是永远不可用一时的工作来满足的，所以，这种人是职场上的最大弱势群体。要想避免这一切的发生，我们就要未雨绸缪，给自己树立一个明确的目标，给自己的职业设置一个目标，以便更好地向前发展。

**5. 做好职业规划，分阶段发展**

很多从大学刚毕业的学生，没有做好职业规划，所以不清楚毕业后应该去干什么工作,当然也有不少人,工作了几年之后依然对自己的未来,对自己的职场发展感到迷茫。人生短短几十年,时间一晃即过,所以职场中最忌讳的是靠着自己大致的一些想法去尝试,或者根本在没有职业定位的基础上自己去多做一些工作,再去选择合适自己的工作,这样的做法是极其被动而且太理想化的,往往当你回过头来意识到问题的时候与别人的差距已经非常大了。要做好职业定位与规划对于自己来说最难的还是对职场的不了解,毕竟个人的经历是有限的,不可能去把各行各业都做过一遍再去选择自己最吻合的岗位,时间也都是不允许的。10年,20年之后你都还没找到自己吻合的岗位,那么你损失的就不仅仅是时间,也损失了自己的社会价值。所以职业顾问建议,如果你当前正处在职业的迷茫期,看不清将来的职业发展,那么就停止你尝试的步伐,不妨来听听专业的力量给你的建议,目标有了,才能一步步地走,踏踏实实地发展,这样提升的空间才会更大。

现在很多人都会存在对自己职业发展迷茫困惑的问题,而他们困惑的原因就是自己都不知道以后该如何走自己的职场道路,该选择什么样的平台做长远的发展,自己又能够找到什么样的平台切入,这些没有解决的话就会一直处在迷茫阶段,而时间拖得越长,对自己就越不利,对于这样的人,还是需要赶快明确自己将来的职业发展道路最为重要。

### 四、做具备良好心理素质的职业人

职业心理素质要求虽然各有不同,难以提出一个统一标准,但最基本的心理素质要求则存在共通之处。概括起来,主要有以下几个方面。

#### 1. 正确的职业态度

一般情况下,从业者有什么样的态度,就会有什么样的行为方式。对从业人员而言,只有首先解决好职业态度,形成正确的职业心态,才能表现出持久而积极的行为方式。因为任何工作都会遇到各种无法预期的情况,但正确的心态可以令我们积极主动地面对各种变化。一个人只有积极、乐观地接受工作中的挑战,应对工作的困难,才有可能在事业上得到很好的发展。目前许多企业对员工进行心理培训、素质拓展训练,其首要目的都是协助员工建立积极的职业态度,拥有愉快的心境。

**拓展阅读**

**如何成功**

拿破仑·希尔在《成功定律》一书中把积极的心态称作黄金定律。也就是说积极的心态会带来积极的结果,保持积极的心态,你就可以控制环境,反之环境将会控制你。天才和伟人之所以与众不同,其决定因素不是智商的超常,更不是技能的高超,而是适时调整的积极心态。

#### 2. 良好的职业心智

职业心智是从业者在长期的生活过程中逐渐形成并相对固定下来的心智。由于心智模式植根人们的内心深处,它不仅会左右人们的思想和认识、影响人们的决策,也会影响人们对工作、学习和生活的态度,影响人们处理人际关系遵循的准则和人们的行为方式、行为习惯。随着社会的发展、科技的进步、行业和人际间依赖性的增强,都对从业者的心智提出了越来越高的要求。形成良好的心智模式,大学生才可能在现代社会中成为优秀的从业者。

**拓展阅读**

### 别太拿自己当回事

美国著名的指挥家、作曲家达姆罗施在 20 多岁时就已经当上了乐队指挥。刚开始时，他有些头脑发热、忘乎所以，自以为才华横溢，没人能取代自己指挥的位置。

直到有一天排练，他把指挥棒忘在家里，正准备派人去取，秘书对他说："没关系，向乐队其他人借一根就行。"

这话把他搞糊涂了，他暗想：除了我，谁还可能带指挥棒。

但当他问"谁能借我一根指挥棒"时，大提琴手、首席小提琴手和钢琴手分别从他们上衣内袋中掏出一根指挥棒，并恭敬地递到他面前。

他一下子清醒过来，意识到：自己并不是什么必不可少的人物。很多人一直都在暗暗努力，准备随时替代自己。

从此每当他想偷懒或忘乎所以的时候，似乎就会看到三根指挥棒在眼前晃动。

#### 3. 较高的职业情商

职业情商是从事某种职业应具备的情绪表现，"智商决定是否录用，情商决定是否升迁"，这已成为决定职业发展的重要信条。职业情商侧重对自己和他人工作情绪的了解和把握，以及如何处理好职场中的人际关系，是职业化的情绪能力的表现。职业情商的高低直接决定和影响着一个人职业素质的发展，进而影响整个职业生涯的发展，因此，职业情商是最重要的职业素质，提高职业情商是大学生职业发展的关键。目前，许多企业在招聘新员工时，也越来越重视考察应聘人员的情商素质，通过心理测试或情商测验等手段来测试应聘者情商的高低。

#### 4. 善于自我管理

自我管理能力是职业心理素质水平的综合体现。一个成熟的从业者，都是具有较强独立性的个体，都必须具备自我管理能力。现代从业者的一个明显特征就是由传统的他人领导型转变为自我管理型。一个单位只有把员工的自我管理能力调动起来，才有可能充分发挥员工的心智和潜能，调动他们的积极性和创造性。进行严格的管理，如果得不到员工的理解，忽视了从业者的自我调控，即便可能使他们表面服从，也很难充分调动其职业潜力。现代企业往往会有意识培养员工的自我管理能力，而不是强化他们盲目的、绝对的服从心理。这种自我管理并不是以自我为中心的随心所欲、自由发挥，而是紧紧围绕工作目标、任务，自觉地、创造性地开展工作，不断地实现自我发展、自我超越，以取得新的工作业绩。

做具备良好心理素质的职业人是一个全方位的系统工程。我们应从以下几个方面切实加强与培养大学生的职业心理素质。

（1）良好的自我意识　自我意识是人格的核心，是人对自己以及自己与周围世界关系的认识与体验。心理学家罗杰斯认为，一个人的"理想自我"与"真实自我"差距过大，会感到痛苦和郁闷，缩小差距的办法就是通过与他人比较、他人对自己的态度、参与社会活动等方式，客观、辩证、理智地自我评价，能够接纳自我，正确对待自己的长处、短处，不苛求自己，既不妄自尊大做力所不能及的事情，也不妄自菲薄甘愿放弃可能发展的机会，自信乐观地按照社会的需要和个人的特点设计自我，发掘与充分利用自己的潜能，有效地调控自我、超越自我。

（2）健全的人格　人格是个人比较稳定的心理特征的总和，健全人格是指构成人格要素的气质、能力、性格和理想、信念、人生观各方面均衡、和谐发展，不存在明显缺陷。为此大学生应确保自我认识现实而客观，适应社会而又能保持独立，建立适宜的人际关系，保持情绪稳定，具有积极进取的人生观、世界观，并以此为中心，有效地支配自己的心理行为。大学生应以塑造健全的人格为方向而努力，为以后的人格发展奠定良好的基础。

(3) 积极健康的情绪　哈佛大学的一项研究表明，个人取得成就85%是因为有了积极健康的情绪，而只有15%是因为个人具备了专门技术。良好的心情使人经常保持愉快、开朗、积极、自信、乐观、满足的心情，对生活充满希望；在痛苦、忧伤、苦闷等不良情绪袭来时，善于调整并保持情绪的稳定。随时了解自己的情绪并能理解别人的情绪，能激励自己，不为挫折和困难所左右。

(4) 抗挫折能力　人生不顺十有八九，这是自然规律，但挫折和失败也是一种重要的财富。大学生在求职和以后的发展中，会遇到来自各个方面的各种各样的挫折，在校学习期间就应该努力培养抗挫折能力，敢于面对挫折和失败，为自己树立明确的奋斗目标，并能及时调整目标；学会自我反省、自我安慰、心理升华等各种抗挫折的方式、方法，保持积极向上的心态，认真分析、对待所有的事情，努力提高自己的挫折承受力，对于培养大学生良好的职业心理素质大有益处。

(5) 交往能力　人际交往是现代人生存所必备的能力，是衡量一个人生存能力的重要指标。交往能力可分为个体交往能力、团体合作精神、领导能力等方面。正常的人际交往和良好的人际关系，更是职业心理所必备的基本素质，也是事业成功的重要保证。然而据中国科学院心理研究所的一项研究表明，约有33%的学生对自己的交往能力持怀疑态度，缺乏交往的信心。对大学生来说，在校学习期间努力培养职业交往的能力，更显得重要。

(6) 创新能力　创新的道路是成功的道路，创新能力是指一个人或一个集体产生新思想、新事物和创造新体制的能力，创新的核心在于创造性思维，其关键是创造性突破，大学生正处于人生最佳创造潜力发展年龄的前期。具有务实、敢为、进取、自信的心理状态是一个人获得成功的基础，要努力培养大学生敢于突发奇想，发挥出自己的潜能，打破常规，主动接受新的思想和观念。

## 五、做专业技能过硬的职业人

专业理论和专业技能职业人应具备的重要素质，只有拥有了扎实的专业知识、理论和熟练的专业技能，才能获得立足社会、立足职场的基础，也才能有效地拓宽发展空间，增强竞争实力，实现人生价值。

### 1. 专业技能训练是提升职业人职业能力的必由之路

将课堂上、书本上学到的专业知识、专业理论运用于实践，通过手脑并用，将间接经验转化为直接经验，一方面有助于深化对所学知识、理论的认知、理解和记忆；另一方面经过"认知—实践"的过程，有助于帮助学生形成"再认识"，更好更快地学习，获取更高阶段、更广范围的专业知识和技能。

### 2. 专业技能训练有助于职业人良好专业素养的形成

在专业技能训练的过程中，学生将对将来的职业岗位产生明确的感性认识，充分认识将来所要从事的职业在社会经济发展中的作用和价值，形成正确的专业动机，树立科学的职业理想，提升专业学习的兴趣和热情。在进行专业技能训练的过程中，不可避免地要对学生进行职业从业者所必须具备的道德、操作和行为规范、准则等方面的熏陶和教育,这无疑对学生职业道德的养成、职业纪律的形成具有重要意义。

**3. 专业技能训练有助于提升职业人就业竞争力和岗位适应力**

在专业技能训练中,学生是一个准职业人,开始独立完成工作任务,或者与小组成员一起分工合作完成工作任务。在完成任务的过程中,他们必须要实现从书本知识到实践知识的认知飞跃,从"纸上谈兵"到"真刀实枪"的技能飞跃,从单纯的"学生"到"准职业人"的心理飞跃,学生在职业认知、职业意识、职业行为规范、职业实际运用能力、应变能力、发挥主观能动性创造性解决问题、职业道德、意志品质等都得到全方位的培养和提升,这无疑提升了学生的就业竞争力,有利于学生走上工作岗位,尽快转换角色,融入工作。

**质量是企业的生命**

某地打火机市场异常火爆,供不应求。不少厂家为提高质量,获得订单,加班加点生产,忽略了打火机的质量。周厂长没有这么做,他认为打火机的质量不好会出大问题。因此他宁可产量少,也要严把质量关。但是由于产量低、订单少,仅半年时间,周厂长就赔进了前两年的利润。

到了下半年,打火机的质量问题显现出来,吃够劣质产品苦头的外国商人开始将目光盯在产品质量过关的周厂长身上。周厂长的订单一下子多起来了,他的打火机厂每天只有五千多只的生产能力,却能够接到10倍以上的订单。该地其他的打火机厂家,在优胜劣汰的市场竞争中倒闭了9成。

## 任务总结

做合格的职业人士首先从了解素质和职业素质的含义、素质的类型、职业化素质的构成及要素入手;阐述了做遵守职业道德的职业人的作用;详细介绍了做好职业生涯规划是职业人实现奋斗目标的重要前提;做具备良好心理素质的职业人的四个方面和如何培养大学生职业心理素质;做专业技能过硬的职业人,最终实现人生价值。

## 思考与练习

**一、判断题**

1. 素质指决定一个人行为习惯的内在特质。(    )
2. 决定人成功的不仅仅是技能知识,更重要的是价值观、素质等部分。(    )
3. 职业道德,是指从事一定职业的人在职业生活中应当遵循的具有职业特征的道德要求和行为准则。(    )
4. 职业道德是整个社会道德的主要内容。(    )
5. 职业道德不是一个职业集体。(    )
6. 职业心智是从业者在短期的生活过程中形成并固定下来的心智。(    )
7. 职业情商的高低直接决定和影响着一个人职业素质的发展,进而影响整个职业生涯的发展。(    )
8. 抗挫折能力是现代人生存所必备的能力,是衡量一个人生存能力的重要指标。
(    )

**二、单选题**

1. 以下属于职业素质中隐形素质的是(    )。
   A. 理解能力        B. 知识        C. 职业态度        D. 技巧

2. 职业化素质要素等于（　　）。
A. 职业化素质要素＝德＋行＋技　　B. 职业化素质要素＝德＋行
C. 职业化素质要素＝德＋技　　D. 职业化素质要素＝行＋技
3. （　　）是最重要的职业素质。
A. 自我管理　　B. 职业智商　　C. 职业道德　　D. 职业情商
4. （　　）是职业心理素质水平的综合体现。
A. 职业道德　　B. 自我管理能力　　C. 职业情商　　D. 职业心智
5. （　　）是人格的核心，是人对自己以及自己与周围世界关系的认识与体验。
A. 自我管理　　B. 自我比较　　C. 自我意识　　D. 自我发现
6. 创新的核心在于（　　）。
A. 创新能力　　B. 创造性突破　　C. 创新心理　　D. 创造性思维

三、多选题

1. 下列选项中（　　）属于素质范畴。
A. 热爱生活　　B. 责任感　　C. 聪明　　D. 不怕失败
2. 职业素质具有（　　）特征。
A. 职业性　　B. 稳定性　　C. 外在性　　D. 整体性
3. 职业化素质要素中"德"包括（　　）。
A. 为官而不欺　　B. 尊敬所有的人　　C. 惠及周围的人　　D. 为商而不奸
4. 职业道德的特点是（　　）。
A. 行业性　　B. 广泛性　　C. 实用性　　D. 时代性
5. 专业技能训练的作用是（　　）。
A. 专业技能训练有助于提升职业人就业竞争力和岗位适应力
B. 专业技能训练有助于职业人良好专业素养的形成
C. 专业技能训练有助于提升创新能力
D. 专业技能训练有助于职业人良好专业素养的形成

四、简答题

1. 简述职业素质的构成。
2. 简述职业道德的作用。
3. 我们如何去成功规划自己的职业生涯，使自己少走弯路，截弯取直？
4. 职业心理素质要求的共通之处主要有哪几个方面？

五、案例分析题

在日本的人寿保险界，有一位响当当的人物，被日本人尊崇为"推销之神"。他就是身高只有1.45米、被人称为"矮冬瓜"的丛原一平。貌不惊人、又小又瘦的他，横看竖看，实在缺乏吸引力，可以说是先天不足。但他却苦练笑容，取得一般人，甚至那些条件比他好的人都没办法取得的成功。他的笑被日本人誉为"值百万美金的笑"。

1. 丛原一平从被人称为"矮冬瓜"到被人尊崇为"推销之神"的变化，说明我们要获得成功首先从哪里开始？
2. "值百万美金的笑"为丛原一平的推销生涯增添了魅力，成功地让别人接纳了他。那么我们要塑造自身良好的形象，可以从哪些方面入手？
3. 此故事对你有何启发？

# 任务六 首因效应——留下你的第一好印象

▶ **任务描述**

好的人缘大多来自于第一印象。我们应该把第一印象用好，好的印象会给人带来愉悦的心情，提高继续交往的可能性，换来丰厚的回报。若给对方留下不良的印象，轻者会造成不愿交往，严重者留下终身遗憾。印象在人们心中占据举足轻重的位置，轻视它，就影响你和你的职业发展；重视它，就会成就你的人脉和你的未来。

▶ **任务目标**

1. 掌握首因效应的含义和特点；
2. 理解首因效应的实践意义；
3. 学会运用职场中的首因效应；
4. 从首因效应理论理解如何塑造良好的第一印象因素；
5. 学会应用打造自己的完美第一印象。

▶ **案例导入**

### 第一印象的重要

王丰赶到兴业公司参加最后一轮面试，主考官正是兴业公司的王总。面试时间快要结束，王丰才满头大汗地赶到了考场。王总瞟了一眼坐在自己面前的王丰，见他满头大汗，满脸通红，上身穿一件格子衬衣，头发凌乱，给人一种不得体的感觉。王总仔细地打量了他，疑惑地问道："你是研究生毕业？"似乎对他的学历表示怀疑。王丰很尴尬地点点头回答："是的。"接着，心存疑虑的王总向他提出了几个专业性很强的问题，王丰渐渐静下心来，回答得头头是道。最终，王总经过再三考虑，总算决定录用王丰。第二天，当王丰第一次来上班时，王总把他叫到自己的办公室，对他说："本来，在我第一眼看到你的时候，我不打算录用你，你知道为什么吗？"王丰摇摇头。王总接着说："当时你的那副尊容实在让人不敢恭维，满头冒汗，头发散乱，衣着不整，特别是你那件格子衬衫，更是显得不伦不类的，不像个研究生，倒像个自由散漫的青年。你给我的第一印象太坏。要不是你后来在回答问题时很出色，你一定会被淘汰。"

王丰听罢，这才红着脸说明原因："昨天我前来赶考时，在大街上看见车祸，我就主动协助司机把伤员抬上了车，并且和另外一位路人把伤员送去医院。从医院里出来，我发现自己的衣服沾了血迹，于是，我就回家去换衣服。不巧我的衣服还没干，我就把我弟弟的一件衬衫穿来了。又因为耽误了时间，我就拼命地赶路，所以，时间虽然赶上了，却是一副狼狈相……"

王总这才点点头说："难得你有助人为乐的好品德。不过，以后与陌生人第一次见面，千万要注意自己给别人的第一印象啊！"

因王丰的工作出色，不出半年，就被升为业务主管，深得王总的器重。

分析：从以上求职的小故事中，我们可以看出，有时候，"第一印象"可以影响一个人的前程或命运。若不是王总惜才，王丰险些失去了这次机会。心理学家给这样的"第一印象"取了一个很好听的专业名词，叫作"首因效应"。

人们常凭借第一印象，来评估初次见到的人以后的学识和行为。人的印象形成=55％的外表＋38％的自我表现＋7％的语言。错误的第一印象，往往否定了一个人的价值。以后的表现，往往只是强化第一印象，并无助于改变印象的好坏。因此，聪明的人十分注重留给他人良好的第一印象。因为，倘若你给他人留下的第一印象不那么理想，此后，哪怕你付出十倍的努力，也收效甚微，甚至根本改变不了已经留给他人的第一印象。

## 一、首因效应的概念

你知道吗？你只用十秒钟的时间就会给别人留下自己的第一印象。有人会说："这不公平，他们应该努力认识真实的自我。"这也许不公平，但这就是社会的规则。在竞争激烈的现代社会，人们没有时间去慢慢认识你，只能在有效的时间内迅速地做出判断，而且，一旦有了第一印象就不愿意轻易地改变他们的看法。

### 1. 首因效应的含义

首因效应，也称首轮效应、第一印象。首因，是指首次认知客体而在脑中留下的"第一印象"。其核心点是：人们在日常生活之中初次接触某人、某物、某事时所产生的即刻的形象。通常会在对该人、该物、该事的认知方面发挥明显的，甚至是举足轻重的作用。职场中的首因效应为先入为主效应，通过"第一印象"最先得到的信息对客体以后的认知产生影响。第一印象作用最强，持续的时间也长，比以后得到的信息对事物整个印象产生的作用更强。

首因效应对职场人士来说应当予以高度重视，不容忽视，第一次交往过程中形成的印象对每个人的事业都有不同程度的影响。人们初次相遇，总要首先观察对方的衣着、相貌、举止以及其他可察觉到的动作反应，然后根据观察到的印象对对方做出一个初步的评价。虽然第一印象是在很短的时间内根据有限的、表面的观察资料所得出来的，但由于它的新颖性和鲜明的情绪色彩，却能在人的脑海中留下深刻的烙印。

### 2. 首因效应的特点

（1）影响强烈，具有先入性　它会左右对此人以后一系列特性所做出的解释。初次接触的瞬间印象的形成，具有明显的视觉印痕。对观察者的冲击强度最大，无论这些信息是否完整，都会被观察者视为最关键的信息，而且，这些信息"先入为主"，会对观察者在后续所呈现的其他信息上产生限制或扭曲作用。

**拓展阅读**

**求职**

一个新闻系的毕业生正急于寻找工作。一天，他到某报社对总编说："你们需要一个编辑吗？""不需要！""那么记者呢？""不需要！""那么校对呢？""不要！""那么排字工人呢？""不，我们现在什么空缺也没有。""那么，你们一定需要这个东西。"说着他从公文包中拿出一块精致的小牌子，上面写着"额满，暂不雇用"，总编看了看牌子，微笑着点了点头说："如果你愿意，可以到我们广告部工作。"这个大学生通过自己制作的牌子表达了自己的机智和乐观，给总编留下了美好的"第一印象"，引起其极大的兴趣，从而为自己赢得了一份满意的工作。

（2）瞬间形成，具有误导性　我们每个人在日常生活中通常都会对周围的人有所耳闻（即间接交往）而形成第一印象，这第一印象对于我们以后同此人的后继交往具有显著的首因效应。但这第一印象也是不稳定的，会随着两个人的直接交往（即面对面的交往）所形成的印象有所改变或替代。生活中人们常讲："日久见人心""不可以貌取人"，有的人是"混生不混熟"，实际上就是这个道理。心理学的研究还表明：在人与人的交往中，交往的初期，即在延续期或生疏阶段，首因效应的影响非常重要；而在交往的后期，就是在彼此已经相当熟悉的时期，近因效应的影响也同样重要。

（3）是可变的，具有不稳定性　根据第一印象来评价一个人，往往比较偏颇，会被误导。孔子曰："以面相人，失之子羽。"说的是子羽曾拜师孔子，孔子因看其长相丑陋而待之冷漠。子羽无奈，离孔子而去，自学而成，讲述儒学，有弟子儒百。孔子得知后，甚是忏悔，发出了"以面相人，失之子羽"的感慨。以过早的表面印象取舍、下结论，也许会使你结交下"地雷式"的朋友，酿成灾祸；也可能会使你错过真诚的朋友，遗憾终生。首因效应的影响因素在现实生活中有很多，归纳起来有相貌因素、语言因素、表情姿态因素及空间、时间因素等。

（4）作用性强、持续时间长　虽然这些第一印象并非总是正确的，但却是最鲜明、最牢固的，并且决定着以后双方交往的进程。如果一个人在初次见面时给人留下良好的印象，那么人们就愿意和他接近，彼此也能较快地相互了解，并会影响人们对他以后一系列行为和表现的解释。第一印象的信息主要是被判定者的外露信息，包括性别、年龄、衣着、姿态、面部表情等"外部特征"。一般情况下，一个人的体态、神情、谈吐、衣着打扮等都在一定程度上反映出这个人的内在素养和其他个性特征，并形成了难以改变的第一印象。

### 对脸负责

曾任美国总统的林肯曾拒绝了一位朋友推荐的相貌不佳的人才，朋友责怪林肯说："任何人都无法为天生的脸孔负责。"林肯却反驳："一个人过了四十岁，就应该为自己的面孔负责。"可见第一印象的巨大影响。首因效应完全可以解释这样一种职场怪现象：有的人吃了相貌的亏，有的人却占了相貌的便宜。

## 二、首因效应的实践意义

### 1. 职业人员必须树立良好的职业形象

首因效应告诉我们第一印象是在瞬间形成的，是在非理智与经验的基础上形成的，而且不易改变，人们最初获取的第一信息会左右对后来获取的信息的解释。作为职业人员，除了日常工作要十分注重自身的形象外，还必须要树立一个良好的第一印象，这就要求我们在学校学习的过程中加强对形象内涵的认识，加强职业形象的塑造，特别是发现自身形象的缺陷，纠正不良体态和仪态。通过各种训练提高形体的协调性、柔韧性和内在修养的形体表现力。从行为细节入手，注意优良体态和仪态与礼仪的养成。为个人建立美好的第一印象，做好充分的心理与仪态仪表的准备。

**案例分析**

态度

在某地一辆公共汽车上,一位乘客与乘务员之间发生了争吵。

乘务员:往里走,站在门口干啥?

乘客:同志,态度好一点嘛!

乘务员:态度?态度多少钱一斤?

乘客:刚才我不是跟你说了嘛,我到前一站就下车。

乘务员:我不也跟你说了吗,你花了几毛钱,还想要买什么态度?

点评:本案例中乘务员居然还把态度跟钱联系在一起,表现出来的不仅是对乘客的不尊重,更重要的是他也贬低了自己,以钱来决定对客态度的服务人员,是得不到别人的尊重的。

---

### 2. 良好的第一印象是成功的一半

第一印象,对职业人员有很大的影响,如果能在第一印象中留下良好的印象,就必须注意一切行为,要赋予好的品质。不良的印象,必将影响对方的情绪,不论你后续怎样努力,对方对你的影响都很难消除,要在第一时间给别人留有良好的印象,塑造良好的形象。在平时与人们社交时,能从你的体态和眼神中体现出是否真诚可亲,从个人的身心和简单的交流中去捕捉你的内心感受。但初次印象很难琢磨,而且在交往过程中越发体现出初次印象的积极作用,由于各种原因导致了你的失误,甚至出现了冲突,化解矛盾离不开形象的影响力。因此,塑造以感染力为基础的、以亲和力为核心的良好形象,也就必然成为培养优秀职业人员的最基本的内容。

### 3. 良好的形象可以增加感染感召力

感召力,即为领袖气质,在社会学中是指个人具有的一种人格特质,尤指那种神圣的、鼓励人心的、能预见未来、创造奇迹的天才气质。具有这种气质的人对别人具有吸引力,并受到拥护。使人对周围环境有认同感,容易创造良好的工作氛围。在工作岗位中很重要的职责就是能给大家带来一个和谐的组织,因此具有感召力,才能让对方接近你、信赖你、依赖你、相信你、服从于你,使你在一定的情形下处于掌控之中。感召力来源于多个方面,除了性格方面的因素外,个人的气质修养是不可缺少的,举止优美、行为端庄、亲和友善地和对方接触才能为对方所认可。从职场的特点看,职业人员对对方的感受是短暂而肤浅的,而我们在和人的接触过程中,需要通过表情、眼神、举止传递一种坚定的信念,形成感召力——"我是你的亲人,我是你的同事,相信我",是对你的信赖感胜过语言。因此在第一时间获得良好的信任和评价,是顺利开展工作的有力基础。

### 4. 主动塑造首因效应的积极因素

塑造良好的形象,是个长期细致的工作,不能一蹴而就,尽管先天条件各不相同,每个人各有优势,但通过后天的培养都可给客人留下良好的第一印象。这就需要端正心态,从基本形体的塑造开始改造自己身上不良的体态和病态,形成良好的仪态习惯;加强谈吐、举止、修养、礼节等各方面的素养,全面提升内在素质,逐渐形成良好的仪态和风度。

### 5. 强化首因效应的形象作用

进一步巩固首因效应,强化首因效应的形象作用,避免虎头蛇尾,有始无终的行为方式。改变首因效应的不足，即在印象修补上，使总体印象更趋于完美。形象修补亦即在交往的最后一时段，通过传递积极的信息，或有意识的传递特定的信息，来改变原有的印象，形成新的积极的印象。

仪表与际遇

心理学家做过一个试验：分别让一位戴金丝眼镜、手持文件夹的青年学者，一位打扮入时的漂亮女郎，一位挎着菜篮子、脸色疲惫的中年妇女，一位留着怪异头发、穿着邋遢的男青年在公路边搭车。结果显示，漂亮女郎、青年学者的搭车成功率很高，中年妇女稍微困难一些，那个男青年就很难搭到车。

这个故事说明：不同的仪表代表了不同的人，随之就会有不同的际遇。这不仅仅是以貌取人的问题。大家都了解第一印象的重要性，而研究发现，50%以上的第一印象是由你的外表造成的。你的外表是否清爽整齐，是让身边的人决定你是否可信的重要条件，也是别人决定如何对待你的首要条件。

我国传统习俗会在新年来临前将屋子进行一次大扫除，这个时候我们也应该"打扫"一下自己，检查一下自己有没有不整洁的地方，所谓"细节出魔鬼"，有时候就是一个小细节，就给别人留下非常不好的印象，说不定这就关乎你的人生大事。

### 三、首因效应的影响因素

现实生活中，首因效应的影响因素很多，归纳起来有相貌因素、语言因素、表情和姿态因素及空间和时间因素等。

#### 1. 相貌因素

相貌因素对第一印象有着重要的影响，据国外有关专家调查，在招聘职员的过程中，有20%的招聘者会把第一印象作为是否录用的非常重要的因素，而形成第一印象的主要依据是应聘者的相貌。这就是首因效应的相貌因素的作用。一个人的体形外貌是由先天遗传因素形成和发展起来的，它不以个人的主观愿望为转移。但一般人在判断别人时，特别是在初次接触时，第一印象往往主要来自对其外表特征的评价，而在日后的交往中，从心理上往往无法消除对其外表所产生的影响。同时，还存在着另外一种心理现象，即对于那些与自己外表、风度相类似的人，也容易建立起良好的人际关系。

#### 2. 语言因素

语言因素对第一印象也有着重要的影响。说话作为人们最简单、最直接的表达方式，它的重要性是不言而喻的。在复杂的现实生活中，学会更深刻地领悟语言的真谛，学会如何说话，是势在必行的。说话不仅是一门技术，更是一门艺术。会说话是一种本事，它看似一项很简单的活动，只要两片嘴唇一碰，原始的语言便生成了。但是说话容易，真正说出有水平、容易被人理解和接受的话来则需要下一定的工夫。

#### 3. 表情和姿态因素

语言是人类最重要的也是最便捷的沟通工具之一，非语言符号在人类的社会沟通中也起着十分重要的作用。非语言包括：手势、面部表情、体态表情等。人体各部分的动作反映出一个人的情绪，因此，人体的各部分的动作特性纳入交际情势中就会给交往带来细微的差别,而这细微的差别在同样动作的运用中又是含义不一的,例如,在不同民族文化背景下使用同一手势,其意义就可能不同。另外,视线接触也是对言语沟通的一种补充。所有非语言的沟通系统,由于具有加强或减弱语言的能力,这些非语言系统同语言系统一起保证了人们共同活动所必须的信息交流。

#### 4. 空间和时间因素

空间和时间因素同样是利用首因效应时应考虑的重要因素。沟通过程中,空间和时间也同样是一种特殊的符号系统,也是沟通情境的组成部分。如个别交谈的场所,应根据交流对象和内容分别选在餐厅饭桌、家庭客厅、宾馆房间,还有公园亭阁。还要注意,交流双方面对面的位置,可以促进思想交流;相反,如果双方位置不当就不利于交流意义的表达,甚至会产生一定的消极作用。实践证明,交往中的某些空间形式对交流的效果是有很大的影响的。

### 四、首因效应在职场中的应用

首因效应印象比较鲜明、牢固、深刻,具有先入性、不稳定性、误导性,同时又是双方的、互动的,其以不同形式存在于各种职业和各个环节,对每个人的事业都有不同程度的影响。所以,在职场中要注意运用"首因效应",以达到好的效果。

#### 1. 职场与首因效应

首因效应在职场中随处可遇,处处可见,以不同形式存在于我们职场生涯的各个环节,以不同程度影响着我们事业的兴衰成败。在求职中、工作中、交往中、合作中、在选择助手时都会受到首因效应的影响。

#### 2. 求职与首因效应

首因效应在求职中会以多种形式表现出来。一方面可以通过阅读自荐材料间接形成,另一方面通过面试可以直接形成。特别在当前,求职已成为整个职场生涯的瓶颈,首因效应的作用更需引起求职者的关注。就求职者本身而言,掌握求职中的方法和技巧,合理运用首因效应,会起到意想不到的效果。

**拓展阅读**

#### 首因实验

心理学家曾做过一个实验:把被测试者分为两组,看同一张照片。对甲组说,这是一位屡教不改的罪犯。对乙组说,这是位著名的科学家。看完后让被测试者根据这个人的外貌来分析其性格特征。结果甲组说:深陷的眼睛藏着险恶,高耸的额头表明了他死不改悔的心态。乙组说:深沉的目光表明他思想深邃,高耸的额头表明了科学家探索的意志。

#### 3. 职业与首因效应

大学毕业生们现在越来越职业化,由于首因效应的影响,新员工往往会在入职后的几个小时或几天内形成他们对组织的认识和评价,这个认识和评价将直接影响到他以后的工作和人际关系;同样,组织的老员工和主管也会在这段时间内形成对新员工的第一印象,并且这种印象很难改变,也将直接影响他们对新员工以后工作的评价。所以在这个时候，新员工和主管人员及老员工都应给对方一个好的第一印象，对即将开始的工作上的合作很有帮助。

**拓展阅读**

《三国演义》中庞统当初准备效力东吴，于是去面见孙权。孙权见到庞统相貌丑陋，心中先有几分不喜，又见他傲慢不羁，更觉不快。最后，这位广招人才的孙仲谋竟把与诸葛亮比肩齐名的奇才庞统拒于门外，尽管鲁肃苦言相劝，也无济于事。众所周知，礼节、相貌与才华决无必然联系，但是礼贤下士的孙权尚不能避免这种偏见，可见第一印象的影响之大。

### 五、打造完美的第一印象

形成第一印象最快只需3秒，所以在进入职场中的第一印象非常重要。对于就要进入职场的新人来说，打造良好的第一印象，让第一印象为自己以后的职场生涯加分是非常关键的。

1. 穿着干净得体

第一天入职一定要准备一身得体的衣服，都说"人靠衣装马靠鞍"，所以需要选择一身适合自己工作职位的职业服装，尽量给人留下干练的感觉。

2. 随时保持微笑

工作中随时保持微笑，微笑可以化解入职时的尴尬，也能给人留下阳光的感觉，所以微笑待人可以给你带来好人缘。

3. 懂得职场礼仪

在入职时要注意职场礼仪，一个人素质的高低，往往来源于他理解礼仪的多少，良好的礼仪，可以给别人留下好的印象。

4. 交流要真诚

对于新人来说，初次接触自己的同事和上司，要用真诚的态度交流，这样可以给人留下非常好相处的印象，从而再给你打高分。

5. 工作起来要勤快

新人在职场中总是要比别人勤快点，别人才不会给你扣上懒惰的帽子，哪怕你有很多工作业务不懂，别人也会认为你勤快而耐心教你。

6. 做事谦虚谨慎

作为新人谦虚十分重要，不要给人留下骄傲的感觉，遇到不懂的要耐心请教，这样既可以促进同事间的交流，也能增进同事间的人际交往。

**任务总结**

在初次见面时利用最短的时间给对方留下好的印象尤为重要。第一印象是开端、是起点、是基础，你怎么重视都不过分。首因效应，也称为第一印象作用，或"先入为主"效应。第一印象它直接或间接地影响着我们的职业生涯，所以第一印象直接关系到你的输赢，是至关重要的。本任务主要介绍了首因效应的概念；首因效应的实践意义；首因效应的影响因素；首因效应在职场中的应用；打造完美的第一印象。

**思考与练习**

一、判断题

1. 首因效应,也称首轮效应、第一印象。首因,是指首次认知客体而在脑中留下的"第一印象"。(    )

2. 第一印象作用最强,持续的时间也长,比以后得到的信息对于事物整个印象产生的作用更强。(    )

3. 在人与人交往的后期,就是在彼此已经相当熟悉的时期,首因效应的影响很重要。(    )

4. 首因效应不决定以后双方交往的进程。(    )

5. 塑造以感染力为基础的,以亲和力为核心的良好形象,是培养优秀职业人员的最基本的内容。(    )

6. 感召力,即为领袖气质,在社会学中是指个人具有的一种人格特质,尤指那种神圣的,鼓励人心的,能预见未来、创造奇迹的天才气质。(    )

7. 塑造良好的形象可以一蹴而就。(    )

8. 形象修补亦即在交往的第一时段,通过传递积极的信息,或有意识的传递特定的信息。来改变原有的印象,形成新的积极的印象。(    )

二、单选题

1. 首因效应是(    )。
 A. 不鲜明的   B. 牢固的   C. 正确的   D. 不深刻的

2. 打造完美的第一印象不包括(    )。
 A. 穿着干净得体   B. 不懂得职场礼仪
 C. 随时保持微笑   D. 做事谦虚谨慎

3. 下列不违反礼仪的行为是(    )。
 A. 用脚踹门   B. 当众抠鼻   C. 当众化妆   D. 对长辈称"您"

4. 体态语主要表现在手势和(    )。
 A. 面部眼神   B. 面部表情   C. 面部眼神和表情   D. 耳朵是否动

5. 在公共场所,要做到(    )。
 A. 大声喧哗   B. 爱护公物   C. 整洁   D. 注意安全

6. 在餐厅,要做到(    )。
 A. 用餐高峰占座位   B. 吃饭时胳膊肘放在桌子上
 C. 经常剩下饭菜   D. 排队礼让

三、多选题

1. 首因效应的影响因素包括(    )。
 A. 相貌因素   B. 语言因素   C. 表情姿态因素   D. 空间时间因素

2. 感召力来源于(    )方面。
 A. 性格   B. 行为   C. 举止   D. 气质

3. 非语言包括(    )。
 A. 手势   B. 说话   C. 面部表情   D. 体态表情

4. (    )保证了人们共同活动所必需的信息交流。
 A. 形象系统   B. 语言系统   C. 非语言系统   D. 感召力

5. 首因效应有(    )。
 A. 先入性   B. 稳定性   C. 误导性   D. 牢固性

四、简答题

1. 首因效应的含义和特点是什么?
2. 首因效应的实践意义是什么?

3. 首因效应在职场中的应用包括哪些？
4. 首因效应的影响因素有哪些？

五、案例分析题

一位心理学家曾做过这样一个实验：他让两个学生都做对 30 道题中的一半，但是让学生 A 做对的题目尽量出现在前 15 题，而让学生 B 做对的题目尽量出现在后 15 道题，然后让一些被测试者对两个学生进行评价：两相比较，谁更聪明一些？结果发现，多数被测试者都认为学生 A 更聪明。

1. 以上材料体现了什么效应？
2. 通过阅读上述材料，你有什么启发？

## 任务七 首因效应——个人形象的锤炼

### ▶ 任务描述

莎士比亚说:"世界是个大舞台,舞台上的演员就是这个世界上的每一个人。但我们每一个人都有剧中演员所无可比拟的优越性,我们可以改写我们人生的剧本,使其变成我们向往的人生;我们还可以不只局限于我们目前认为'真实'的现状或任何其他类似的因素。"

一个人形象的锤炼靠的是个人形象塑造的基础,塑造个人形象的方式是锤炼个人形象的根本。有了塑造个人形象的标准的支撑,才能有助于提高个人素质,增进人际交往,营造和谐气氛,提升企业形象。

### ▶ 任务目标

学习本任务后应该能够:
1. 了解个人形象塑造的基础;
2. 充分理解塑造个人形象的标准;
3. 掌握塑造个人形象的方式;
4. 掌握在职场中加强个人礼仪修养的作用,并能在实践中准确运用。

### 案例导入

#### 小胡的困惑

小胡是山东人,是一家润滑油销售公司的销售员,口头表达能力不错,对公司的业务流程也很熟悉,对公司的产品及服务的介绍也很得体,为人朴实又勤快,他本科学的是市场营销专业。在本单位中,是屈指可数的几个本科毕业生,在本行业的业务员中他也是学历最高的几个人之一,可是他的业绩总是上不去。

小胡自己非常着急,却不知道问题出在哪里。小胡有着大大咧咧的性格,不修边幅,头发经常是乱蓬蓬的,双手指甲也不修剪,身上的白衬衣常常皱皱巴巴的,已经变色,白衬衣的领子上面有一圈黑印,经常像没洗干净一样。他喜欢吃大饼卷大葱,吃完后却不知道去除异味,直接就去与客户见面。小胡的大大咧咧,能被生活中的朋友所包容,但在工作中常常过不了与客户接洽的这一关。

分析:其实小胡的这种形象在与客户接触的第一时间已经给人留下了不好的印象,让人觉得他是一个对工作不认真,没有责任感的人,通常很难有机会和客户做进一步的交往,更不用说成功的承接业务了。一个人在平时就不注重个人的自我修养的塑造,怎么能办好自己的业务,怎么能与客户很好的交往,怎么能取得客户的信任呢?我们常说,礼仪的重要性,就是要维护好个人的形象,维护好个人的形象,提高个人的修养,它是每一个员工对企业负责任的表现。

> **任务知识**

职业人员的个人形象主要是指个人的整体展示，它包括个人礼仪所体现的外在形象和掌握应用礼仪等的内在素质。个人礼仪是礼仪中最基本、最重要的内容之一，提高个人礼仪素质，树立良好的个人形象。

个人礼仪不是简单的个人行为表现，而是个人的公共道德修养在社会活动中的体现，它在一定程度上，反映出人们的思想修养和文化涵养。人的内在气质是无形的，仪表仪态是有形的，无形的气质是通过有形的外表表现出来的，两者相辅相成，构成一个既有丰富内涵，而又彬彬有礼的整体形象。

今天我们所倡导的个人礼仪是一种文明行为的标准，其在个人行为方面的具体规定，均有社会主义精神文明高尚而诚挚的特点。讲究个人礼仪是社会成员之间相互尊重，彼此友好的表示，是一个人的公共道德修养在社会活动中的体现。众所周知，行为心表，言为心声。个人礼仪如果不以社会主义公德为基础，以个人品质修养文化素养为基础，而只是在形式上下工夫，势必会事与愿违。因为它无法从本质上表现出对他人的尊敬之心、友好之情，因而也就不可能真正地打动对方、感染对方，增进彼此间的友谊，融洽彼此间的关系。那些故作姿态，附庸风雅而内心不懂礼、不知礼的行为，或人前人后两副面孔的假文明、假斯文行径均属"金玉其外，败絮其中"者所为，人们将对其嗤之以鼻。"诚于中则形于外"，只有内心具备了高尚的道德情操，才能有风流儒雅的风度；只有"有道德、有修养、有文化、有学识"的人，才能"知书达理"，才能"严于律己，宽以待人"；只有自觉地按社会主义社会公德行事，才能懂得尊重别人，就是等于尊重自己；只有懂得遵守并维护社会公德，就是为自己创造一个文明知礼、轻松愉快的生活环境，才能真正成为明辨"礼"与"非礼"界限的社会主义文明人。

由此可见，个人礼仪不仅是衡量一个人道德水准高低和有无教养的尺度，而且是衡量一个社会、一个国家文明程度的重要标志。个人形象的塑造就是在个人礼仪维护好的基础上，乃至维护所在工作单位的良好形象。

对个人来说，个人礼仪是文明行为的道德规范与标准，就国家而论，个人礼仪乃属于一种社会文化，它是构建社会主义精神文明的基本要素，也是一个国家文化与传统的象征，更是一个治国教民的一个经典。无数事实证明了个人礼仪对一个社会的净化与美化起着积极的作用。个人礼仪所形成的具有较强约束力的道德力量，使每一位社会成员能够自觉地按照社会文明的要求，规范行为、唾弃陋习，最终将自己的言行纳入符合时代之礼的轨道，以顺应社会发展的潮流。可以说个人礼仪也从侧面反映了一个社会的文明程度。

## 一、个人形象塑造的基础

### 1. 以个人行为为支点

个人礼仪是对每一位社会成员自身行为的种种规定，而不是对任何社会组织或其他组织群体行为的限定。但是每个群体都是由一定数量的个体所组成的，每一个社会组织也都是由一定数量的组织成员所构成的。从表面看，个人礼仪好像涉及个人的穿着打扮，举手投足之类的小节小事，但小节之处显精神，举止言谈见文化。个人礼仪作为一种社会文化，不仅事关个人，而且事关全局。因此，个人行为的良好与否将直接影响着任一群体、社会组织乃至整个社会的生存与发展。从此意义上看，强调个人礼仪，规范个人行为，不仅是为了提高个人自身的内在涵养，更重要的是为了促进社会发展的有序与文明。

### 2. 以个人修养为基础

个人礼仪不是简单的个人行为表现，而是个人的公共道德修养在社会活动中的体现，它反映的是一个人内在的品格与文化修养，若缺乏内在的修养，个人礼仪对个人行为的具体规定，也就不可能自觉遵守并且自愿执行，只有"诚于中"方便"行于外"，因此个人礼仪必须以个人修养为基础。

#### 3. 以尊敬他人为原则

在社会主义活动中，讲究个人礼仪，自觉按个人礼仪的诸项规定行事，必须奉行尊敬他人的原则，"敬人者，人恒敬之"，只有尊敬别人，才能赢得别人的尊敬。社会主义条件下，个人礼仪不仅体现了人与人之间的相互尊重和友好合作的新型关系，而且还可以避免或缓解某些不必要的个人或群体的冲突。

#### 4. 以追求美好为目标

按照个人礼仪的文明礼貌标准行为，是为了更好地塑造个人形象，更充分地展现个人精神风貌，个人礼仪教会人们识别美丑，帮助人们明辨是非，引导人们走向文明，它能使个人形象日臻完善，使人们的生活日趋美好。因此，这里说个人礼仪是以追求"美好"为目标的。

#### 5. 以持之以恒为方针

个人礼仪的确会给人们以美好，给社会以文明，但所有这一切，都不可能立竿见影，也不是一日之功所能及的，正所谓，"冰冻三尺，非一日之寒"。个人礼仪知识的学习与践行，必须经过个人长期不懈地努力。因此对个人礼仪规范的掌握，切不可急于求成，更不能有急功近利的思想，要以持之以恒为方针。

## 二、塑造个人形象的标准

个人及社会个体以个人礼仪修养的各项具体规定为标准，努力克服自身不良的行为习惯，不断完善自我的行为活动。从根本上讲，个人礼仪修养就是要求人们通过自身的努力，把良好的礼仪规范标准化作为个人的一种自觉自愿的能力行为。当人们接触一个人之后，常常会给他一些评语："这个人素质高，有风度""这个人有教养"，或者"这个人太差劲，连句话都不会说""这个人俗不可耐，太邋遢"。一个素质高、有教养的人，应该是什么样呢？简单地说，它必须具备以下五个标准。

#### 1. 和善亲切

对人要和善亲切、彬彬有礼、不冷淡、不粗野、不放荡，更不可有恶行的表现，从内心去爱、去关心、去帮助别人。要仁慈温柔，不单对自己的家人要有爱心，即使对别人也应有"爱人知己"的精神，温柔并非女性所独有的品德，它不是柔弱或毫无主张，任人摆布的，而是对别人不急躁、不粗鲁、不固执。要做到对人是平和的，处事是安详的。

#### 2. 谦虚随和

古人说："满招损，谦受益。"谦虚总是受人欢迎的良好态度，社交场合任何自豪情绪的流露都会成为一个通向成功之路的障碍。社交场合切记不可应承帮助过他人而自我夸奖，特别是对方或对方的至亲好友在场时，不因自己比他人多一点知识，或者一技之长而沾沾自喜，不应自认为比别人略高一筹就狂妄自大，否则会让别人避而远之。

#### 3. 理解宽容

理解是情感交流的基础，也是能够成功地建立友谊的桥梁。理解的对象既包括他人的需要和行为习惯，又包括他人的情绪情感、他人的立场观点及态度，甚至还包括自己所不喜欢的人的言行。理解往往是朋友之间珍贵的帮助和支持，生活中、工作中有人和自己看法不一致，或者伤了自己的面子、侵犯了自己的利益，只要无伤大雅都能适当地给予宽容理解。

#### 4. 热情诚恳

对待他人,应该热情和诚恳,切忌虚假、过分地热情,应该掌握热情的尺度,否则会使他人陷入一种十分别扭而又不知如何是好的境地。诚恳不是口是心非,无论说什么做什么,必须由内心发出。帮助别人需要诚心诚意,不带有目的性。

#### 5. 诚实守信

一个人能够在社会上立足,靠的是信用。现代社会节奏的加快和生活内容的多样化给人们的时间观念提出了更高的要求。参加各种活动要守时,迟到不论什么原因都是失礼的。不能履如约要事先通知,让人久等是对朋友的怠慢。无故失约、失信,会使个人形象在他人的心目中黯然失色,对别人的要求应根据自己的能力和实际情况给予答复,切不可妄开"空头支票"。

  案例分析

**信任与诚信**

小李开了一家小卖部,一天早上,刚把公共电话摆到柜台上,就有一位女士用电话,当她放下话筒时,小李看了一下计时器,告诉她应收费两元。

她从精美的手提袋里掏出一张百元面值的钞票递过去,但小李手里没准备那么多零钱找零,小卖部有时一天也卖不出多少钱,何况又是才开门。小李接着说:"您什么时候有零钱再送来吧。"女士脸上现出惊讶的神色,问:"你认识我吗?"小李细看她一眼,说:"我不认识您,可我信任您。"

女士不再说什么了,转身离去了,十几分钟后,这位女士又出现在小卖部里,把两元电话费交给了小李,她说,为了换开这一百元钱,特意去了一趟百米之外的农贸市场,又特意走回来送这两元电话费。

小李接过电话费说:"不送也没关系。"女士说:"我是出差到这个小城市来的,早上顺便打个长途,我要是没给电话费就走了,你也无法找到我,可我一定要回来,一个人能被人信任不容易,我要珍惜。"

请问,在日常生活中诚信有何作用?

---

### 三、塑造个人形象的方式

良好的个人礼仪、规范的处事行为并非与生俱来的,也并非一日之功,是要靠后天不懈地努力和精心教化才能逐渐形成的。因此,可以说个人礼仪是由文明的行为标准真正成为个人的一种自觉、自然的行为,是一个渐变的过程,而完成这种变化,则需要以下三个方面。

#### 1. 个人原动力是培养个人礼仪的坚实基础

个人原动力,也称个人主观能动性,它是人的行为和思想发生变化的根本条件,也是人提高自身素质,形成良好礼仪风范的基本前提。作为社会个体,每个人只有首先具备了勇于战胜自我,不断完善自身的思想意识,才能发挥自己的主观能动性,行动中才可能表现出较强的自律性,自觉克服自身的不良行为习惯,自觉抵御外来的失礼行为。与此同时,还要努力学习,不断进取,真正成为拥有优良品质的一个人。所以说,个人礼仪的形成需要个人原动力,需要个人的自律精神。

#### 2. 教育推动力是培养个人礼仪的根本条件

中国历来尚"礼",也极为重视礼仪教化。历代君主、圣贤均把礼仪视作评价准绳。认为一切应以礼为治,以理为教。关于个人礼仪与社会文明的问题,先人也有过不少的论述。如《论语·为政》中说,"道之以政,齐王以刑,民勉而无耻;道之以德,齐王以礼,有耻且格"。其大意是，用政权推行一种"道"，并用刑律惩处"道"者，老百姓想的是如何逃避惩处而不看行为的对错和荣辱，用德来推行"道"，以礼教化人民，老百姓就懂得对错和荣辱，并会自觉地遵守它们。

### 3. 环境影响力是培养个人礼仪的外在因素

一般来说，个人礼仪的形成具有较强约束力的道德力量，使每一位社会成员能够自觉地按照社会文明的要求，规范行为、唾弃陋习，最终将自己的言行纳入符合时代之礼的轨道，以顺应社会的发展。

## 四、在职场中加强个人礼仪修养的作用

如果说个人礼仪的形成和培养需要靠多方的努力才能实现，那么个人礼仪修养的提高则关键在于自己。因此，强调个人礼仪修养有着极为重要的现实意义，具体表现在以下几点。

### 1. 加强个人礼仪修养，有助于提高个人素质，体现自身价值

美丽的面容、矫健的身姿、华丽的服饰等都是表面的东西，是一个人的外在美，只有将内在美与外在美统一于一身，人才能更具教养和风度，加强个人礼仪修养是实现完美的最佳方法，它可以丰富人的内涵，增加人的"含金量"，从而提高自身素质的内在实力，使人们面对纷繁复杂社会时，更具勇气，更有信心，进而能够更充分地实现自我。

### 2. 加强个人礼仪修养，有助于增进人际交往，营造和谐气氛

古人云："世事洞明皆学问，人情练达即文章"。这句话讲的就是交际的重要性。作为社会中的一员，人们每天都少不了与他人交往，假如不能很好地与他人相处，那么在生活中和事业上就会寸步难行，甚至一事无成。加强个人礼仪修养，处处注重礼仪，不仅可以使人在社会交往活动中充满自信、胸有成竹、处变不惊，更能帮助人们规范彼此的交际活动，向交往对象表达自己的尊重、敬佩、友好与善意，增进彼此之间的了解与信任，营造和谐友善的交际氛围。

**拓展阅读**

#### 曾国藩的识人术

某天，新来的三位幕僚来拜见曾国藩，见面寒暄之后退出大帐。有人问曾国藩对这三人的看法。曾国藩说："第一人，态度温顺，目光低垂，拘谨有余，小心翼翼，乃一小心谨慎之人，是适于做文书工作的。第二人，能言善辩，目光灵动，但说话时左顾右盼，神色不端，乃属机巧狡诈之辈，不可重用。唯有这第三人，气宇轩昂，声若洪钟，目光凛然，有不可侵犯之气，乃一忠直勇毅的君子，有大将的风度，其将来的成就不可限量，只是性格过于刚直，有偏激暴躁的倾向，如不注意，可能会在战场上遭到不测的命运。"这第三人便是日后立下赫赫战功的大将罗泽南，后来他果然在一次战争中中弹身亡。

曾国藩具有高超的识人术，尤擅长于通过人的身体语言来判断对方的品质、性格、情绪、经历，并对其前途进行准确的预言，其实这并不是特异功能，因为肢体语言可以泄露内心的真实想法。

### 3. 加强个人礼仪修养是国民素质的体现和国家文明的标志

人与社会密不可分，社会是由个人组成的，文明的社会需要文明的成员一起共建，文明的成员则必须要用文明的思想来武装，要靠文明的观念来教化。个人礼仪修养的加强，可以使每位社会成员进一步强化文明意识，端正自身行为，在一定程度上反映了其所在的组织及国家的精神面貌，从而促进整个国家和全民族总体文明程度的提高，加快社会的发展。

> **拓展阅读**

### 周总理的魅力

周恩来总理（图2-2）是世界公认的有风度的领导人和外交家。他的一举一动都给人留下了深刻难忘的印象。人们常用"富有魅力""无与伦比"等词语赞美周总理的风度。曾任美国总统的尼克松在回忆录中写道："他待人很谦虚，但沉着坚定。他优雅的举止，直率而从容的姿态，都显示出巨大的魅力和泰然自若的风度。""周恩来的外貌给人的印象是：仪态亲切、非常直率、镇定自若而又十分热情。"前美国国务卿基辛格博士感慨地说："与周恩来先生彬彬有礼的音容笑貌相比，自己好像是从蛮荒中走来的野人。"凡是与周恩来接触过的中外人士无不为它的风度倾倒。因此，我们说伟人们不但为中国革命事业创立了丰功伟绩，而且在继承和发扬我国礼仪优良传统方面赢得了世人的赞誉，书写了不朽的篇章。

图2-2 周恩来

## 任务总结

个人形象塑造的基础要懂得以个人行为为支点，以及以个人修养为基础，从尊敬他人为原则出发，讲究个人礼仪就是相互尊重和友好合作，只有以追求美好为目标、以持之以恒为方针，才能塑造"美好"的个人形象。个人形象的标准有很多，归结起来有和善亲切、谦虚随和、理解宽容、热情诚恳、诚实守信；塑造个人形象的方式是多方面的，个人原动力是基础，教育推动力是根本条件，环境影响力是外在因素，平时要多加强才能有所收获。本任务指导了学生理解和掌握职场中加强个人礼仪修养的作用，使学生在学习理论知识的同时，提升自身的修养。

## 思考与练习

一、判断题

1. 个人的公共道德修养在一定程度上，反映出人们的思想修养和文化涵养。（　　）
2. 人的内在气质是无形的，仪表仪态是有形的，无形的气质是通过有形的外表表现出来的。（　　）
3. 个人行为的良好与否将不会直接影响着任一群体，以及社会组织乃至整个社会的生存与发展。（　　）
4. 一个人能够在社会上立足，靠的是自己，讲不讲信用无所谓。（　　）
5. 良好的个人礼仪、规范的处事行为是与生俱来的。（　　）
6. 个人原动力是培养个人礼仪的坚实基础。（　　）
7. 加强个人礼仪修养，有助于增进人际交往，营造和谐气氛。（　　）
8. 端正自身行为，在一定程度上反映自身的文明程度。（　　）

二、单选题

1. 个人形象塑造的是个人（　　）为基础。

A. 支点    B. 尊敬    C. 修养    D. 追求

2. （　　）是情感交流的基础，也是能够成功地建立友谊的桥梁。

A. 理解    B. 宽容    C. 友善    D. 谦虚

3. 加强个人礼仪修养，有助于提高个人素质，体现自身（　　）。

A. 素质    B. 价值    C. 魅力    D. 气质

4. （　　）影响力是培养个人礼仪的外在因素。

A. 环境    B. 举止    C. 仪容    D. 仪表

5. 人的内在气质是无形的，仪表仪态是有形的，无形的气质是通过有形的（　　）表现出来的。

A. 仪表    B. 举止    C. 仪容    D. 外表

三、多选题

1. 对人要和善亲切，彬彬有礼，不冷淡，不粗野，不放荡，更不可有恶行的表现是从内心（　　）。

A. 去体谅别人    B. 去爱别人    C. 去关心别人    D. 去帮助别人

2. 塑造个人形象的方式（　　）。

A. 个人原动力是培养个人礼仪的坚实基础

B. 教育推动力是培养个人礼仪的根本条件

C. 环境影响力是培养个人礼仪的外在因素

D. 个人能力的影响是培养成功的关键

3. 塑造个人形象的方式（　　）。

A. 个人原动力是培养个人礼仪的坚实基础

B. 教育推动力是培养个人礼仪的根本条件

C. 环境影响力是培养个人礼仪的外在因素

D. 语言感染力是培养个人礼仪的内在条件

4. 每一位社会成员都要自觉地按照社会文明的要求（　　），将自己的言行纳入符合时代之礼的轨道，以顺应社会的发展。

A. 遵守成规    B. 遵章守纪    C. 规范行为    D. 唾弃陋习

四、简答题

1. 个人形象塑造的基础包括哪几方面？

2. 塑造个人形象的标准是什么？

3. 个人的原动力培养的坚实基础是什么？

4. 在职场中加强个人礼仪修养的作用有哪些？

五、案例分析题

经理派王小姐到南方某城市参加商品交易洽谈会。王小姐认为这是领导的信任，更是见世面、长本领的好机会。为了这次任务的成功完成，王小姐进行了精心细致的准备。当各种业务准备完毕后，她开始为以什么形象参与会议犯了愁。经过认真地思考，根据对商务形象的认识，她塑造的形象是：身着浅红色吊带上装和白色丝织裙裤，脚上是白色漆皮拖鞋，一头乌黑的长发飘逸地披散在肩上，浑身散发着浓郁的香水味道。王小姐认为这样既能突出女性特点,清新靓丽,又具有时代感。她相信自己的形象一定能赢得客商的青睐。结果,出席会议的那天,王小姐看到参加会议的人们顿时觉得很尴尬,男士们个个都是西装革履,女士们都穿的是职业装,唯独王小姐穿的是具有"时代感、清新靓丽"的服装。整个会议开下来,王小姐神情都特别不自然。

问:王小姐为什么会不自然,请分析说明。

# 任务八 光环效应——职业形象的设计

### 任务描述

太上有立德,其次有立功,其次有立言;虽久不废,此之谓三不朽。

——《左传》

形象是一个综合性的概念,它包括人们多方面的表现。因此,人们必须注意培养自己各个方面的修养。我们要按照一般规范衡量自己,把握尺度,对自己的职业形象进行适当的整合。

### 任务目标

1. 了解形体美、仪态美、服饰美、语言美;
2. 理解慧于中的心灵美、气质美、风度美;
3. 掌握相关的形象艺术;
4. 学会具有魅力的艺术表现形式。

### 案例导入

李明要去参加一个晚宴,临走前他突然想起有一件重要的事情需要办,办完事情后他来不及换掉自己原来的工作服,就急忙去赴宴了。就这样,他足足迟到了近一刻钟,到了约定地点后他向大家道歉!事过不久。李明因为一个投资项目要找投资商,朋友给他介绍了一位投资商,李明提出的条件很优厚,却遭到了这位投资商的拒绝,原因是这位商人也参加了那次晚宴。李明给他留下的印象很深,投资商认为李明是一个不守时又不注意个人形象的人,这样的人怎么能办好事情呢?

### 任务知识

形象是一个综合性的概念,它包含着人们多方面的表现。因此,人们必须注意培养自己各个方面的修养。通常我们要按照一般规范衡量自己,把握尺度,对自己的职业形象进行适当的整合。一般来说,职业形象的整合包含以下几个方面。

## 一、秀于外

外表通常给人以第一印象。无论从事什么职业,人们都应该按照职业的需求以及身份、场合的要求来强化自己的职业形象。需注意以下几个方面。

### 1. 形体美

保持良好的形体。通过适当的锻炼以及形体训练,使自己的形体发育良好,给人一种自然美。通过形体美可以突出或强化其他方面的美。

### 2. 仪态美

按照规范要求，加强自己在站立、行走、就坐等方面的训练，使自己的仪态趋于职业和生活的正常要求。

### 3. 服饰美

要做到服饰与个人的职业特点和场合、性格特点、肤色、发型等方面的协调一致。给人以美的感受。

### 4. 语言美

语言以人的文化修养、文学水平、生活环境和日常习惯等为基础，能体现出人的各方面的素质和修养，也能表现出人的各方面的行为特征。要实现语言美，就要做到口齿伶俐、吐字清晰、自然大方、朴实热情、声音柔和、语调平稳、语言简练、文明礼貌，这是语言美的基本原则。

 **拓展阅读**

#### 语言修辞的美

情高意真，眉长鬓青。小楼明月调筝，写春风数声。思君忆君，魂牵梦萦。翠销香暖云屏，更那堪酒醒。

赏析：这首小词，语言精练雅丽，极富声情之美。上片开头二句，写人物的品德美和仪态美，开始就给读者留下了美好的印象。随后写美人弹筝，"写春风数声"，创造出令人陶醉的温馨意境。

## 二、慧于中

### 1. 心灵美

心灵美是所有美的核心，包括人的思想、情操、品质、道德等方面。人只有做到心灵美，才能通过其他方面表现整体美。

### 2. 气质美

一个人真正的魅力主要在于其特有的气质。人的气质对其精神面貌和容貌有很大的影响。人的容貌如同一朵花，季节性很强，它总有凋零之时，而人的气质所带来的风采则是与日俱增的。俗话说，风韵永存，就是这个意思。的确，气质带给人的美感，是不受服装打扮和年龄制约的，她总是随时随地，自然而然地流露出来。这就是许多人看中气质的原因所在。

如有的人性格开朗、潇洒大方、气质聪慧；有的人性格沉稳、温文尔雅、气质高雅；有的人性格温柔、秀丽端庄、气质恬静。所有这些气质，都是由每个人的生活环境及其心理因素所决定的。

良好的气质，是以人的文化素养、文明程度和思想品德为基础的，同时还取决于人们对待生活的态度。一个怀有高尚品质和志趣的人自然也是一个朴素和谦虚的人，能表现出一股旺盛的生活热情。许多青年人能将自己的追求和社会的发展结合起来，他们内心充实，总是精神振奋、神采飞扬，给人以生气勃勃的感觉；有的人身处逆境，仍然孜孜不倦，锲而不舍，给人以自强不息的感觉。

一个人真正的魅力主要在于其特有的气质，气质美主要表现在以下几个方面。

（1）丰富的内心世界　理想是人生的动力和目标，没有理想和追求，内心空虚贫乏，是谈不上气质美的，所以，理想是内心丰富的一个重要方面。

（2）品德高尚　为人诚恳，心地善良，是不可缺少的。道德品质在一定程度上会影响到家庭生活的气氛和后代的成长。

（3）胸襟广阔　要有包容之心，不能斤斤计较；遇到困难要学会心理调节；待人接物要大气、豪爽、恰到好处。切忌给人留下心胸狭窄的印象。

（4）举止得体　朋友初交，互相打量，立刻产生好感，这个好感除了言谈的作用之外，就是举止的作用了。热情而不轻浮，温和而不造作，能给人以清新自然的第一印象。

（5）兴趣高雅　爱好文学并有一定的表达能力，欣赏音乐且有较好的乐感，喜欢美术，而能张扬个性，等等。

许多人外表并不是很美，但他们身上却能流露出夺目的气质美。工作的认真、执着；生活的洒脱、敏锐；面对困难时的冷静、沉着等。这是真正的美，和谐统一的美。我们每一个热爱美、追求美的人都应从生活中悟出美的真谛，把美丽的容貌与美丽的气质和品行结合起来。只有这样，才能追求到真正的美。

### 3. 风度美

人的风度是人的心理素质和修养的外在表现。它能反映出人的道德品质、思想情操、性格气质、学识教养、处世态度以及交往诚意，是人在交往活动中一切言行举止的总称，包括精神状态、待人态度、仪表礼节、行为态度和言辞谈吐等。它既影响着一个人在别人心目中的形象，又制约着别人对一个人的态度。风度美包括以下几个方面的内容。

（1）饱满的精神状态　神采奕奕、精力充沛，显得自信而富有活力，能激发对方的交往动机，活跃交往气氛。如若萎靡不振、无精打采，即使你有交往诚意，对方也会感到兴趣索然。

（2）诚恳的待人态度　不管对谁，都应平等对待，要显得诚恳而坦率，切忌支吾其词，或言语与表情动作自相矛盾。端庄而不矜持冷漠，谦逊而不矫柔造作。"上交不谄，下交不渎"。

（3）受欢迎的性格特征　性格是表现人的态度和行为方面的较稳定的心理特征。性格是通过行为表现出来的，因为它与风度密切相关。如性格孤傲的人，风度就显得傲慢、孤芳自赏、咄咄逼人；性格柔软的人，风度就显得纤细、委婉、优柔寡断；性格强悍的人，风度就显得大气、粗犷、叱咤风云；性格文静的人，风度就显得淡雅、恬静、文质彬彬；性格活泼的人，风度就显得洒脱、活络、挥洒自如；性格刻板的人，风度就显得呆滞、沉郁、缄默无言。那些故作姿态的、用伪装的风度迷惑人的伪君子，当然不在此列。然而，人无完人谁都有性格上的弱点，风度上的缺陷，坚强者易流于固执、果断者易流于粗率、活泼者易流于轻佻、严肃者易流于呆板、温柔者易流于怯懦、威猛者易流于凶残、自信者易流于刚愎自用、谦虚者易流于优柔寡断。我们要使自己的风度得到别人的赞美，就要加强性格的修养，努力做到：大方而不轻佻，喜功而不自炫，自重而不自傲，豪爽而不粗俗，刚强而不执拗，谦虚而不虚伪，认真而不迂腐，活泼而不轻浮，直率而不幼稚。

（4）幽默文雅的谈吐　豪放的人，语气激扬而不粗俗；潇洒的人，言谈风雅而不随便；谦逊的人，含蓄而不猥琐；博学的人，旁征博引而不芜杂。宽厚的人，语气舒缓；刻薄的人，词多贬抑；脚踏实地的人，声调沉稳；只图虚名的人，喜好浮词；好嫉妒的人，语言带刺。美的风度在语言上体现为：言之有据、言之有理、言之有物、言之有味。语言是风度的窗户，出言不逊，满口粗话，就不是风度美。

(5) 洒脱的仪表礼节　一个人风衣秀整,俊逸潇洒,就能产生亲和的魅力。这种魅力,不只取决于长相和衣着,更在于人的气质和状态。这是人的内在品质的自然流露。得体的礼仪,能使本来的顽梗变得柔顺,气质变得温和,使别人敬重你,使你和别人合得来。

(6) 适当的表情动作　人的神态和表情,是人沟通思想感情的非言语交往工具,是社交风度的具体表现方式。就手势表情而言,略微倾向于对方,表示热情和兴趣;微微欠身,显得谦恭有礼;身体后仰,显得坦然随便,但有时会显得过于轻慢;侧转身子,表示谦恶和蔑视;背朝对方,则意味着不屑理睬。在面部表情上,自然的微笑,是一种轻松友好的表示;而若肌肉绷紧,脸似冰霜,或是出于过分的拘谨,或是含有敌意,则旁人就不敢接近了。在声调表情上,语气应柔和自然,诚恳友善,切忌阴阳怪气,冷嘲热讽。另外,朴实大方、温文尔雅的行为习惯,能正确地表达一个人的良好愿望,粗俗不雅的动作则令人生厌,对你避犹不及。

### 三、掌握相关的形象艺术

#### 1. 取得信任的艺术

信任是他人在经过一番缜密的考察之后对你的认可表示,是人们表达理解和友谊的最微妙、最直接的方式,是自我价值和愉悦的最佳契合。那些得到别人信任的人总是信心十足,充满乐观和活力。他们越是被别人信任,自我安全感和创意感就越强,结交朋友的渠道也就越宽。尤其在今天,信任已成了人际关系融洽的指示剂。一个具有很高信任度的人,无疑会受到人们的欢迎和更高层次的尊重。因为他(她)的存在使别人感到依托与安宁,得到温馨与满足。缺乏信任度的人,则很难在自己周围找到诚挚的、牢固的友情,这样他(她)就难免会或多或少地产生某种失落感和孤独感。

被人信任,不仅会赢得声誉,而且会讨人喜欢。从生理学角度上讲,信任就是渴望被人尊重而使用的一种心理需求和倾向;从社会学角度上说,信任就是人际交往中的合乎群体化;从道德伦理角度上看,信任就是善与美的折射。

信任不会在凭空的梦幻中产生,也很难在乞求的恩赐中获得。

(1) 自己要有被人信得过的地方　就是说别人的信任之光只能从你自己的言行这个"光源"中产生。因此,坦诚、不加修饰地展示自己的本来面目,是赢得别人信任的关键。与人交往,若能把自己"推销"出去,则是有胆有识之举;若躲躲闪闪,明抢暗放,故作姿态,忸忸怩怩,给人以捉摸不透的感觉和模模糊糊的印象,那别人是很难确定信任和意向、投掷信任的砝码的。所以,如实的表达自己,是取信于人的基石。

(2) 第一印象关系到信任的连接　为别人办第一件事,对别人说第一句话,都会在别人心里留下潜影,成为别人评价的参照。有的人不注重第一次交往的"效应",往往容易形成误会,事后又不懂得如何弥补,就会给人"此人不太牢靠"的印象,而印象一旦固定就不容易改变。

(3) 把握好允诺与兑现的尺度　一旦承诺别人,就一定要想法设法尽力去办,实在存在问题,出现了意外,应及时向对方解释清楚。寻找补救办法,但切忌变换过多,给人以敷衍了事的感觉。办事要扎实,不要拍胸夸口或模棱两可,应具有时间观念和信用意识。确实难以成全的,应直接说明适当的理由,给人以讲究实际和礼貌的感觉。生活中最忌讳的就是随随便便地允诺别人,因为轻率的允诺既害苦了自己,也会使别人大失所望,直接影响人家对你的信任和尊重。可见,真诚相对,以心换心,是产生信任的强大内驱力,知心者才能成为互信者。

 **拓展阅读**

### 曾子杀猪兑现承诺

古时候，曾子的妻子到集市上去，她的儿子哭着跟着她。母亲骗他说："你回去，等一会儿娘回来给你杀猪吃。"孩子信以为真，一边欢天喜地地跑回家，一边喊着："有肉吃了，有肉吃了。"孩子一整天都待在家里等妈妈回来，村子里的小伙伴来找他玩，他都拒绝了。他靠在墙根下一边晒太阳一边想象着猪肉的味道，心里甭提多高兴了。

傍晚，孩子远远地看见妈妈回来了，他一边三步并作两步地跑上前去迎接，一边喊着："娘，娘快杀猪，快杀猪，我都快要饿死了。"曾子的妻子说："一头猪顶咱家两三个月的口粮呢，怎么能随随便便就杀猪呢？"孩子"哇"的一声就哭了。曾子闻声而来，知道了事情的真相以后，转身就回到屋子里拿菜刀出来了，曾子的妻子吓坏了，因为曾子一向对孩子非常严厉，以为他要教训孩子。哪知曾子却径直奔向猪圈。妻子不解地问："你举着菜刀跑到猪圈里干啥？"曾子毫不思索地回答："杀猪"。妻子听了扑哧一声笑了："不过年不过节杀什么猪呢？"曾子严肃地说："你不是答应过孩子要杀猪给他吃的，既然答应了就应该做到。"妻子说："我只不过是骗骗孩子，和小孩子说话何必当真呢？"曾子说："对孩子就更应该说到做到了，不然，这不是明摆着让孩子学着家长撒谎吗？大人都说话不算话，以后有什么资格教育孩子呢？"妻子听后惭愧地低下了头，夫妻俩真的杀了猪给孩子吃，并且宴请了乡亲们，告诉乡亲们教育孩子要以身作则。

这样的事也许大家都遇到过，但不知你是怎么做的。在日常生活中，一个人能被别人信任，那份心情的确不一样。男人、女人、相识的、不相识的，有过往来的与没有往来的，当对方真诚地说出一句"我信任你"时，这一瞬间彼此的心灵便相通了。被信任者会有一种崇高的感觉在心中升腾，觉得自己受到他人尊敬很光荣，内心很充实、很欣慰、很自豪，是一种人格的慰藉。于是，你会自己尊敬自己，心地也纯洁高尚起来，会像珍惜一份至高无上的荣誉一样珍惜他人对你的信任，仿佛失去了这样一份信任，生命就失去了光彩一样。信任是生活园地长出的一棵常青树，站在这棵大树下，人的心灵被生命的绿意滋润着，感到心与心之间原来并没有遥远的距离，他或她是这样的可亲可敬，便绝不愿意践踏这样的一份美好。

**2. 获得尊重的艺术**

在理想中，人际关系都应该以彼此间的真诚尊重、畅顺沟通和关怀体谅为基础，但实际情形并非如此。有些人常常对别人步步紧逼，不断地提出请求、需索和进行试探，直至到对方抗拒为止。有些人则不肯当面拒绝这些试探，事后却常常抱怨他们永远被欺负。

(1) 不要给别人一个现成的托辞　如果随便就给了对方一个借口，他便会认为你可以容忍他的所作所为，从此他就会继续对你实施不合理行为。同时他还认为你是个软弱无能，没有原则的人。

(2) 提出合理要求时不要表示歉意　例如，父亲厉声叫儿子打扫他的房间，但三个小时后，他却对儿子说："孩子，我刚才不应该粗声对你说话，你知道吗？我不是生气。因为，我知道你一定会主动清理你的房间的。"做完一件事之后表示歉意，通常是内心有内疚或忧虑的结果，用这样的方式来取消一个坚强的声明，往往会使你丧失自尊。

(3) 不要过分地宽限你分派的任务　例如，"我真的要在星期五看到那份报告，不过我可以等到下星期。假如事情顺利的话，再迟一点也无妨。"如果去掉"假如"和"不过"之类的字眼，直接地阐明你的意图，既能防止误解，又可以使报告及时上交。

(4) 不要把你的责任推给别人　例如，"老板说你应该……"，或是"领导说你必须……"这类的说法，虽然可使说话的人免负责任，但却使他变成了一个毫无实权的传话者。假如你一开始就说"我要你做……"，人们就会把你看作是一个坚持原则的人。

(5) 碰到问题立刻解决　躲避问题只能使问题更趋严重且难以解决。如果你对小的问题也能及早处理，那可以一开始就说明你的期望，而别人也能确切地知道你的想法。

(6) 表现自己时不可愤怒　如果你只是在怒不可遏的时候表现自己，那表示你是软弱的，你对别人所说的话的反应，便可能过于激动。况且，当你在发脾气的时候，别人很可能会为自己辩护。这样真正的问题通常解决不了。同样的道理，如果别人听了你所说的话之后，产生过分激动的反应，你也不可轻易愤怒。你的毫不动气可以在相行之下，显出对方态度的不成熟，并且你的镇定通常还能使他冷静下来。

(7) 利用非语言的暗示　说话时眼睛要注视对方。不要反复不断地说明你的理由，要用停顿来加强效果。用适当而非挑衅性的手势来强调你的论点。

(8) 不要虚作恫吓　你在虚张声势的时候，是谁也吓不到的。要树立你的威信，就必须说明你的合理期望，以及如果这些期望不能达到时会产生什么后果，然后贯彻到底。要赢得别人对你的尊重，就要让他们知道你言出必行。

### 3. 具有吸引力的艺术

人际交往的过程、交往的程度，是与交往双方相互之间的吸引力直接相关的。吸引力不同，交往的密切程度、交往的方式、交往的最终结果也就各不相同。人人都希望自己能为他人所喜欢，而且喜欢自己的人越多越好。从根本上说，要使别人喜欢自己，就要使自己成为一个具有吸引力的人。

(1) 影响人际交往吸引力的因素　现代社会心理学的研究表明，影响人际交往吸引力的因素有以下几个方面。

① 外貌吸引。爱美之心，人皆有之。美是人的本质力量的表现，爱美可以说是人的天性。美丽的外貌、优美的举止，能给人一种精神享受。在人际交往中，人们首先获得的就是对方的表情、姿态、身材、仪表、年龄、衣着等方面的印象。这些方面印象的好坏，会给交往者的心情以及交往的结果以不同的影响。

为了适应人际交往中外貌吸引的心理需要，我们应该注重自己的仪表，应该讲究自己的衣着风度，因为这不仅是对别人的尊重，同时也是对自己的尊重。这样做，能使自己一种美的仪表显现在交往对象面前，首先给对方一个良好的第一印象，使对方感到愉快，给对方以巨大的吸引。

② 接近性吸引。交往上的空间距离相近，能给交往接触造成一种方便条件，造成一种相互熟识的可能，从而使双方之间产生吸引力。在空间上接近的人们，如邻居、同乡、同学、同事，由于相互之间相邻靠近，总是希望尽可能避免冲突，因而特别注意友好相处。俗话说："老乡遇老乡，两眼泪汪汪。"这种感情正是由于接近性的吸引力而产生的。诚然，空间距离的远近，在很大程度上是由客观条件决定的。在空间上不邻近的情况下，也可以通过反复交往，相互熟识，从而在心理上邻近起来，这是接近吸引力的有效途径。

③ 能力吸引。一个聪明能干、才华出众的人，一般都能引起人们的喜爱、敬佩、尊重和敬慕，在人际交往中具有吸引力。因为能力强的人可以给自己及自己所在的群体带来好处。而一个愚蠢无能的人则不可能给自己及自己所在的群体带来任何利益。可见一个人要对他人具有吸引力，就需要刻苦学习，使自己成为一个有能力的人。

④ 相似性吸引。在态度、信念、思想、理想、目标、政治主张、宗教信仰等方面比较一致的人们，或者在教育水平、经济收入、职业身份、社会地位等方面相似的人们，或者志

同道合、门当户对、同病相怜、同行相亲，都容易在交往中做到言语投机，感情融洽。相互间具有较强的吸引力，因为这种一致性或相近性容易使双方产生比较深的了解，从而成为知音。鲁迅曾以形象的比喻揭示了人们交往中相似性吸引的道理，"是弹琴人么，别人心上也必须有弦索，才会出声；是发声器么，别人也必须是发声器，才会共鸣"。如果没有一个契合的文化心理结构，人们就很难在思想感情上发生共鸣。

⑤ 补偿性吸引　多种多样的生活需求，是人们进行社会交往的动力，反过来，交往的吸引力也正在于它能够满足人们这种不通过交往就不可能得到满足的需求。这一事实，反映了补偿性是人际交往具有吸引力的重要因素。现代人的效益观念日益增强，交往的功利动机也有发展的趋势。能否互利互惠、得到什么好处等这种补偿性动机，往往支配着社会交往的频率和深度。人们在相互交往中，如果能够在物质上或精神上得到某种补偿，那么交往活动就会产生吸引力。得到的补偿越多，交往的吸引力也就越大。交往的这种功利作用，使人们的交往动力得到强化，因而交往频率增多，交往程度加深，交往关系更加密切。

### 伟人的节俭

周恩来总理勤俭节约的故事，妇孺皆知，成为美谈。他一贯倡导勤俭建国、艰苦奋斗，要求"一切招待必须是国货，必须节约朴素，切忌铺张华丽、有失革命精神和艰苦奋斗的作风"。朱光亚同志曾回忆过这样一则故事：1961年12月4日周总理召集专门委员会对当时第二机械工业部的一个规划进行审议，会议从上午开到中午还没结束，周总理留大家吃午饭。餐桌上是一大盆肉丸熬白菜、豆腐，四周摆了几小碟咸菜和烧饼。周总理同大家同桌就餐，吃同样的饭菜。这个故事至今听来让人觉得很有教育意义。在周总理身上，这样的例子数不胜数。1962年夏，周总理到辽宁省视察工作，刚一住下，他就从口袋里掏出一张纸，交给负责接待的同志，说："上面写的东西都不能做。"原来，这张单子开着20多种禁吃的菜名，鸡鸭鱼肉之类都包括在内。正是这一桩桩、一件件小事，铸就了他伟大的人格魅力，使之成为具有中华民族传统美德的人物代表！造就了周恩来伟大的人格魅力。

(2) 富有吸引力的人的特征

① 具有与他人建立和维持和睦关系的良好愿望，乐于同别人友好，也希望别人同自己友好。

② 尊重他人、关心他人、乐于帮助他人。

③ 热情、开朗、性格外向，喜欢与人交往，热衷于参加各种社会活动。

④ 持重、耐心、忠厚老实、为人可靠，对人、对集体有强烈的责任感。

⑤ 聪明能干，善于独立思考，在学习或事业上有成绩。

⑥ 具有自尊和自爱，重视自己的独立性和自制力，不过分取悦于别人，并且有谦逊的品质。

⑦ 兴趣广泛，有多方面的爱好。

⑧ 宽容厚道，不苛求于人。

⑨ 有审美的眼光，幽默但不油滑，不尖酸刻薄。

⑩ 仪表端庄，服装整洁，举止文雅。

(3) 缺乏吸引力的人的个性特征　在人际交往中缺乏吸引力的人，其个性特征大体上与上述相反，主要有以下几个方面。

① 以自我为中心，不尊重别人的人格，不关心别人的利益痛痒；只重视自己的利益、需要和兴趣，不顾别人的利益和需要，不能设身处地地为别人着想。

② 对人不真诚，虚情假意，口是心非；对集体和他人缺乏责任感。

③ 苛求别人，求全责备，吹毛求疵。
④ 优越感强，因有才能、有成绩而傲视他人。
⑤ 性情孤僻，对人冷漠；兴趣贫乏，不合群。
⑥ 对人怀有敌对和偏激情绪，妒忌心强，猜疑和报复心重，防御心理过重。
⑦ 妄自尊大，自命不凡，固执己见，放任自己，不愿接受他人的规劝。
⑧ 盲目服从和过分取悦别人，势利眼，过分惧怕权威，巴结领导，轻视同僚或下属。
⑨ 自我期望过高，自尊心过强，喜欢表功，过分自夸，对人际关系过于敏感。
⑩ 依赖性过强，过分自卑，缺乏自尊心和自信心。

人们一般都希望能与他人建立起和睦的人际关系，都希望自己在人际交往中能够具有吸引力，那么，你不妨检验一下自己。看看自己的性格气质中，有哪些方面是容易产生吸引力的因素，又有哪些方面是缺少吸引力的因素。

### 你没有那么重要

著名表演艺术家英若诚讲过这样一个故事：他小时候生活在一个大家庭里，每次吃饭都是几十口人坐在一个大餐厅中。有一次他突发奇想，决定跟大家开个玩笑。吃饭前，他把自己藏在饭厅里一个不被人注意的柜子里，想等大家遍寻不到的时候再跳出来。让他尴尬的是，并没有人注意到他的缺席。自那以后，他就告诫自己：永远不要把自己看得太重要，否则会大失所望。古往今来，没有谁是世界的中心，也没有谁一直是所有人注目的焦点。能够看轻自己，是一种风度、一种修养、一种境界。诗人鲁藜说："还是把自己当做泥土吧，老是把自己当做珍珠，就会有被埋没的痛苦。"看轻自己，以一种平和的心态面对生活，不以物喜，不以己悲，就不会为凡尘中的各种诱惑、烦恼所左右，从而以清醒的心智和从容的步履轻松地走过岁月。

## 四、具有魅力的艺术

**1. 美貌者是幸运的**

因为他（她）们拥有可以产生魅力的天生丽质。美貌是沃土，它能开出美丽的奇葩。但如果对其不加珍爱，它也会贫瘠，甚至充满斑斑的毒菌。

**2. 魅力与人的气质有关**

不具备某种气质，却硬要显示出某种气质所具有的魅力，往往会表露出矫情和浅薄。试看那些模仿高仓健的"硬派小生"吧，虽然他们铁板着脸，目光阴郁，不苟言笑，却丝毫没有让人感到冷峻、深沉、阳刚的魅力。缺乏相当的文化素养和人生体验，是不可能表现出魅力来的。

开朗的、乐天的、幽默的、谈锋甚健的人容易给人以亲切感，自然也易于让人感受到有魅力。

**3. 学识渊博、才华横溢能产生魅力**

智慧的魅力可以不依赖于容貌。据记载，古希腊哲学家苏格拉底是个塌鼻梁的人，他容貌丑陋，而且衣衫不整，谈不上什么风度。然而，当时却有许多人被他所吸引并真诚、热烈地追随着他。即使他的躯体化为尘埃，他智慧的魅力还经久不衰。

最理想的当然是容貌、风度、才学和智慧都放射出魅力的光芒来。可惜，这样完美的人世间极少。有人说："美貌是给蠢人和懒人的。"这话说得太极端。但是确实有不少美貌者很愚蠢、很俗气，这是令人遗憾的事情。

据说约1000年前,宋代大文豪苏东坡有个妹妹,叫苏小妹。因为额头长得凸些,眼窝长得凹些,长相平平,但聪明机敏,伶牙俐齿。有次哥哥苏轼就将她调侃一番:未出堂前三五步,额头先到画堂前;几回拭泪深难到,留得汪汪两道泉。苏小妹哪里肯认输?嘻嘻一笑,当即反唇相讥:天平地阔路三千,遥望双眉云汉间;去年一滴相思泪,至今未到耳腮边。苏小妹反讥哥哥脸长,简直到了极致。苏轼一听大笑不已。尽管,苏小妹的长相平平,但在"三苏"的熏陶下,苏小妹不但精通诗词歌赋,而且联对、针线无一不精,才名遐迩。潇洒倜傥的秦少游几番折腾,终于如愿娶了苏小妹为妻。成婚那天,还留下了苏小妹三难秦少游的佳话。小妹一进洞房便命丫鬟嫣红将门关上,吟出上联:"东厢房,西厢房,旧房新人入洞房,终生伴郎。"秦少游笑笑,脱口而出:"南求学,北求学,小学大试授太学,方娶新娘"。苏小妹满心欢喜,芳心大悦,两人便熄烛松帐,成就了一桩千古良缘。有人说,你的气质里,藏过你读过的书、走过的路。相貌是天生的,气质是后天培养的。一个女生尽管美若天仙,但乏味无趣,满口脏话,倒不如内心丰盈、气质如兰的女生来的让人想亲近。话说回来,很多年轻女孩子,相对于提升内在,她们更热衷于改头换面的时尚。因为外表的蜕变可以很快,几套衣服、几种妆容,就足以让你三十六变;但是这样子的改变,始终抵挡不住岁月这把杀猪刀。因为你改变的,仅仅只是你的外在。也许再过几年,开始忌惮别人问及年龄,怕岁月爬在脸上的痕迹。寒来暑往,花开花落,美人迟暮是不变的定律。也许苏小妹相貌平平,但是一千年来让人们记住的却是她的才华横溢。只有气质、趣味、才华,由内而外提升自己,才是克服美人迟暮的秘籍。就算有一天,你头发白了,走不动了,你的笑容里,依然闪耀着你内心的丰盈、你读过的每一本书的气质、你看透的每一寸光阴,你生命的每一次欣喜。

## 任务总结

本任务主要介绍了秀于外需注意的形体美、仪态美、服饰美、语言美四个方面;慧于中的心灵美、气质美、风度美;掌握相关的形象艺术中取得信任的艺术、获得尊重的艺术;具有魅力的美貌者是幸运的,魅力与人的气质有关,学识渊博、才华横溢所产生的魅力,则是一种才的魅力。

## 思考与练习

一、判断题

1. 通过形体美可以突出或强化其他方面的美。(    )
2. 秀于外要注意形体美、仪态美、服饰美、举止美四个方面。(    )
3. 信任是他人在经过一番缜密的考察后对你的认可,是人们表达相信和依赖的最微妙、最直接的方式。(    )
4. 空间距离的远近,是接近吸引力的有效途径。(    )
5. 我们应该注重自己的仪表,应该讲究自己的外貌,因为这不仅是对别人的尊重,同时也是对自己的尊重。(    )
6. 信任不会在凭空的梦幻中产生,也很难乞求在恩赐中获得。(    )

二、单选题

1. 风度美中适当的表情动作是(    )。
A. 微微欠身    B. 身体后仰    C. 侧转身子    D. 背朝对方
2. 职业形象的整合包含(    )。

A. 秀于外　　　　　B. 美于中　　　　　C. 成于气　　　　　D. 立于行
3. 职业形象中需要掌握的形象艺术有哪些？（　　）
A. 音乐艺术　　　　B. 获得尊重的艺术　C. 形体艺术　　　　D. 绘画艺术
4. 在态度、信念、理想、思想、目标、政治主张、宗教信仰等方面比较一致的人们是（　　）吸引。
A. 外貌　　　　　　B. 接近性　　　　　C. 能力　　　　　　D. 相似性
5. 心灵美是所有美的核心，其中包括（　　）。
A. 语言　　　　　　B. 性格　　　　　　C. 道德　　　　　　D. 举止
6. 语言美的基本原则是（　　）。
A. 语言简练　　　　B. 语速缓和　　　　C. 语气平稳　　　　D. 语调快速

三、多选题
1. 一般来说，职业形象的整合包含以下几个方面（　　）。
A. 形体美　　　　　B. 仪态美　　　　　C. 服饰美　　　　　D. 语言美
2. 风度美包括以下几个方面（　　）。
A. 饱满的精神状态　　　　B. 诚恳的待人态度　　　　C. 受欢迎的性格特征
D. 幽默文雅的谈吐　　　　E. 洒脱的仪表礼节　　　　F. 适当的表情动作
3. 受欢迎的性格特征有以下几点（　　）。
A. 性格孤傲的人　　B. 性格柔软的人　　C. 性格活泼的人　　D. 性格刻板的人
4. 影响人际交往吸引力的因素（　　）。
A. 外貌吸引　　　　B. 接近性吸引　　　C. 能力吸引　　　　D. 补偿性吸引
5. 气质美主要表现在（　　）。
A. 丰富的内心世界　B. 品德高尚　　　　C. 胸襟广阔　　　　D. 举止得体
E. 兴趣高雅

四、思考题
1. 外表通常给人以第一印象。无论从事什么职业，人们都应该按照职业的需求以及身份、场合的要求来强化自己的职业形象。需注意哪些方面？
2. 一个人真正的魅力主要在于其特有的气质，气质美主要表现在哪几个方面？
3. 现代社会心理学的研究表明，影响人际交往吸引力的因素有哪些方面？
4. 在人际交往中缺乏吸引力的人，其个性特征主要体现哪几个方面？

五、案例分析题

### 做有礼貌的学生

几个低年级的同学肩并肩、有说有笑地走着，前面迎面走来一位老师，他们也不认识，但当这位老师走到这几名同学身边时，其他人都还在说笑，只有一位同学，恭敬地鞠了一躬，说了声"老师好！"老师当然也很高兴地回答了一句"你好！"别的同学都没出声。等老师过去了之后，有的人说那个同学有病，不认识的老师还给鞠躬；有的人说他根本是装样子，给别人看的。那个同学没有反驳他们，只是说了一句："做一个有礼貌的人是做学生的最基本要求。"我正走在他们身后，听了这句话非常感动，感动那个同学的真诚，一个人懂礼貌，真的是很难得的品质。

问：这个学生的做法代表了什么？

# 任务九 职场礼仪——塑造职业形象的手段

### 任务描述

市场竞争,说到底是就是知识竞争,就是"形象竞争",正如国外专家早就指出的,形象是当今社会的核心概念之一,人们对形象的依赖已经成为一种生存状态。可以毫不夸张地说,职业形象让你前程无忧。良好的职业形象不仅能够提升个人品牌价值,而且还能提高自己的职业自信心。

### 任务目标

1. 掌握外表整合塑造完美的形象的相关知识;
2. 学会运用内在素质整合展现个人魅力;
3. 应用发展素质整合的基本面;
4. 理解和掌握塑造"内慧外秀"的品质。

### 案例导入

#### 平易近人的周总理

一次,周恩来总理去某地视察工作,飞机着陆后,他同机组人员一一握手,表示感谢。这时机械师正蹲在地上工作,周恩来同志和其他同志握手后就站在机械师身后耐心地等他,并示意别人不要惊动他。机械师工作结束后转过身来,才发现总理站在身后,不禁大吃一惊,忙说:"对不起,总理,我不知道您在等我。"

总理笑着说:"我没影响你的工作吧?"

"没有,没有。"机械师赶忙说。周总理这种尊重别人,讲礼貌的好品质、好作风深深地感动了机械师和在场的所有人。

### 任务知识

内在素质的整合、修炼和职业意识是"内慧"为核心的内在美。仪表美、仪容美以及礼仪修养是"外慧"为核心的外在美。失去了"内慧"的外在美,会显得过于张扬、肤浅;而失去了"外秀"表现形式的"隐形"的内在美,会使职业人的表现力、生机活力缺失。所以"内秀外慧"相结合的美,是我们形象的再现。

## 一、外表整合塑造完美的形象

### 1. 仪容仪表的修饰和表现

体现个人形象表现,是自尊自爱的表现,是公司形象的标志;反映新一代公民的精神面貌和服务修养。按照礼仪形象的要求,恰当地修饰自己的仪容仪表,是人的精神面貌的外在表现,良好的仪表体现了公司的气氛、档次、规格,员工必须讲究。要基本做到,面必净,发必理，衣必整，纽必结，头容正，肩容平，胸容宽，背容直，勿傲勿怠，颜色宜和、宜静、宜庄。

 **拓展阅读**

美国一位总统的礼仪顾问威廉·索尔比这样说过：当你走进一个房间，即使房间里没人认识你，或者只是跟你有一面之缘，他们却可以从你的外表形象对你做出以下10个方面的推断：①经济水平；②受教育水平；③可信任水平；④社会地位；⑤个人品行；⑥成熟度；⑦家族经济地位；⑧家族社会地位；⑨家庭教养情况；⑩是否是成功人士。

**2. 仪态的形成和保护**

端庄文雅的举止能给人留下美好的印象，良好的仪态是一种修养，更具有魅力。要注意自己的仪态形象表现。女性要做到亭亭玉立，坐时温文尔雅，走路时风度翩翩；男性要做到站如松，坐如钟，走如风。并要注意自己的各种仪态表现，杜绝一些懒散的、粗俗的、不文雅的行为习惯，维护好自己的形象，保持良好的举止行为形象，培养良好的体态。

**3. 语言的表达和完善**

身在职场，虽然能力加勤奋十分重要，但拥有一张"善于说话"的嘴巴，更能让你工作起来游刃有余，"言"半功倍。恰当地使用敬语，注意各种场合的谈话、发言、讲话等，较好地掌握和运用与职业有关的语言表达形式，增强语言表达的艺术效果。

**4. 良好的形象和培养**

要求在学习阶段，加深对形象内涵的认识，加强职业形象的塑造，提高自身的素质，特别是发现自身外在的缺陷。防止自己受晕轮效应影响的同时，利用晕轮效应的影响，从行为细节入手，优化自己的仪容仪表、注重优良的仪态、锻炼语言表达能力等，培养良好的外在形象。通过习惯养成，以便于自己在交往中获得更大的成功，提高外在的整体效应和内在的思想。

**5. 形象的修炼和提升**

（1）第一印象的决定性　7秒中的见面来判断人对你的第一印象。一个人永远没有第二次给别人第一次印象的机会，它起着很大的作用。如何能在第一印象中，留下很好的良好的印象？首先，注意修饰仪表；第二，合适的自我介绍；第三，热情地打招呼、恰当地握手；第四，保持适当的距离；第五，注意倾听；第六，不断地给对方赞美和肯定；第七，充满自信和镇定。要想做好这几项就必须管好自己的行为，赋予好的品质，对以后的工作就会起到事半功倍的效果。反之，不良的印象将会影响周围的情绪，不论你今后怎么努力，你不良的情绪都很难消除。所以要在第一时间内，给大家留下很好的印象。

（2）亲和力的培养　留下良好的印象，不只是会笑，要从仪表上、体态上、眼神上表现出对人真诚、可亲；还要发自内心地真诚相待、热情和蔼、关心别人、乐于助人，能设身处地为他人着想，同时还具有幽默感。怎么样来表达呢？寻找并建立共同点；主动问候、善于倾听、注意称呼、关注对方。在和同事的接触过程中，如果出现了冲突，离不开印象的影响力，因此，塑造以整体感染力为基础的，以亲和力为核心的良好形象，也就必然成为培养优秀人员最基本的内容。

亲和力的分类和注意事项见表 2-2、表 2-3。

表 2-2　亲和力的分类

| 类型 | 特点 |
| --- | --- |
| 视觉型 | 善于处理图像信息,速度快,呼吸急 |
| 听觉型 | 说话平稳,善于侧耳倾听 |
| 感觉型 | 说话比较慢,善于停顿思考,喜欢用肢体语言 |

表 2-3　亲和力的注意事项

| 项目 | 内容 |
| --- | --- |
| 主动问候 | 主动问候。在公司企业里见人就打招呼,人缘好,尊敬你 |
| 善于倾听 | 学会聆听。学会更好地倾听,增加你的亲和力 |
| 注意称呼 | 正确的称呼。不能随意地称呼,尊重别人才能让别人尊重你 |
| 关注对方 | 关注对方的一举一动和细节,多多注意对方的举动 |

著名主持人王小丫,曾经连续三年出任全国推广普通话宣传周活动的形象大使,选中她除了她能力之外,还有就是她的亲和力比较强,那么她的亲和力具体表现在哪里呢?相信大家都见过她的笑容了,在她主持的节目中,即使是选手被淘汰了,她的笑容也不会因此凝固。因此提升亲和力的最佳方法之一:随时随地保持好你的笑容。

(3) 感召力的养成　具有感召力这种气质的人对自己要求很高,对别人具有吸引力,让人相信你,依赖你,并受到拥护,使人对周边环境有认同感,这就是职业"气场",有了职业气场,就容易创造良好的工作氛围,影响和带动他人按照团队的要求执行,努力使大家向目标奋进。

口袋巾

两位职业经理人去一家意大利奢侈品公司面试。两人资历相当,工作经验也相当,但意大利总部的高管毫不犹豫地选了其中一个,原因仅仅是:"他的口袋巾配得很有品位。"中国职业经理人很少配"口袋巾",除非是重大的晚宴场合。输在一条"口袋巾"上,大概会让商界精英们大跌眼镜。但在短短一个小时的面试时间里,除了那张简历,别人还能凭什么来判断、研究你呢?只好把自己变成"外貌协会"的会员了。

## 二、内在素质整合展现魅力

### 1. 才华的培养和形成

有才华的人,他们无论走到哪里都会像宝石一样放射出奇异夺目的光彩。知识水平、文化修养和智慧是才华的主要方面。因此,要注意提高自己的知识水平、文化修养。多看与自己工作和修养有关的书籍,多吸收新鲜的知识,培养自己多方面的兴趣,适时地表现自己的特长和智慧,树立良好的才华和智慧形象。

### 2. 气质、风度的形成和完善

优雅、大方、自然的气质会给人一种舒适、亲切、随和的感觉。气质、风度的形成对人的性格、修养等方面有直接联系,是人在生活中多年积累的产物,有较强的稳定性。但学生时代是人生又一转折的起点,各方面素质的培养和形成有一定的可塑性。因此,处于学生时代的年轻人应该不断地从学习和生活中,吸收有益的东西,在气质、风度的形成过程中为自己增添新的营养，自我补充，自我完善。

### 3. 内在素质的修炼和提升

（1）**职业道德素质** 就是用职业道德标准严格要求自己，树立社会主义荣辱观；简单地说，道德就是讲人的行为"应该"怎样和"不应该"怎样的问题。

**天津港"8·12"事故的反思及教训**

天津港"8·12"瑞海公司危险品仓库特别重大火灾爆炸事故造成重大人员伤亡，损失极其惨重，教训极为深刻。

惨剧是由于什么造成的？

分析：经营者不遵守安全管理规定，大量储存危险化学品、易燃易爆物。当地政府安全监管部门徇私枉法、管理不善、缺乏安全意识、责任心不强，更重要的是违反职场纪律和规范造成的，违反职场纪律和规范的行为损人害己。

职业道德是人们在职业活动中所遵守的行为规范的总和。具体要求有：仪表端庄、举止得体、语言规范、表情待人热情；爱岗敬业，热爱自己的工作岗位、热爱本职工作，以恭敬严肃的态度对待自己的工作，树立职业理想、强化职业责任、提高职业技能；诚实守信、办事公道、勤劳节俭、遵纪守法、团结互助、开拓创新。

清代商人蔡某朋友去世了，他将朋友的儿子叫来，要给他一千两金子。对方不解，蔡某解释"钱是你父亲生前寄存在我这里的。"朋友儿子说其父未留字据，不肯收。蔡某说："没留字据，但字据在我心中，而不在纸上。"

蔡某说的这句话的含义是什么呢？做人的原则在我心中，不在其他方面。在社会生活中，有比金子更可贵的东西。

（2）**科学文化素质** 就是从事职业活动，需要有一定的技术、技能，而这些技术、技能的获得，是以一定的科学技术文化为基础。一定的科学技术文化素质是求职立业的必要准备，是从事职业活动的需要，是掌握专业技能的基础。作为职业人，对本职工作的精通和热爱，两者缺一不可。

（3）**职业情感** 情感是指一个人在行动活动过程中出现的某一事物所引起的主观体验。情感的本质是一种心理的主观体验所导致的行为倾向，包括道德感、理想感和美感三个层次。

职业情感，是指人们对自己所从事的职业所具有的稳定的态度和体验。职业情感有两种表现方式，一是职业意识；二是得体的行为举止。职业意识体现在对职业的主动性、预见性、积极性，表现在对工作的热情和忠诚上，直接体现在内慧的素质积累上。

① 职业意识。是作为职业人所具有的意识，叫做主人翁精神。具体表现为：工作积极认真，有责任感，具有基本的职业道德。要想有意义的职业意识，必须要纠正外在的形象。第一，仪态的纠正；第二，仪态的美化、艺术化；第三，每一个细节充满了生命活力。

**拓展阅读**

### 华为，为什么能成功？

1987年，年满43岁的任正非和5个同伴集资2.1万元成立华为公司，利用两台万用表加一台示波器，在深圳的一个"烂棚棚"里起家创业。

28年后，华为公司由默默无闻的小作坊成长为通信领域的全球领导者。2015年营业收入为3950亿元人民币，净利润369亿元，增速均达30%以上，占据世界通信业70%的份额。在海外支撑140多个国家的20多亿人打电话、上网和发短信。

任正非出身寒门，七兄妹之长。1998年，拿出2500万在各主要高校设"寒门学子奖学金"，后改为"寒窗学子奖学金"。华为，为什么能成功？

任正非说，华为的成功是因为：
1. 28年只做一件事，只向一个"城墙口"冲锋；
2. 大环境、小环境具备；
3. 人才投入。

② 得体的行为举止。也就是说，一个人的姿态和行为得当、恰如其分。

## 三、发展素质整合

### 1. 交际能力的锻炼和提高

随着社会的发展，公共关系活动越来越频繁，交际艺术显得越发重要。如何提高自己的交际艺术，在各种交往中能应对自如，是树立良好职业形象的关键。因此，要对交际的深层内涵有一定的了解。

（1）交际的内涵　交际是人与人之间的往来接触，是一个行为互动、感情互动、思想互动的过程。其中，行为互动是交际的外在形式，思想与感情互动才是交际的真正内涵。因此交际要努力实现思想与感情的交流与升华。

（2）交际的基本原则

① 平等是交际的基石。要注意保持人格上的平等。待人热情诚恳，平易近人，不摆架子，不装腔作势，不要有地位与名誉之分。

② 诚实是交际的根系。诚实是人们最珍贵的品质之一，对人对事要实事求是，不捉弄人，要相信人、尊重人。

③ 守信是交际的灵魂。要做到言而有信，严守朋友的秘密，守时守约，一诺千金。

④ 宽容是交际的黏合剂。在交际活动中，难免会遇到误解，如无意的伤害、不公平的待遇、发生摩擦，等等。要做到待人大度大量，严于律己，宽以待人。

（3）克服交际的心理障碍　要尽量克服一些由于各种主客观原因而产生的悲观心理、自卑心理、社交恐惧症等，使自己自然地进入各种交际角色，避免主客观因素对交际的影响。

（4）把握交际适度　实际尺度是实现交际目的和交际效果的前提条件，也是交际方法和艺术的具体体现，要注意把握一些重要尺度，如自尊但又尊人；信赖但不轻信；显现自己但不贬低别人；诚实但不粗俗；谦虚但不虚伪；谨慎但不拘谨；老练成熟但不圆滑世故；严于律己但要宽以待人等。

### 2. 树立公关意识

公共关系是现代组织不可缺少的，对企业树立形象、谋求发展具有特别重要的作用。个人公关意识的强弱，也是衡量职业形象优劣的重要标准。因此，在进行职业形象目标选择、形象设计的同时,必须掌握公共关系的基本原理和方法。要理解公共关系的概念,把握公共关系的指标、要素、智能、原则及一般工作程序,并熟悉公共关系活动的组织开展方式。学会用公共关系的基本理论指导职业形象的设计,使职业形象符合实际,有的放矢。

#### 3. 领导艺术的学习和掌握

领导形象也是职业形象的一部分,无论是哪一级的领导,都需要树立良好的形象。当职业形象达到一定高度并经实践检验后,就需要掌握相关的领导艺术,逐渐设立和树立领导形象。要不断学习理论知识,提高自己的政治素质、心理素质和政策水平,懂得人力资源的管理的基本方法,明确职权和责任的关系,了解思想工作的一般原理,掌握相应的方法,树立良好的形象。在实践中不断学习,并提高自己的观察思维能力、组织指挥能力、协调控制能力、创新应变能力、信息捕捉能力等,为将来从事基层或多层领导职务打下良好的基础。

#### 4. 职业形象整合结果的验证和修正

完成目标形象选择,将职业形象整合方案确定并实施后,要恰当地进行职业形象定位,即将自己的职业形象经多方面设计后达到一定的高度,并基本定型。而后,通过各种有效的途径,对职业形象进行验证。验证职业形象基本分两个方面,一是理论验证,既衡量自己的职业形象是否符合相应的理论和要求,逐项对照进行验证;二是衡量职业形象是否符合职业的要求,是否仍存在易变性、模仿性。经过反复验证,对不适宜的方法方面进行必要的修正,以使职业形象不断完善。

三国时期,诸葛亮在"隆中对"中所确定的战略方针的重要内容之一是"外结孙权,内修政理",刘备忽视了这一点,派不执行这一原则的关羽去驻守荆州,孙权遣使提出要和关羽结亲,娶关羽的女儿为儿媳,被关羽骂回。关羽自认为兵多将勇可以抵抗孙吴。他北伐曹操,致使两面作战,前后受敌,犯了兵家大忌,丢了荆州和自身性命,并且蜀国与孙吴结盟也随之瓦解。刘备见关羽被杀,荆州丢失,置赵云、诸葛亮等众臣的意见于不顾,执意起军东征,攻打东吴,最终兵败。

### 四、塑造"内慧外秀"品质

#### 1. "内慧外秀"的结合

没有职业道德、科学文化、职业情感的内在修炼,缺乏价值观、人生观之美、人格之美,"内慧"也就不复存在。缺少了外在的仪表仪容之美、仪态之美、语言之美、形象之美,"外秀"就无法展示。二者是相辅相成的,缺一不可。

(1) 严谨的美 日常生活中的美别具一格,个性突出,甚至过于张扬也不过分。但是在职场中,要通过严格的遵守礼仪规范,仪表仪态要求端庄,微笑要甜美亲和,举止要文明大方,动作要温文、稳重、稳健等。

(2) 仪态美带动内在素质 仪态是一个人身体形态和形体表现力的综合,仪态美是心灵美的写照,是一种表达内心世界的无声的语言,表现在一个人的情绪、情感与态度,它不仅具有视觉效应,更是职业人员的纽带,是一种沟通方式,提高沟通的效果作用。保持端庄的仪态美,是传达积极向上的热情、是职业者的基础,也是获得需求信息的不可缺少的条件,是一种养成与固化而成的行为习惯,是需要经过长期坚持不懈地训练与培养。

#### 2. 塑造"内慧外秀"的结合

(1) 求知好学,养"内慧"于心 知识是决定气质的主要因素,博学才能知大理,有文化才能淡定自若。要将职业理念深植在心,需要具有宽阔的胸怀,坚毅的意志品质,坚定的职业追求，需要从知识中获得启迪，从文化中获得养分。有人文知识、美学知识、心理知识、管理学知识，等等。

（2）勤学苦练，固"外秀"于表  外在主要体现在表现力上。是以身体的姿态、延伸性为基础，身体舒展、有力度、动作连贯、和谐，才能运用外在恰当地表达内在的自身素质要求。注意纠正形体上的缺陷，训练和养成良好的行为习惯，注重培养提高自我约束力，就能达到预期的效果。

（3）以"外秀"表达内慧  外表的塑造，表达内在的素质。在提高内在素质的基础上，强化表现形式。

① 强化职业情感。要树立职业感情，培养职业情感，要有志向和追求，又有职业奉献精神，坚定的职业意志。外表的礼仪素质的表现不是简单地比比划划，更不是短暂的表现形式，他需要通过一个眼神，一个动作，一个肢体语言，一个举止，来表现出来。

② 提升品位。要练就话要说到位、动作要做到位、眼神要做到位的行为定势，培养精益求精，追求完美的意志品质，还要在生活中积累经验，增加磨炼。

态度决定想法，想法决定行为，行为决定结果。我们要通过学习实现内外素质整合，形成形象要素。修炼和提升内在素质，塑造准确的职业形象，使形象要素尽量达到尽善尽美。

内外素质的整合和塑造，首先解决的是内在修养的提升，以内养外，以外塑内。通过自身形象与表现力的塑造，提高职业意识的认可度，塑造礼仪修养的重要性；通过自己的行为、语言，建立在形体的展示能力基础上，注重各个要素，关注整体形象，丰富得体的体态与仪表。增加内在修养，丰富自己的精神世界。练就过硬的仪表、仪态举止，外秀于表，增加表现力和感染力，受到别人的尊重。

### 任务总结

本任务从四个方面介绍了塑造职业形象的手段，外表整合塑造完美的形象；内在素质整合展现个人魅力；发展素质整合；塑造"内慧外秀"品质。

### 思考与练习

一、判断题

1. 内在素质的整合、修炼和职业意识是"内慧"为核心的内在美。（    ）
2. 视觉型是指善于处理图像信息、速度快、集中呼吸在胸膛上方。（    ）
3. 亲和力的注意事项有主动问候、善于倾听、关注对象三大项。（    ）
4. 气质、风度的形成与人的性格、修养等方面没有直接联系。（    ）
5. 情感是指一个人在行动活动过程中出现某一事物所引起的主观体验。（    ）
6. 外表的塑造，表达外在的素质，在提高外在素质的基础上，强化表现形式。（    ）

二、单选题

1. 没有职业道德、科学文化、职业情感的内在修炼，缺乏（    ）、人生观之美、人格之美，"内慧"也就不复存在。
   A. 世界观      B. 职业观      C. 价值观      D. 道德观
2. 要想有意义的职业意识，必须就要纠正外在的形象，其中不需要的是（    ）。
   A. 仪态的纠正          B. 仪态的美化、艺术化
   C. 仪态的优雅          D. 每一个细节充满了生命活力
3. 从事职业活动，必须有一定的技术、技能，而这些技术、技能的获得，是以一定的（    ）为基础。
   A. 科学技术文化   B. 文化知识      C. 文学底蕴      D. 知识储备

4. 体现个人形象表现，是自尊自爱的表现，是公司形象的标志；反映新一代公民的精神面貌和（　　）。
　　A. 道德修养　　　B. 服务修养　　　C. 语言修养　　　D. 性格修养
5. 当你走进一个房间，即使房间里没人认识你，或者只是跟你有一面之缘，他们却可以从你的外表形象对你做出以下哪项的推断？（　　）
　　A. 经济水平　　　B. 性格特征　　　C. 爱好　　　　　D. 文化程度
6. 职业意识是作为职业人所具有的意识，叫做（　　）。
　　A. 职业精神　　　B. 主人翁精神　　C. 敬业精神　　　D. 主人公精神

### 三、多选题

1. 外表整合塑造完美的形象哪些形式？（　　）
　　A. 仪容仪表的修饰和表现　　　　B. 仪态的形成和保护
　　C. 语言的表达和完善　　　　　　D. 良好的形象和培养
2. 亲和力的分类有哪几个方面？（　　）
　　A. 听觉型　　　　B. 感觉型　　　　C. 视觉型　　　　D. 嗅觉型
3. 职业道德包括以下哪几点？（　　）
　　A. 文明礼貌　　　B. 爱岗敬业　　　C. 诚实守信　　　D. 团结互助
4. 交际的基本原则有（　　）
　　A. 平等　　　　　B. 诚实　　　　　C. 守信　　　　　D. 宽容
5. 交际是人与人之间的往来接触，是一个（　　）的过程。
　　A. 行为互动　　　B. 感情互动　　　C. 思想互动　　　D. 眼神互动

### 四、简答题

1. 在加强职业形象的塑造的同时，如何提高修炼和提升自身的形象、素质？
2. 从事职业活动中的人具备内在的素质主要体现在哪些方面？
3. 随着社会的发展，公共关系活动越来越频繁，交际艺术显得越发重要。如何提高自己的交际艺术，在各种交往中能应对自如，是树立良好职业形象的关键。我们在交际的过程中主要把握哪些基本原则？
4. 内外素质的整合和塑造，首先解决的是内在修养的提升，以内养外，以外塑内。如何塑造"内慧外秀"相结合？

# PART3

## 第三篇
## 职业形象的展示

"人无礼则不生,事无礼则不成,国无礼则不宁。""不学礼,无以立。"通过学习餐饮礼仪、接访礼仪、工作场所礼仪、会务礼仪与职业形象的关联性,学习选择适合职业要求的礼仪规范;提升塑造拥有自我风格的职场专业形象。职场礼仪的基本点非常简单,首先请记住:工作场所,男女平等。其次,将体谅和尊重别人当作自己的指导原则。尽管这是显而易见的,但在工作场所却常常被忽视了。

# 仪态修炼——优美姿态风度翩翩

▶ **任务描述**

"相貌的美高于色泽的美，而秀雅适宜的动作美，又高于相貌的美，这是美的精华。"

——培根

爱美之心，人皆有之。修饰你的仪态美，从细微处流露出你的风度、优雅，远比一个衣服架子，更加赏心悦目，所谓"小节之处见精神，体态礼仪见文化"。仪态举止就是指人们在外观上可以明显被察觉到的活动、动作以及在活动、动作之中身体各部分所呈现出来的姿态等动作。在职场中，举手投足皆文章，仪表端庄、举止有度彰显的是你的内涵和修养，将有助于事业的成功。

▶ **任务目标**

1. 掌握正确的站姿、坐姿礼仪；
2. 掌握正确的走姿、蹲姿礼仪；
3. 通过学习，能在职场上规范站、坐、行、蹲姿礼仪，展示出端庄、优雅的仪态风度；
4. 掌握正确的微笑礼仪和眼神礼仪；
5. 将表情礼仪运用到工作和生活中。

---

**案例导入**

**不同的赊欠**

一个人走进饭店要了酒菜，吃罢摸摸口袋发现忘了带钱，便对店老板说："店家，今日忘了带钱，改日送来。"店老板连声说："不碍事，不碍事。"还恭敬地把他送出了门。

这个过程被一个"无赖"给看到了，他也进饭店要了酒菜，吃完后摸了一下口袋，对店老板说："店家，今日忘了带钱，改日送来。"谁知店老板脸色一变，揪住他，非剥他衣服不可，"无赖"不服说："为什么刚才那人可以赊账，我就不行？"店家说："人家吃菜，筷子在桌子上找齐，喝酒一盅盅地筛，斯斯文文，吃罢掏出手绢揩嘴，是个有德行的人，岂能赖我几个钱。你呢？筷子往胸前找齐，狼吞虎咽，吃上瘾来，脚踏上条凳，端起酒壶直往嘴里灌，吃罢用袖子揩嘴，分明是个居

## 案例导入

无定室、食无定餐的'无赖'之徒,我岂能饶你!"一席话说得"无赖"哑口无言,只得留下外衣,狼狈而去。

分析:仪态举止是一个人的文化修养的外在体现。一个品德端庄、富有涵养的人,其仪态必然优雅。一个趣味低级、缺乏修养的人,是做不出高雅的仪态来的。在交际沟通中,我们的仪态举止,是别人了解我们的一面镜子。同时我们也可以通过别人的仪态举止来衡量、了解和理解别人。

## 任务知识

这里讲的职场仪态礼仪,也就是平常所说的在职场中的举止,一般情况下,它主要是由人的肢体所呈现出来的各种体态及其变化所组成的。

仪态主要指人的动作、姿态和精神面貌的外在体现,是人的体与形,动与静的结合。每个人总是以一定的仪态出现在别人面前的,正确的站姿,优美的坐姿,雅致的走姿,真诚的表情,等等。在生活和工作中,人们正是通过身体的种种不同姿态的变化来完成自己的各项活动。所以养成良好的姿态,体现职业的风范。

职场体姿礼仪主要涉及几个方面:站姿、坐姿、手姿、行姿、蹲姿。

### 一、挺拔的站姿

站姿就是站相,就是要求人们站有站相。"站如松",其意思是站得要像松树一样挺拔,同时还需注意站姿的优美和典雅。注意男女站姿的不同美感,女性应是亭亭玉立,文静优雅;男性应是刚劲挺拔,气宇轩昂。

#### 1. 正确的站立姿势

站立是人们生活、工作交往中的一种最基本的姿态。正确标准的站姿是一个人身体健康、精神饱满的体现,也是培养优美的仪态的起点。

正确的站姿应是:端正,庄重,具有稳定性。具体的要求:头要正,肩要平,背要直,胸要挺,衣服要收,臀要提,腰要直,指并拢,手下垂,脚跟相靠,双目平视,嘴唇微闭,面带笑容。

**背手问好并不礼貌**

住在宾馆的李经理外出后回到客房,走出电梯时,有一位女服务员背着双手面带微笑向他问好。李经理也客气地答复了服务员的问候,但眼里带有一丝不满。的确,背手有时会给人高人一等的感觉,服务人员或者年轻人问候时应采用谦恭的方式,双手置于身体两侧为最佳。

#### 2. 男士规范的站姿

头正,双目平视,表情自然,面带微笑,下颌微收,抬头挺胸,收腹,双肩放松,双手自然下垂,手掌向内,手指自然弯曲,双腿直立,双膝和脚后跟并拢,脚掌分开,夹角呈50°左右。或者两腿分开,双腿平行同肩宽,双手背后交叉或体前交叉,右手搭在左手上,手指自然弯曲。男士的站姿有,前腹式、后背式和肃立:手臂自然下垂,手指并拢自然弯曲，中指压裤缝自然并拢，膝盖相碰，脚跟靠紧，两脚尖张开夹角为 45°～60°，呈 V 字形（图 3-1）。

图 3-1　男士规范的站姿

图 3-2　女士规范的站姿

### 3. 女士的规范的站姿

头正，双目平视，表情自然，面带微笑，下颌微收，抬头，挺胸，收腹，双肩放松，双手自然下垂，手掌向内，手指自然弯曲，双腿直立，双膝和脚后跟并拢，脚掌分开，呈 V 字形。或者一只脚略前，一只脚略后，前脚的后跟稍向后脚的脚背靠拢，后腿的膝盖稍向前脚靠拢（图 3-2）。

### 4. 不同场合的站姿

在升国旗、奏国歌、接受奖品、接受接见、致悼词等庄严的仪式场合，应采取严格的标准站姿，而且神情要严肃。

在发表演说、新闻发言、作报告宣传时，为了减少身体对腿的压力，减轻由于较长时间站立双腿的疲倦，可以用双手支撑在讲台上，两腿轮流放松。

主持文艺活动、联欢会时，可以将双腿并得很拢站立，女士甚至站成"丁"字步，让站立姿势更加优美。站"丁"字步时，上体前倾，腰背挺直，臀微翘，双腿叠合，玉立于众人间，富于女性魅力。待应人员往往站的时间很长，双腿可以平分站立，双腿分开不宜超过肩。双手可以交叉或前握垂放于腹前；也可以背后交叉，右手放到左手的掌心上，但要注意收腹。

礼仪小姐的站立，要比门迎、侍应更趋于艺术化，一般可采取立正的姿势并面带微笑，给人以优美亲切的感觉。

男性门迎、侍应人员往往站的时间很长，双腿可以平分站立，双腿分开不宜超过肩，要注意收腹。

### 5. 禁忌的站姿

站立时，不可以弯腰驼背、探脖、耸肩、挺胸、屈腿、翘臀、挺腹、双手叉腰、肌肉不要太紧张、身体不要过于僵硬，更不要忸怩作态，可适当变换姿势。也不可以将双腿叉开过大，双脚随意乱动，或随意挟、拉、靠、倚等。这些不良的站姿会给人以懒惰、轻薄、不健康的印象，应当禁止。

### 6. 不良站姿及其含义

不良站姿及其含义见表3-1。

表3-1　不良站姿及其含义

| 不良站姿 | 含义 |
| --- | --- |
| 一条腿抖动或整个上体抖动 | 你是一个漫不经心的人 |
| 双手抱胸或者交叉着抱于胸前 | 表示消极、抗议、防御等意思 |
| 双手叉腰站立 | 带有挑衅或者侵犯意味的举动 |
| 两腿交叉站立 | 给人以轻佻的感觉 |

**拓展阅读**

#### 周总理的风度

看过《周恩来外交风云》的人不会忘记，在日内瓦会议和万隆会议上，周恩来以其卓越才智和个人魅力，为和平解决印度支那问题，促进亚非会议做出了历史性的贡献，他的举手投足，都展现一个彬彬有礼、温文尔雅、和睦可亲的东方男子形象。1954年当周恩来代表中国出现在日内瓦会议上，他的风采，他的气质，他的落落大方，不卑不亢的外交才干令所有人为之惊叹，为之折服，令西方国家对新中国的总理刮目相看。可以说我们既要重视化妆、服饰与姿态的美，更要看重内在的修养，何况在仪表本身就渗透着个人内在的内容，要想在社交场合风度翩翩，应从根本做起。

## 二、文雅的坐姿

在职场中坐姿文雅、端庄，不仅给人以沉着、稳重、冷静的感觉，而且也是展现自己气质与修养的重要形式。坐是职场仪态礼仪的主要内容之一，无论是伏案学习、参加会议，还是会客交谈、娱乐休息，都离不开坐。坐，作为一种举止，有着美与丑、优雅与粗俗之分。坐姿要求"坐如钟"，指人的坐姿像座钟般端直，这里的端直指上体的端直。优美的坐姿让人觉得安详、舒适、端正、舒展大方。

### 1. 男士的坐姿

在正式场合，男士坐姿应以坐如钟的姿势，给人一种四平八稳的感觉。"太上皇"在金銮宝殿上坐得那么威严，就是男子应有的坐相，上体微向前倾，双手放在扶手上，两腿自然弯曲，不要放得太紧，也不要收得太紧，头部要自然转动，表情自然。

在工作中，男士坐姿应做到上体挺直，下颌微收，双目平视，表情自然；两腿分开，不超肩宽，两脚平行，小腿与地面垂直；两手分别放在双膝上，双臂微曲放在桌面上。在轻松的场合，男士如有需要，可交叠双腿，呈"大二郎腿"或"小二郎腿"。"小二郎腿"是把一条腿放到另一条腿的大腿上。当年龄较大的男人在同比较年轻的人说话时，可以选择这种坐相。因为如果你人为地正襟危坐，双手放平，会给人以很呆板的感觉。"大二郎腿"是一只脚的踝部放在另一只腿的大腿上，在庄重的正式场合绝不要使用这一姿势，因为那样显得粗俗。男士的坐姿可以选择标准式、前伸式、前交叉式、曲直式等。切记不可双手叉腰或交叉在胸前，切忌腿脚不停摇晃。

### 他的形体语言

某集团公司要招聘一名业务员，一位刚刚毕业的研究生小王对此信心十足，觉得十拿九稳，因为专业对口，面试当天，小王走进应聘现场，在考官对面坐定，身体往背椅上一靠，架起"二郎腿"，而且两腿不停地抖，两手交叉胸前，眼睛东张西望。

问题：请你指出小王不符合礼仪的地方，并说明正确的做法应当是怎样的。

分析：求职者在面试过程中不经意表现出的形体语言对面试成败非常关键，有时一个眼神或者手势都会影响到整体评分。

#### 2. 女士的坐姿

女士的坐姿应时时注意"阴柔之美"。就坐时，要缓而轻，如清风徐来，给人以美感。工作场所应该上身自然挺直，下颌微收，双目平视，面带微笑；双手轻放双膝上，或轻搭在椅子扶手上，两腿自然弯曲并拢，两脚平放；在轻松场合，也可右脚（左脚）在前，将右脚跟（左脚跟）靠于左脚（右脚）内侧，双手虎口处交叉，右手在上，轻放在一侧的大腿上，给人以一种文静、雅致、可亲可敬的感觉。

当较长时间坐端正很累时，也可适当交换为侧坐或翘"小二郎腿"，半脚尖应朝地面，两小腿贴紧，切忌脚尖朝天抖动。这样既能做到轻松舒适，又能表现出自己的仪态万千。

总之，人坐在椅子上可选择不同的姿态，只要正确的坐姿与体位的协调配合，那么各种坐姿都会使人优美、自然的。女士的坐姿可以选择标准式、前身式、前交叉式、曲直式、后点式、侧点式、侧挂式等。注意，不可双手叉腰或交叉在胸前，不可跷"二郎腿"，切忌大腿分开或腿脚不停摇动（图3-3）。

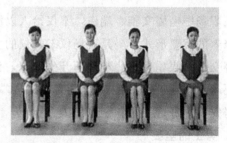

图 3-3　男士和女士正确的坐姿

#### 3. 不同场合的坐姿

谈判、会谈时，场合一般比较严肃，适合正襟危坐，但不要过于僵硬。要求上体正直，端坐于椅子中部，注意不要使全身的重量只落于臀部，双手放在桌上、腿上均可。双脚为标准坐姿的摆放。

倾听他人教导、传授知识、指点时，对方是长者、尊者、贵客，坐姿除了要端正外，还应坐在坐椅、沙发的前半部或边缘，身体稍向前倾，表现出一种谦虚、迎合、重视对方的态度。

在比较轻松、随便的非正式场合，全身肌肉可适当放松，可不时变换坐姿，以作休息。

#### 4. 坐的注意事项

① 坐时不可前倾后仰，或歪歪扭扭。

② 双腿不可过于叉开，或长长地伸出。

③ 坐下后不可随意挪动椅子。
④ 不可将大腿并拢，小腿分开，或双手放于臀部下面。
⑤ 不可高架"二郎腿"或呈"4"字形腿。
⑥ 不可腿、脚不停抖动。
⑦ 不要猛坐猛起。
⑧ 与人谈话时不要用手支着下巴。
⑨ 坐沙发时不应太靠里面，不能呈后仰状态。
⑩ 双手不要放在两腿中间。
⑪ 脚尖不要指向他人。
⑫ 不要脚跟落地、脚尖离地。
⑬ 不要双手撑椅。
⑭ 不要把脚架在椅子或沙发扶手上，或架在茶几上。

**拓展阅读**

**伟人们的形象**

良好的文化素养，脱俗的思想境界，渊博的学识，精深独到的思辨能力，是构成风度美的重要内在因素。宽宏的气度与气量是自古以来的君子之风，知识丰富且善于辞令，时而妙语连珠，时而幽默风趣，这些气度可以通过语言举止、服饰和作风等转换为外在的形式。如毛泽东有运筹帷幄的政治家气度，周恩来有才思敏捷、风姿潇洒的外交家风度，鲁迅有横眉冷对的铮铮铁骨，宋庆龄则留下端庄自然的慈母风度等，高尚的道德修养与高超的学识造就了卓然的风度。

### 三、稳健的行姿

行姿，亦称走姿，它指的是人在行走过程中所形成的姿势，与其他姿势不同的是它自始至终处于动态中，它体现的是人类的运动之美和精神风貌。走姿是人体所呈现出的一种动态，是站姿的延续。走姿是展现人的动态美的重要形式。走路是"有目共睹"的肢体语言。

#### 1. 男士的行姿

走路时要将双腿并拢，身体挺直，双手自然放下，下巴微向内收，眼睛平视，双手自然垂于身体两侧，随脚步微微前后摆动。双脚尽量走在同一条直线上，脚尖应对正前方，切莫呈内八字或外八字，步伐大小以自己足部长度为准，速度不快不慢，尽量不要低头看地面，那样容易使人们感觉你要从地上捡起什么东西。正确的走路姿态会给人一种充满自信的印象，同时也给人一种专业的信赖感觉，让人赞赏，因此走路时应该抬头、挺胸、精神饱满，不宜将手插入裤袋中。

走路时，腰部应稍用力，收小腹，臀部收紧，背脊要挺直，抬头挺胸，切勿垂头丧气。气要平，脚步要从容和缓，要尽量避免短而急的步伐，鞋跟不要发出太大声响。

#### 2. 女士的行姿

（1）步位直 走路要用腰力，腰适当用力向上提，身体重心稍向前。迈步时，脚尖可微微分开，但脚尖、脚跟与前进方向要迈出一条直线，避免"外八字"或"内八字"迈步；年轻女士迈步时，双脚内侧踩一条线，所谓"一字步"；男子和中老年妇女则双脚可走两条平行线，所谓"平行步"。

（2）步幅适度 跨步均匀，两脚间的距离约为一只脚的距离。因年龄、性别、身高和着装的不同，步幅会有所不同。

（3）步态平稳　步伐应稳健、自然、有节奏感；行走的速度应保持均匀、平稳，不要忽快忽慢，一般每分钟在 80～100 步左右。

（4）手动自然　两臂放松，以肩关节为轴，两手前后自然协调摆动，手臂与身体的夹角一般在 10°～15°。

正确的行姿见图 3-4。

图 3-4　正确的行姿

**3. 不同场合的行姿**

参加喜庆活动，步态应轻盈、欢快、有跳跃感，以反映喜悦的心情。

参观吊丧活动，步态要缓慢、沉重、有忧伤感，以反映悲哀的情绪。

参观展览、探望病人，环境相对安谧，不宜出声响，脚步应轻柔。

进入办公场所、登门拜访，在室内这种特殊场所，脚步应轻而稳。

走入会场、走向话筒、迎向宾客，步伐要稳健、大方、充满热情。

举行婚礼、迎接外宾等重大正式场合，脚步要稳健、节奏稍缓。

办事联络，往来于各部门之间，步伐要快捷又稳重，以体现办事者的效率、干练。

陪同来宾参观，要照顾来宾行走速度，并善于引路。

**4. 禁忌的行姿**

① 方向不定。不可忽左忽右，变化多端，好像胆战心惊，心神不定。

② 瞻前顾后。不应左顾右盼，尤其不应反复回过头来注视身后。另外，力戒身体乱晃不止。

③ 速度多变。切勿忽快忽慢，要么突然快步奔跑，要么突然止步不前，让人不可捉摸。

④ 声响过大。用力过猛，搞得声响大作，因而妨碍他人或惊吓了他人。

⑤ 八字脚。内八或外八。

⑥ 双脚插入裤袋。倒背双手而行。

⑦ 脚蹭地面，磨鞋。

⑧ 贴墙角。

 拓展阅读

### 显露的才气

《世说新语》记载，曹操个子较矮，一次匈奴来使，应由曹操接见，可是曹操怕使者见自己矮而看不起，于是请大臣崔琰冒充自己，曹操则操刀扮成卫士站在崔琰的旁边观察使者。崔琰"眉目疏朗，须长四尺，甚有威重"。接见后，曹操派人去探听使者的反应，使者说"魏王雅望非常，然床头提刀者，此乃英雄也"。曹操具有高度的政治、军事、文化素养，养成了封建时代的政治家持有的气质，因此他的风度并不因他身材矮小而受到影响，也不因他扮成地位低下的卫士而被掩盖。

**5. 体态语言的宜与忌**

体态语言的宜与忌见表 3-2。

表 3-2　体态语言的宜与忌

| 站姿 | |
|---|---|
| 宜 | 忌 |
| 站直 | 无精打采站立 |
| 　脚保持安静 | 来回移动脚 |
| 　肩部放松 | 晃动身体 |
| 　双臂垂于体侧 | 双臂抱胸 |
| 　头和下颚抬起 | 低头 |

| 坐姿 | |
|---|---|
| 宜 | 忌 |
| 坐直 | 东歪西靠，坐立不安 |
| 两腿平放 | 两膝分开太远或跷"二郎腿" |
| 身体微微前倾 | 双脚不停地抖动 |

| 行姿 | |
|---|---|
| 宜 | 忌 |
| 行走有目的性 | 脚步拖拉 |
| 步伐坚定 | 步幅沉重迟缓 |
| 弯腰捡东西时要屈膝 | 八字步或"鸭子步" |

### 四、得体的蹲姿

在职场中，人们从低处取物或附身拾物时，弯腰曲背，低头撅臀或双腿敞开，平衡下蹲，尤其是穿裙子的女士下蹲时两腿敞开，在国外被视为"卫生间姿势"，既不雅观，更不礼貌。

**1. 正确的蹲姿**

（1）高低式　下蹲时，应左脚在前，右脚靠后，左脚完全着地，右脚脚跟提起，右膝低于左膝，右腿左侧可靠于左小腿内侧，形成左膝高、右膝低的姿势，臀部向下，上身微前倾，基本上用左腿支撑身体，女性应并紧双腿，男性可适度分开，若捡身体左侧东西，则姿势相反。

（2）交叉式　主要适用于女性，尤其适用于身穿短裙的女性在公共场合采用的蹲姿，虽造型优美但操作难度较大，右脚在前，左脚居后；右小腿垂直于地面，全脚着地，右腿在上、左腿在下交叉垂叠，左膝从后下方伸向右侧，左脚跟抬起，脚尖着地，两腿前后靠紧，合力支撑身体，正确的蹲姿见图 3-5。

**2. 女士采取蹲姿时的注意事项**

① 无论是采用哪种蹲姿，都要切记将双腿靠紧，臀部向下，上身挺直，使重心下移；

② 女士绝对不可以双腿敞开而蹲，这种蹲姿叫"卫生间姿势"，是最不雅的动作；

③ 在公共场所下蹲，应尽量避开他人的视线，尽可能避免后背或正面朝人；

④ 站在所取物品旁边，不要低头、弓背，要膝盖并拢，两腿合力支撑身体，慢慢地把腰部低下

图 3-5　正确的蹲姿

去拿。

### 五、增加你的亲和力

礼仪的首因效应，让大家了解到给人良好第一印象非常重要，它会决定后续的交往。而给人的初次印象，最重要的则是表情。人们通过表情去判断你的内心世界，即"相由心生"。在与人交往接触的最初几十秒，我们能做些什么呢？最重要的也是最简单的就是微笑。面带微笑，说明心情愉快，乐观向上，这样的人会产生吸引别人的魅力，能消除彼此的陌生感，拉近彼此距离。容易被人接受，愿意与之交往。这就是我们常说的亲和力。

这里我们讲的亲和力，就是指的表情。表情是指人的面部情态，即通过面部、眉、眼、嘴、鼻的动作和脸色的变化，表现出来的内心思想的感情。表情在人际交往中起着十分重要的信息传递作用。

亲和力有如下表现。

① 亲和力是本能反应，每个人都有自己的亲和力，不要想自己的缺点来阻止你亲和力的发挥。

② 亲和力是一个人在社交场所，对待事情或人群、个人的一种综合表现。

③ 我们要树立个人好的形象，建立一个好的人脉关系。就必须学会认识自己，改变自己，不断地培养自己的亲和力。

**1. 眼神——情感的表现**

"眼睛是心灵的窗口"。眼神是面部表情的第一因素。眼神是一种真诚的含蓄的语言。眼神能准确地表达人们的喜、怒、哀、乐等一切感情。人们常说，对个人而言，眼睛能够最明显、最自然、最准确地展示自身的心理活动。炯炯有神的目光，体现对事业执着的追求；麻木呆滞的目光，表现对生活心灰意冷的态度；明亮快乐的目光，展现胸怀的坦荡和乐观；轻蔑的目光，则拒人以千里之外；阴险狡黠的目光，说明为人虚伪、狡诈和刻薄。在工作和社会交往中，恰到好处的目光应是坦然、亲切、和蔼、有神的。正确地应用眼神，一般要注意视线接触的角度，即目光的方向。

（1）注视的部位　注视他人不同的部位，不仅反映自己的态度和双方的不同关系，而且会直接影响双方交流的效果。

① 公务凝视区。在磋商谈判等洽谈业务场合，眼睛看着对方双眼或双眼与额头之间的区域。这样凝视显得严肃、认真、公事公办，别人也会感到你有诚意。

② 社交凝视区。在茶话会、友谊聚会等场合，眼光应看着对方双眼到唇部这三个三角区域。这样凝视会使对方感到礼貌舒适。

③ 亲密凝视区。在亲人、恋人和家庭成员之间，目光应注视对方双眼到胸部，第二纽扣之间的区域。这样凝视表示亲近、友善。但对陌生人来说，这样凝视有些过分。

（2）注视的方向

① 平视。表示理性平等自信，坦率。适用于，普通场合与身份、地位平等的人之间的交往。

② 俯视。即抬眼向下注视他人。一般表示对晚辈的爱护、宽容，也可对他人表示轻慢、歧视。

③ 仰视。即抬眼向上注视他人。表示尊敬、敬畏，适应于面对尊长之时。

在目光运用中，正视、平视的视线更能引起人的好感，显得礼貌和诚恳，应避免俯视、斜视。俯视会使对方感到傲慢不恭，斜视易被误解为轻佻。

注视的方向见图 3-6～图 3-8。

图 3-6 平视

图 3-7 俯视

图 3-8 仰视

眼神要有以下三个度。

① 集中度。用眼睛注视于对方脸部的三角部位,即以双眼为上限,嘴为下顶角,也就是双眼和嘴之间的三角部位。

② 光泽度。精神饱满,在亲和力的理念下,保持神采奕奕的眼神,再辅之以微笑与和蔼的面部表情。

③ 交流度。迎着对方的眼神进行目光交流,传递你对对方的敬意。

(3) 接触时间　据心理学家研究表明,人们视线相互接触的时间,通常占交谈时间的 30%～60%。时长超过 60%,表示彼此对对方的兴趣大于交谈的内容,特殊情况下,表示对尊长者的尊敬;时长低于 30%表示对对方本人或交谈的话题没什么兴趣,有时也是疲倦、乏力的表现。

视线接触时,一般连续注视对方的时间最好在 3 秒钟以内。在许多文化背景中,长时间的凝视、直视、侧面斜视或上下打量对方,都是失礼的行为。

不能死盯着对方,也不要躲躲闪闪、飘忽不定或眉来眼去,更应避免瞪眼、斜视、逼视、白眼、窃视等不礼貌的眼神。

(4) 眼神传达的含义　眼神传达的含义见表 3-3。

表 3-3　眼神传达的含义

| 眼神 | 含义 |
| --- | --- |
| 交谈时注视对方 | 重视 |
| 斜着扫一眼 | 鄙视 |
| 走路时双目直视,旁若无人 | 高傲 |
| 瞪眼相视 | 敌意 |
| 正视,逼视 | 命令 |
| 不住地上下打量 | 挑衅 |
| 白眼 | 反感 |
| 眼睛眨个不停 | 疑问 |
| 双目大睁 | 吃惊 |
| 眯着眼睛 | 即可表示高兴,也可表示轻视 |
| 左顾右盼,低眉偷觑 | 困窘 |
| 行注目礼 | 尊敬 |
| 频频左顾右盼 | 心中有事 |
| 多来访者只招呼而不看对方 | 工作忙而不愿接待 |
| 相互正视片刻 | 坦诚 |

### 2. 真诚的微笑

（1）微笑的含义　笑，一旦成为从事某种职业所必备的素养后，就意味着不但要付出具有实在意义的劳动，还需付出真实的情感。

微笑，有利于把友善与关怀有效地传达给对方，是表达爱意的捷径；微笑使人的外表更加迷人；微笑可以消除双方的戒心与不安，以打开僵局；微笑能消除自卑感，让自己更有信心；微笑能感染对方，让对方回报以微笑，创造和谐的交谈基础。

**案例分析**

微笑的魅力

有一位住店的客人外出时，一位朋友来找他，要求进他房间去等候，由于客人事先没有留下话，总台服务员没有答应其要求。客人回来后十分不悦，跑去与总台服务员争执起来。公关部年轻的王小姐闻讯赶来，刚要开口解释，怒气正盛的客人就指着她鼻子尖，言辞激烈地指责起来。当时王小姐心里很清楚，在这种情况下，勉强作任何解释都是毫无意义的，反而会招致客人情绪更加冲动。于是她默默无言地看着他，让他尽情地发泄，脸上则始终保持一种友好的微笑。一直等到客人平静下来，王小姐才心平气和地告诉他饭店的有关规定，并表示歉意。客人接受了王小姐的劝说。没想到后来这位客人离店前还专门找到王小姐辞行，激动地说："你的微笑征服了我，希望我有幸再来酒店时能再次见到你的微笑。"

王小姐今年22岁，在酒店工作两年，先后当过迎宾员、餐厅服务员和前台服务员，后来才去酒店的公关部工作。她从小就爱笑，遇到开心的事就禁不住大笑，有时自己也不知道为什么会笑起来。记得刚来时在酒店与一位客人交谈，谈到高兴时竟放声大笑起来，事后她受到领导的批评教育，使她明白了，在面对客人的服务中，笑必须根据不同的地点、场合掌握分寸，没有节制的乱笑会产生不良后果。

---

（2）微笑的作用　微笑在人类各种文化中的含义是基本相同的，是真正的"世界语"，能超越文化而传播。微笑是人类最富魅力、最有价值的体态语言，微笑既是一种人际交往的技巧，也是一种礼节。它表现着友好、愉快、欢喜等情感，真正的微笑应发自内心，渗透着自己的情感，表里如一、毫无包装的微笑，才能有感染力，才能拉近与交往对象的距离。例如：著名美国的希尔顿集团的董事长在谈及企业成功秘诀时，自豪地说："是靠微笑的影响力。"因此，他经常问下属的一句话便是"今天，你对顾客微笑了没有？"

（3）微笑的要求

① 微笑要真诚。微笑应发自内心，做到表里如一，显示出亲切。同时，让笑容与自己的举止谈吐有很好的呼应。

② 微笑要适度。微笑虽然在人际交往中是最具有吸引力、最有价值的面部表情，但不能随心所欲，想怎么笑就怎么笑，要加以节制。

③ 微笑要合乎规范。做到四个结合，即口眼结合，笑与神情、气质的结合，笑与语言相结合，笑与仪表、举止相结合。

④ 微笑要区分场合。微笑，应注意区别场合与对象，并不是走到哪儿笑到哪儿，见谁对谁笑。如当别人遭受重大打击时，不宜笑；在特别严肃的场合不宜笑等。

拓展阅读

### 微笑

2008年奥运会期间,志愿者的微笑作为北京最好的名片,展现着中国的友好和热情、开放与自信。微笑是世界通用的语言。

奥运会开幕式上,在鸟巢绽放2008张来之世界各地儿童的笑脸,为世界送上最美好的祝福。微笑是人类最美的语言。

1948年起世界精神卫生组织将每年5月8日定为世界微笑日,是唯一一个庆祝人类行为表情的节日,这一天会变得特别温馨,在对别人的微笑中,你也会看到世界对自己微笑起来。微笑是人类最好的心态,微笑是人类最靓的表情。

微笑是一种自然的表情,微笑的意思是说:我很高兴见到你,我很喜欢你。它传递了愉悦、友好、和蔼的信息。给人以亲切、善良、热情、愉快的感受。能为彼此交往建立一个和谐的氛围!微笑是人际交往中最基本、最常用的礼仪。

提问:你今天笑了吗?请你向你的同桌微笑一下!你会得到什么?

(4) 微笑的标准

① 微笑要得体。面含笑意,嘴角微微上翘,嘴唇略呈弧形,不牵动鼻子,不发出笑声,不露牙齿。

② 微笑需要面部各部位的相互配合。微笑时,眉头应自然舒展,眉毛微微上翘,同时特别要注意眼神的配合。

③ 微笑要表里如一。避免皮笑肉不笑,要调整自己的情绪,使微笑发自内心,自然舒畅。

(5) 微笑的"四不要"

① 不要缺乏诚意,强装笑脸。

② 不要露出笑容,随即收起。

③ 不要仅,为情绪左右而笑。

④ 不要把微笑只留给上级、朋友等少数人。

## 六、面部表情

案例分析

### 冷艳贵妇人

当代交际大家卡耐基曾说过这样一个故事:"有一次,我去纽约参加一个宴会,遇到一位女宾,她在不久前,曾经得到一笔巨额的遗产,因此,她特地花了不少钱,把自己从头到脚,装饰得十分华丽。她这样做,无非是想给别人一个好印象。可是很不幸的,她那张面孔,却一直有着一副冷漠得像铁板一样的表情,并且显得傲气凌人,使人家见了她,一点也不觉得愉快。她只知道装饰自己身上的衣饰,却忘了女人最重要的面部表情。"

点评:这个女人虽然有钱,可以买华丽的衣服,却不明白,这些华丽的衣服穿在一个面无表情的人身上,和穿在一个木头的标本上,并没有什么区别。人是感情的动物,只有当你把愉快的感情表现出来,以谦和、热情的态度与人相处,别人才可能会对你产生好感。

面部表情是指人们面部所显示出的综合表情，它对眼睛和笑容发挥辅助作用，同时，也可以自成一体，表现自己的独特含义。

一般情况，通过面容所显示的表情，既有面部各部位的局部显示，也有它们之间彼此合作，综合显示。

（1）局部的显示　人的眉毛、鼻子、嘴巴、下巴、耳朵都可以独立地显示各自的表情。

① 眉毛的显示　以眉毛的形状变化所显示的表情，一般叫做眉语，除配合眼神外，眉语也可独自表意。

皱眉型：双眉紧皱，多表示困窘、不赞成、不愉快。

耸眉型：眉峰上耸，多表示恐惧、惊讶、或欣喜。

竖眉型：眉角下拉，多表示气恼、愤怒。

挑眉型：单眉上挑，多表示询问。

动眉型：眉毛上下快动，一般用来表示愉快、同意或亲切。

② 嘴巴的显示　嘴巴的不同显示往往可以表示不同的心理状态。

在商务场合中常见的有：

张嘴：嘴巴大开，表示惊讶。

抿嘴：含住嘴唇，表示努力或坚持。

噘嘴：噘起嘴巴，表示生气或不满。

撇嘴：嘴角一撇，表示鄙夷或轻视。

拉嘴：拉着嘴角，上拉表示倾听，下拉表示不满。

③ 鼻子的显示

挺鼻：表示倔强或自大。

缩鼻：表示拒绝或放弃。

皱鼻：表示好奇或吃惊。

抬鼻：表示轻视或歧视。

摸鼻：表示亲切或重视。

（2）综合的显示

① 表示快乐：眼睛大，嘴巴张开，眉毛常向上扬。

② 表示兴奋：眼睛大，眉毛上扬，嘴角微微上翘。

③ 表示兴趣：嘴角向上，眉毛上扬，眼睛轻轻一瞥。

④ 表示严肃：嘴角抿紧下拉，眉毛拉平，注视额头。

⑤ 表示敌意：嘴角拉平或向下，皱眉皱鼻，稍一瞥。

⑥ 表示发怒：嘴角向两侧拉，眉毛倒竖，眼睛大睁。

⑦ 表示观察：微笑，眉毛拉平，平视或视角向下。

⑧ 表示无所谓：平视，眉毛展平，整体面容平和。

**拓展阅读**

小艳与别人交往时，总想做得更好，给别人留下一个好的印象，由于内心恐惧的心理反射，反而就越装扮就越不自然。

医生说："像小艳这样的心理，是很多人都存在的，只不过有的人自己调整得好。小艳只有调整好自己的心态，增强对自己亲和力的培养，自信地面对人群，不要被过去的阴影所击倒。只有这样才能慢慢地把这种心理扭转过来，恢复到正常。"因此，可以见得，亲和力在生活和工作中，对人的影响是如此之大。

**任务总结**

塑造优雅的姿态，能提升个人和企业的形象。本章主要介绍了几种姿态礼仪在日常生活和工作中的作用，重点讲解了基本的、标准的、职场上的站姿、坐姿、行姿和蹲姿的规范要求。姿态礼仪是肢体语言，是促进人进一步交往和信任的基础，是人的形象、气质、教养的综合展现，并能让人欣赏你、崇拜你、信任你、追随你、接纳你。

正如著名诗人泰戈尔所说："在眼睛里，思想敞开或是关闭，放出光芒或是没入黑暗，静悬着如同落月，或者像忽闪的电光照亮了广阔的天空，那些自有生以来除了嘴唇的颤动之外没有语言的人，学会了眼睛的语言，这在表情上是无穷无尽的，像海一般深沉，像天空一般清澈，黎明和黄昏，光明与阴影，都在自己嬉戏。"据研究，在人的视觉、听觉、味觉、触觉和嗅觉等感受中，唯独视觉感受最为敏感，人由视觉感受的信息占总信息的87％，所以孟子说，"存乎人者，莫良于眸子，眸子不能掩其恶，胸中正，则眸子瞭焉。胸中不正，则眸子眊焉。听其言，观其眸子，人焉廋哉。"在汉语中用于描述眉目表情的成语就有十几个，如眉飞色舞、眉目传情、愁眉不展、暗送秋波、眉开眼笑、瞠目结舌、怒目而视，这些成语都是通过言语来反映人的喜怒哀乐等情感的，人的七情六欲都能从眼睛这个神秘的器官内显现出来。

## 思考与练习

一、判断题

1. 下蹲拾物时，应自然、得体、大方，不遮遮掩掩。（　　）
2. 入座后上体自然挺直，挺胸，双膝自然并拢，双腿自然弯曲，双肩平整放松，双臂自然弯曲，双手自然放在双腿上，掌心向上。（　　）
3. 女士无论采用哪种蹲姿，都要将腿靠紧，臀部向下。（　　）
4. 视线接触时，一般连续注视对方的时间最好在3秒钟以内。（　　）
5. 亲和力是一个人在社交场所，对待事情或人群、个人的一种综合表现。（　　）
6. 见到同事5米就开始微笑。（　　）

二、单选题

1. 错误的站姿要求为（　　）。

   A. 头正：双目平视，下颌微收，面带微笑

   B. 肩平：双肩水平，自然放松下沉

   C. 臂垂：双臂自然下垂于大腿外侧

   D. 躯挺：挺胸、立腰、收腹、拔背

2. 站姿禁忌（　　）。

   A. 全身不够端正　　　　　B. 两腿叉开适中

C. 两脚随意乱动　　　　　　　　D. 表现自由散漫

3. 下面有关基本蹲姿错误的说法是（　　）。

A. 下蹲拾物时，应自然、得体、大方，不遮遮掩掩。
B. 下蹲时，两腿合力支撑身体，避免滑倒。
C. 下蹲时，应使头、胸、膝关节在一个角度上，使蹲姿优美。
D. 女士无论采用哪种蹲姿，都要将腿叉开，臀部向下。

三、多选题

1. 职场中女性的两种优美蹲姿：（　　）。
A. 交叉式　　　　B. 半蹲式　　　　C. 高低式　　　　D. 半跪式

2. 职场姿态礼仪包括（　　）等方面。
A. 站姿　　　　　B. 坐姿　　　　　C. 走姿　　　　　D. 蹲姿

3. 公共场合重要的表情礼仪是：（　　）。
A. 表情　　　　　B. 眼神　　　　　C. 微笑　　　　　D. 目光

4. 正确坐姿的要求（　　）。
A. 入座时要轻稳
B. 入座后上体自然挺直，挺胸，双膝自然并拢，双腿自然弯曲，双肩平整放松，双臂自然弯曲，双手自然放在双腿上，掌心向下
C. 头正、嘴角微闭，上颌微收，双目平视，面容平和自然
D. 坐在椅子上，应坐满椅子的2/3，脊背轻靠椅背

5. 下列关于坐姿的注意事项，正确的是（　　）。
A. 坐时可前倾后仰，或歪歪扭扭
B. 双腿不可过于叉开，或长长地伸出
C. 坐下后不可随意挪动椅子
D. 不可将大腿并拢，小腿分开，或双手放于臀部下面

6. 接待客人，迎接进门的手势的基本形式是（　　）。
A. 横摆式　　　　B. 单臂横摆式　　　C. 直臂式　　　　D. 曲臂式

四、简答题

1. 正确的站立姿势是什么？
2. 什么是亲和力？亲和力有哪些表现？
3. 不同场合的坐姿包括哪几种？
4. 微笑的标准是什么？

五、案例分析题

姜洋是某大型外贸企业的董事长。近期，他想在北京洽谈一项合资业务，于是找到了一家前景不错的公司。与对方约好了洽谈时间与地点后，他带着秘书如期而至，经过近半小时的洽谈之后，姜洋做出了这样的决定：不和这家公司合作。为什么还没有深入洽谈，姜洋就放弃和该公司合作？秘书觉得很困惑，姜洋回答说："对方很有诚意，前景也很好，但是和我谈判时，对方总经理不时地抖动他的双腿，我觉得还没有跟他合作，我的财就都被他抖掉了。"

问：职场人士应当如何展示个人的优美坐姿？

# 妆容设计——塑造专业形象

### 任务描述

见人不可不饰，不饰无貌，无貌不敬，不敬无礼，无礼不立。

——孔子

周总理的"容止格言"：面必净，发必理，衣必整，纽必结；头容正，肩容平，胸容宽，背容直。气象：勿傲，勿暴，勿怠；颜色：宜和，宜静，宜庄。

美，不是悟出来的，而是学出来的！面部修饰的重点在眼部、口部、鼻部和耳部，通过修饰，应使之整洁、卫生、简约、端庄。化妆在21世纪是一种修养，是对别人的尊重，是提升自己自信的一种方式，也是让自己最美的一面展现在别人面前。

### 任务目标

1. 掌握职业服饰装扮的原则与技巧。
2. 了解不同职业角色的妆容技巧。
3. 了解化妆时应注意的问题。

### 案例导入

李莉和张杰带着自己选好的服装，激动地来到就业指导处的刘老师面前。刘老师让他们把自己的服装都换上看看效果，没想到两人一站在她面前，她就忍不住笑出声来。李莉和张杰面面相觑，不知道问题出在哪里。

刘老师将两人推到镜子面前……

李莉打量镜子里的自己，一身黑色套裙，白色衬衣，黑色皮鞋，肉色丝袜，脖子上还戴上了一条绚丽的丝巾，不错，可以打80分。可是，刘老师为什么笑成那样？李莉又转过去看看张杰，好像也挺好的呀！等等，他头发上粘着的是什么啊？粥汤？还是蛋黄？

### 任务知识

## 一、职业妆容设计的概念和内涵

#### 1. 职业妆容设计的概念

职业形象是当今设计职场人士的门面工程，现代职场人士越来越重视自我形象，职业妆容是传播职业形象的信息载体。因此，妆容的设计必须充分考虑职业形象信息传播的基本形式。离开职业形象传播的妆容设计是无法存在的，同样，离开了妆容设计的职业形象传播也无法成立。

妆容指面容，但妆容不等于面部形象本身。它还包括手部、颈部等其他可能裸露部位的形象。职业形象的妆容设计，不仅仅是装扮的技术问题，也不仅仅是对时尚的追求与拥有的问题，它实际上，是职场中的一门形象艺术，进一步说，是职业态度，职业追求问题。因此，我们说形象的妆容设计，从某一侧面也体现着职业理想的设计，体现着职业追求的最佳状态的设计，是职业生涯过程中的真、善、美的设计。

#### 2. 职业妆容设计的内涵

在交往过程中，每个人的妆容都会引起交往对象的特别关注，并将影响到交往对象对自己的整体评价，妆容设计的首要要求是仪容美，具有三层含义。

妆容的含义与个人仪容塑造见表3-4。

表 3-4　妆容的含义与个人仪容塑造

| 妆容的三层含义 | | 个人仪容塑造 | |
| --- | --- | --- | --- |
| 自然美 | 我们的心愿 | 头发 | 不粘连、不板结、无发屑、无汗馊气味 |
| | | 皮肤 | 主要是洗脸；清除油腻和灰尘 |
| 修饰美 | 仪容礼仪的重点 | 牙齿 | 刷牙和清除口腔的异味 |
| | | 手 | 清洁无污垢；勤剪指甲 |
| 内在美 | 最高境界 | 鼻子 | 无痰和鼻涕 |
| | | 体毛 | 鼻毛修剪 |

（1）仪容美　指仪容的先天条件好，天生丽质。尽管以貌取人不合情理，但先天美好的相貌无疑会令人赏心悦目。

（2）仪容修饰美　只依照规范与个人条件，对仪容进行必要的修饰，扬其长，避其短，设计、塑造出美好的个人形象。

（3）仪容内在美　只通过努力学习，不断提高个人的文化、艺术修养和思想道德水准，培养高雅的气质、美好的心灵，使自己秀外慧中，表里如一。

真正意义上的仪容美应当是三者的高度统一，忽略其中一个方面都会使一种美偏颇。

曾任美国总统的林肯曾拒绝了一位朋友推荐的相貌不佳的人才，朋友责怪林肯说："任何人都无法为天生的脸孔负责。"林肯反驳道："一个人过了40岁，就应该为自己的面孔负责。"林肯语言中的道理耐人寻味。的确，一个人无法为自己的先天容貌负责，但却有必要通过不断地努力学习，提高个人的文化水平、艺术修养、道德品质，并有意识地规范自己的行为，培养出高雅气质与美好心灵。礼仪的根本内涵就在于内在美与外在美的高度统一，做到"内正其心，外正其容"。

### 二、职业妆容设计的基本原则与技巧

#### 1. 职业妆容设计的基本原则

（1）面部妆色与线条的和谐统一　化妆时不仅所用化妆品的色调要一致，其不同部位选

择的线条也要统一。如果眉毛、眼线、唇线等都表现得简练、利落、清爽，会使你获得一种理智而干练的形象；如果线条都表现得柔和起伏，流畅飘逸，那就会给人一种温文尔雅的感觉。

(2) 化妆与服饰色彩及其风格的和谐统一　有些人把化妆称为"给脸穿衣服"。这是因为，粉底霜、眼影、腮红、唇膏等颜色是以未化过妆的皮肤颜色为条件而添加上去的。在设计面部化妆的色彩搭配时，应该而且只有和服装、首饰等同时进行整体考虑，才能相得益彰。

(3) 化妆与环境场所的和谐统一　这里的环境场所是指职业妆容设计对象的工作环境与社交活动场所。它是衡量职业妆容设计效果的背景条件。不同的环境场合有着不同的色泽、光线条件和社交氛围。

在严肃的场合，浓妆艳抹显然不大相宜；在热烈的氛围中，过于淡妆素裹，也会让人感到若有所失。

**2. 职业妆容设计的基本技巧**

(1) 职业女性的妆容设计技巧

① 避免浓妆艳抹。职业女性应恪守的信条是沉稳、干练、典雅。上班前淡淡地化一下妆，打扮得体一些，不仅会给职业生活增添光彩，而且更会使自己充满旺盛的活力与自信。

② 突出个性化特点。一个成功的职业女性通常会在化妆之前考虑到希望给人留下什么样的印象，以及怎样化妆才能更好地表现自己的个性。人的个性千差万别，适合个性特征的化妆方法也会因人而异，每个人都应该根据自己的具体情况突出自己妆容的个性化特点。

(2) 职业男性的妆容设计技巧　职业男性虽不必像女性一样精心化妆，但整洁的形象还是至关重要的，通常都会从中获得自信，从而会促使其将工作干得更出色。职业男性恰当的必要的修饰，不仅是在对自己的职业形象负责，也是交往过程中对他人的一种尊重。男性有时更需要接受美容指导以及皮肤护理，男士在户外活动的时间较女性长，皮肤比女性粗，质地硬，毛孔大，表皮很容易角质化。男性的汗液和油脂分泌量多，常常会使灰尘和污垢积聚，毛孔堵塞，引起细菌感染，皮肤发炎。另外，男士在皮肤色调、五官比例等结构上也常常存在不尽如人意之处。可以通过美容、护肤来排解皮肤及五官缺陷带来的烦恼。

**小案例**

小王原来在一家科研单位工作，是单位里有名的"不修边幅"派。有时候一个项目忙起来，加班加点，连着好几天都不洗脸，他的皮肤本来就油，经常是满面油光，尤其是鼻子周围和下巴部位，再加上有时候熬夜，还长出许多青春痘，真是格外刺眼。看见小王那副"灰头土脸"的模样，父母总忍不住说他几句，并催促他应当注意皮肤清洁及护理，他狡辩说"君子重才不重貌"。

一年前，小王跳槽到一家知名企业，经过一段时间的适应，在工作上逐渐得心应手，总经理也对他委以重任。但是他总觉得有什么地方不对劲，好几次，他负责的客户方面有外方高层经理来开会，都没有被通知参加，他审视一下自己，觉得自己外语不错，又熟谙业务，真是百思不得其解。有一天，小王的总经理谈到他的工作表现时，颇为赞赏地鼓励了他一通，"然而……作为一家知名企业，我们要求员工在各个方面都能够代表公司的形象。"总经理在谈话的最后意味深长地说。

与总经理面谈的第二天，小王洗了澡，把胡子刮得干干净净，穿戴整齐，看到这一状况，家人都为之欣喜，特意去买了男用洗面奶和润肤露放在了洗漱间里，几天下来，小王看上去真的干练很多。一段时间后,再有客户来开会,他都被邀参加。有一天他回家兴奋地告诉父母,当天的会议开得非常成功,谈成了一项上百万美元的项目,看着他得意洋洋的样子,父亲不禁翻出他初到公司的"尴尬"来逗他,并正色道:"在现代社会,形象代表着一个人乃至一个团体的素质。"

其实从个人感觉来说,天天认真洗脸并进行必要的皮肤护理会让人头脸清醒,心情轻松愉快,人也更精神和自信,办事效率也提高了。可能是清爽利落的形象让公司对小王也倍增信心吧,他在公司里日益受到器重,很快升任了部门经理,得到"有风度、举止得体"的赞许。

问:上面的事例说明了什么?

### 三、职业妆容修饰技巧

个人妆容修饰时,通常引起注意的是头发、面容、手臂、腿部、皮肤的护理五个方面。

**1. 头发**

修饰头发,应注意以下三个方面的问题。

(1) 净发　头发是人们脸面之中的脸面,应当自觉的做好日常护理工作。平日都要对自己的头发勤于梳洗。勤梳洗头发,既有助于保养头发,又有助于消除异味。若是懒于梳洗头发,弄得自己蓬头垢面,满头汗馊、油味,发屑随处可见,是很败坏个人形象的。

松下幸之助是一位家喻户晓的日本商业奇才,年轻时到过银座(日本东京中央区的一个主要商业区)的一家理发店。有一位三十七八岁的理发师,一面替他理发一面说:"恕我直言,您的形象与您的身份、地位实在相差甚远,一个在高级写字楼办公的老总,怎么能如此不修边幅呢?"他还说:"在银座的四丁目有贵公司的霓虹灯广告塔,您的头发都玷污了那座漂亮的广告板。您应该把自己的头发当作松下电器的广告。"

松下幸之助这才注意到自己的头发确实有些乱,完全没有大公司老板的威严。于是,他微笑着说道:"先生,接下来我就把'公司'形象交到你手里了。"理发师听到这话不免受宠若惊,于是,认认真真地为松下幸之助剪了一个与其身份、地位相符的发型。松下幸之助回到公司后,还专门就维护公司形象制订了一套礼仪规章制度。就这样,全体员工在松下幸之助的积极带领下,注重个人形象,为公司的发展奠定了良好而又积极的基础,公司业绩也因此得到了很大提升。

(2) 理发　头发的长度应符合以下规则。

① 长度上。男女有别,女士可以留短发,但不宜理寸头。商界对头发的长度大都有明确限制,女士头发不易长,过肩部,必要时应以盘发束发作为变通。男士不易留鬓角,发帘,最好不要长于7厘米,即大致不触及衬衫领口。

② 个人身高上。以女士留长发为例,头发的长度就应与身高成比例。一个矮个的女士若留长发过腰,会使自己显得更矮。

③ 长幼之分。飘逸披肩的秀发,是年轻女性的象征。

>  **拓展阅读**
>
> 中国历史上很长时间里可能没有理发师，头发被重点保护起来，这很大一部分是与历代相传的儒学宣扬的孝道有关。古人在《孝经》中说："身体发肤，受之父母，不敢毁伤。"哪怕是一根头发，也是父母给的，都不只属于自己，所以要珍惜自己的身体。人出生后剃胎发，必须留一块发保护囟门，剃下的头发（包括胎发）要妥善藏好，不能轻易丢弃或给外人拿去。清代时期有种叫"发积"的器具，专作贮放余发之用。古代有一种今天看起来很特别的"髡刑"，即去发，对不孝敬父母的人一般施此刑，以示侮辱。此外，人死后，必须由下辈梳好头发入葬，孝子在守丧期则不准剃发，以表示对父母的哀悼之情。

（3）发型　系头发的整体造型，可以快速改变个人的形象，如果发型不当，美丽马上会大打折扣。因此，<u>应根据脸型和体型来选择发型</u>。

① 发型与脸形协调。发型对人的容貌有极强的修饰作用，甚至可以改变人的容貌，任何一种脸型都有其特殊的发型要求，根据自己的脸形选择发型。例如，圆脸形适合将头顶部分头发梳高，两侧头发适当遮住两颊，要避免遮挡额头使脸部视觉拉长；长脸形适宜选择用"刘海"遮住额头，加大两个头发的厚度，以使脸部丰满。

② 发型与发质协调。一个人的发质不同，适合的发型也不同。例如，柔软的头发容易整理，适合做任何一种发型。但俏丽的短发更能体现柔软发质的个性美，自然的卷发适合留长发，更能展示其自然的卷曲美。服帖的头发，最好将头发剪短，如在修剪时可将发根稍微打薄一点，使根部若隐若现，这样能给人以清新明亮之感；细少的头发适合长发，将其梳成发髻比较理想，直硬的头发很容易修剪整齐，所以设计发型时最好以修剪技巧为主，同时尽量避免复杂的花样，做出比较简单而且高雅大方的发型即可。

③ 发型与体形协调。发型的选择得当与否，会对体形的整体美产生极大的影响。例如，脖颈粗短的人，适宜选择高而短的发型；脖颈细长者，宜选择齐颈搭肩、舒展或外翘的发型；体形瘦高的人，适合留长发；体形矮胖者，适合选择有层次的短发。

④ 发质与年龄，与职业相协调。发型是一个人文化修养、社会地位、精神状态的集中反映。通常年长者最适宜的发型是大花型短发或盘发，以给人精神、温婉可亲的印象；而年轻人适合活泼、简单、富有青春活力的发型。

⑤ 发型与服饰协调。头发为人体之冠，为体现服饰的整体美，发型必须根据服饰的变化而变化。如穿着礼服或制服时，女性可选择盘发或短发，以显得端庄、秀丽、文雅。穿着轻便服装时，可选择各式适合自己脸型的轻盈发型。

人们的职业不同、身份不同、工作环境不同，发型自然也应有所不同。在工作场合抛头露面的人，发型应当传统、庄重、保守一些。

（4）职场男士和女士的发型要求　职场男士和女士的发型要求见表3-5。

表3-5　职场男士和女士的发型要求

| | |
|---|---|
| 男士 | 干净、整齐、长短适当(6厘米左右)，前不及额头，后不及领口，发脚线整齐，两侧鬓角不得长于耳垂底部 |
| 女士 | 发式简单大方，发饰朴素典雅。前不盖额，后不过肩，如果留的是长发，在工作的时候需要打理整齐，束起来或者盘于脑后<br>提倡:盘发。忌:披发 |

## 2. 面容

修饰面容，首先要洗脸，使之干净清爽、无油垢、无汗者、无泪迹、无不洁之物。每天仅在早上起床后洗一次脸是远远不够的。午休后、用餐后、出汗后、劳动后、工作后、外出后，最好再洗一次脸。

（1）眼睛

① 保洁。把脸部分泌物及时去掉。若眼睛患有传染病，应自觉回避，一些场合以免让人提心吊胆。

② 修眉。如果感到自己的眉型或眉毛不雅观，可以进行必要的修饰。但是不提倡纹眉，更不要剃去所有眉毛。

③ 眼镜。戴眼镜不仅要美观、舒适、方便、安全，而且还应随时对其进行擦拭或清洗。

（2）耳朵　在洗澡、洗头、洗脸时，不要忘记洗一下耳朵。必要之时还需要，清除耳孔之中不洁的分泌物，但不要在他人面前这么做。有些人耳毛长得较快，甚至还会长出耳孔，在必要之时需对其进行修剪。

（3）鼻子　平时，应注意保持鼻腔清洁，不要让异物堵塞鼻孔，或是让鼻涕流淌。不要随处吸鼻子，擤鼻涕，更不要在他人面前挖鼻孔，经常检查一下鼻毛是否长出鼻孔，一旦出现应及时进行修剪。

（4）嘴巴　牙齿洁白，口腔无味，是修饰上的基本要求。要做好这一点，一要每天定时在饭后刷牙，以去除异物、异味。二要经常使用漱口液、牙签、洗牙等方式方法保护牙齿。三要在重要应酬之前，忌食、酒、葱、蒜、韭菜、腐乳之类气味刺鼻的东西。

尽量不要在人多的场合，发出如咳嗽、清嗓、打哈欠、打喷嚏、吐痰等声音，都是不雅之声。

职业男子最好不要蓄须，既稀疏难看，又显得邋里邋遢。

（5）脖颈　脖颈与头发相连，属于面部的自然延伸部分。修饰脖颈，一是要禁止其皮肤过早老化，与面容产生较大反差。二是经常保持清洁卫生，不要只顾脸面，不顾其他，脸上干干净净，脖子上尤其脖后藏污纳垢，与脸部反差过大。

3. 手臂

修饰手臂，分为手掌、肩膀、汗毛修饰三个方面。

（1）手掌　手是接触其他人、其他物体最多的部位，出于清洁卫生健康的角度考虑，应当勤于清洁手。

手指甲定期修剪，不要长时间不剪手指甲，脏兮兮、黑糊糊的。不要留长指甲，既不美观，也不卫生、不方便，与别人直接或间接接触时，令他人不快，甚至产生反感。

（2）肩膀　修饰肩膀，在工作场合，人们的手臂尤其是肩部不应当裸露在衣服之外。也就是说最好不要穿无袖的或半袖的衣服。

（3）汗毛　因个人生理条件的不同，有些人手臂上汗毛长得过浓、过重或过长，特别影响美观，最好是采用适当的方法进行脱毛。特别注意，在正式场合一定要牢记，不要穿着会令腋毛外露的服装。

4. 腿部

修饰腿部应当注意的问题有三个，即脚部、腿部和汗毛。

（1）脚部　严格地说，在工作场合是不允许光脚穿鞋的。它既不美观，又有可能被人误会。尤其不能穿脚部过于暴露的鞋子，如拖鞋、凉鞋、镂空鞋等。

应注意保持脚部的卫生。鞋子、袜子要勤洗勤换，脚要每天洗，袜子则应每日一换。

脚趾趾甲要勤于修剪，除去死趾甲，不应任其藏污纳垢，或是长于脚趾趾尖。

（2）腿部　在工作场合，不允许男士的着装暴露腿部，也就是说不允许男士穿短裤。女士可以穿长裤、裙子，但也不能穿短裤，或是暴露大部分大腿的超短裙。要求女士的裙子长度应达到膝盖上下10厘米左右。在职场穿裙子时，不允许不穿袜子，光着大腿，尤其不允许光着大腿暴露于裙子之外。

（3）汗毛　男士成年以后腿部汗毛大多过重，所以在正式场合下不允许其穿短裤，或是卷起裤管。

女士若因内分泌失调导致腿部汗毛变浓黑、茂密时，则最好脱去或剃除；或是选择深色丝袜加以遮掩。

#### 5. 皮肤的护理

皮肤的日常基础护理，包括洁肤、爽肤、润肤，具体内容如下。

（1）洁肤　卸妆后，取洁面用具，用无名指以向上向外打圈的手法，揉洗面部及颈部清除尘垢、过剩油脂及化妆物，去除表面老化细胞，促进新陈代谢，让肌肤清新、爽洁。洁肤是肌肤美丽的第一步。

（2）爽肤　用棉球蘸取爽肤水轻轻擦拭脸部及颈部，注意避开眼部。擦肤水可起到进一步清洁皮肤、补充水分、平衡皮肤的pH值、帮助收缩毛孔的作用。

（3）润肤　将润肤品抹以脸部及颈部，以向上向外打圈的手法轻轻抹匀，为肌肉补充必要的水分与养分，令肌肤柔润而有弹性。

### 四、职业女士化妆技巧

要不要化妆？这个问题如今已无需再问，化妆可以使自己增添信心，也是人际交往中相互尊重的一种表现，美丽的容貌，令人赏心悦目，但是天生丽质的人毕竟是少数，恰到好处的妆容可使自己光彩照人，更加美丽。

#### 1. 化妆的基本原则

（1）扬长避短　化妆，一方面要突出脸部最美的部分，使其显得更加美丽动人；另一方面要掩盖或矫正缺陷或不足的部分。

（2）协调统一　面部化妆应注意色彩的搭配，浓淡程度，同时还要与发型、服饰相协调，当然脸部化妆还应该与身份、场合相宜，力求取得完美的整体效果。

（3）自然真实　化妆要自然协调，无论淡妆、浓妆，切忌厚厚地抹上一层，所谓"浓妆、淡妆总相宜""妆成有却无"等，坚持化妆的自然真实。

#### 2. 化妆的禁忌

（1）勿当众化妆　化妆是个人的私事，只能在无人的情况下悄然进行，继续维护仪容仪表的全部工作应在私下完成。

（2）勿残妆示人　化妆要有始有终，维护妆面的完整性。化妆后要常做检查，特别是在休息、用餐、饮水、出汗、更衣之后要经常关注自己的妆容，发现妆容残缺要及时补妆。

（3）勿非议他人妆容　每个人都有自己的审美观和化妆风格，切勿对别人的妆容当面品头论足，这样不仅会让对方难堪、反感，而且也会让自己失礼。

（4）勿借用他人的化妆品　不论是对谁，不论是否需要，都不需要去借用他人的化妆品，这不仅不卫生，也不礼貌。

**工作中的花瓶**

王女士特别注意自己的个人形象。不管置身于何处,只要稍有闲暇,便会掏出化妆盒来,一边"顾影自怜",一边"发现问题就地解决",旁若无人地"大动干戈",替自己补一点香粉,涂两下唇膏,抹几笔眉形。她这样珍惜自我形象固然正确,但却当众表演化妆术,尤其是在工作岗位上当众这样做,则是很不庄重的,也会让周围的人觉得她对待工作用心不专,只把自己当作了一种"摆设"或者"花瓶"。

3. 化妆常见的类型

(1) 工作装  工作中宜淡妆,妆色健康、明朗、端庄,追求自然、清雅的化妆效果,力求做到"妆成有却无"。

(2) 晚宴妆  出席晚宴时追求细致靓丽的化妆效果,妆容宜化得浓艳些。

(3) 舞会妆  闲暇之余,我们要参加一些娱乐活动,化舞会妆时要突出个性,追求妩媚动人的化妆效果。舞会灯光幽暗,妆容可以画得稍浓艳。

(4) 休闲装  妆面不需要太多的痕迹,力求清新淡雅,整体妆面自然简洁,应体现出轻松愉快、健康舒适的效果。另外,也可以根据场合在浓度上作相应的调整。

4. 化妆工具识别与化妆步骤

(1) 化妆工具识别

化妆工具如图3-9所示。

刷子

修眉工具

海绵

睫毛夹

图3-9  化妆工具

(2) 化妆步骤

① 观察化妆对象,确定化妆风格和适合的妆容。

② 洁肤、护肤并做必要的修饰,修剪面部过重的毛发,修眉,调整眼型(图3-10)。

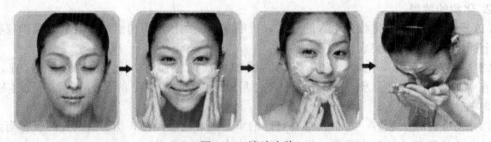

图3-10  清洁皮肤

③ 粉底:调和肤色、遮瑕、矫正脸型(图3-11)。

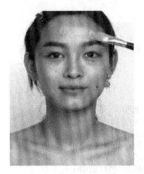

图 3-11　粉底画法　　　　　　　　　　　　　　　图 3-12　定妆效果

④ 定妆：固定化妆效果，使妆面效果更持久（图 3-12）。
⑤ 眼影：强调眼神，修饰和矫正眼型，起到美化的作用（图 3-13）。

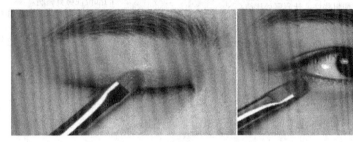

图 3-13　眼影

⑥ 眼线：矫正眼型，增强眼神。
⑦ 睫毛：增加眼部神采，调整大小眼，分为涂睫毛膏和带假睫毛两步（图 3-14）。

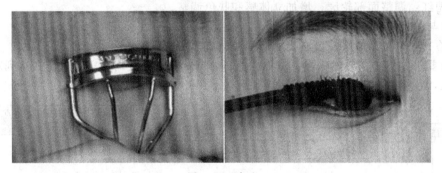

图 3-14　睫毛

⑧ 眉：强调面部轮廓，调整脸型（图 3-15）。

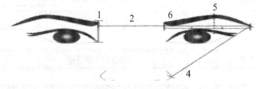

图 3-15　眉

画眉时，眉尾在鼻翼至眼尾斜上去 45°的延长线上。眉毛的最高位置则大约于眉长的 2/3 稍内侧一点，眉峰不要太过尖锐。

脸形与眉形的搭配如图 3-16 所示。

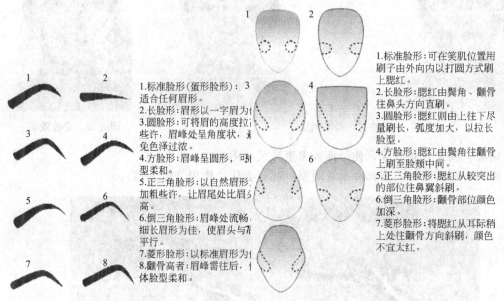

图 3-16 脸形与眉形的搭配　　　　图 3-17 腮红与脸形的搭配

⑨ 鼻影：修饰鼻形，强调立体感。
⑩ 唇线：确定、修饰唇形，可矫正唇形（也可省略）。
⑪ 唇膏：修饰唇形，唇膏的色彩和眼影的色彩要相互呼应。
⑫ 腮红：调整面部轮廓，增加立体感和肤色调整。

腮红与脸形的搭配如图 3-17 所示。

⑬ 检查整个妆面效果，做必要的修饰和调整。

化妆要求：干净、立体感强、对称、色彩协调，各个角度均完美，若能在达到基本要求的基础上，妆容有一定的风格，将会更加完美（图 3-18）。

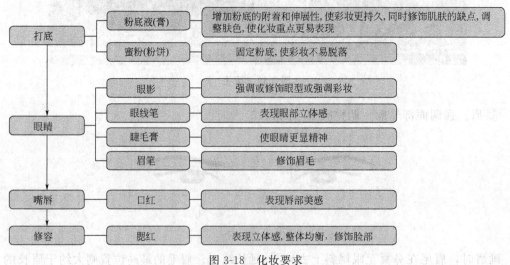

图 3-18 化妆要求

### 拓展阅读

**森严的等级制度**

我们国家有许多地区把未成年的女子称"丫头",在旧时大户人家的婢女、丫鬟也有称"丫头"。在古时候,丫头的真正意思是指女子的一种头发梳理样式。封建社会中侍奉主人的丫鬟们的发型样式往往受限制,把头发分别梳成左右对称的双髻翘在头顶上,就像是个分叉的"丫"字。平民百姓也常用像此类简洁单一的发式,然而统治阶级就不一样了。古代中国的皇帝常常是后宫佳丽三千,争奇斗艳。这些女人们总是把她们的爱情期盼或利益渴求都藏到发丝里。她们精心梳理满头乌黑闪亮的秀发,花心思设计出变化多端的反复华丽的发式,再装饰上五光十色的珠宝和造型精致的配饰。所以发型的流行在中国大都自上而下地推广。甚至有颁布强行规定一至九鬟最尊贵的发型只能由贵族妇女享有。而男子的冠帽是其人格、职业、社会、地位最直接的标志。周朝的统治阶级就制定了整套的贵族礼仪服饰和头饰来确定等级,不同的等级其发式及头饰的佩戴是不同的,但是还允许使用假发。从一个人的发型头饰上就可以直接判断出其身份地位的高低。古代中国森严的等级制度在发式上就略见一斑。

### 任务总结

世上没有丑女人,只有懒女人!相信你看了前面的图片,就会相信,其实自己也是一个超级大美女,只是由于自己的懒惰而一直让一粒会发光的金子被埋没至今。

### 思考与练习

一、判断题

1. 脸型瘦小的人化妆时应使用较浅颜色的粉底。(　　)
2. 身材娇小的女性一般不适合留长直发或长卷发。(　　)
3. 唇膏色与眼影色、腮红色及服饰色彩要协调、统一。(　　)
4. 整体形象的和谐统一是职业妆容设计的最重要原则。(　　)
5. 在工作场合,男士的着装可以暴露腿部,不允许男士穿短裤。(　　)
6. 职业女士化妆不用避人。(　　)

二、单选题

1. 修眉工具不包括(　　)。
   A. 眉钳、铅笔　　　　　B. 眉笔、眉刷
   C. 梳子、眉剪　　　　　D. 滋润乳液和海绵头化妆棒等
2. 人体颅骨是由(　　)组成的。
   A. 两部分　　B. 三部分　　C. 四部分　　D. 五部分
3. 表情肌分布在(　　)周围。
   A. 眼、鼻、口　B. 眼、耳　　C. 鼻、耳　　D. 耳后
4. 化妆时应注意的问题不包括(　　)。
   A. 扬长避短　　　　　　　　B. 妆色与光线之间的关系
   C. 妆的浓淡要因时间、场合而异　D. 可宜当众化妆或补妆

三、多选题

1. 男士面容修饰应注意剔除多于毛发,包括(　　)。
   A. 胡须　　　B. 鼻毛　　　C. 耳毛　　　D. 头发

2. 一般情况下，眉梢与眉头的高低基本不会呈（　　）。
A. 上斜线　　　　　B. 水平线　　　　　C. 下垂线　　　　　D. 弧线
3. 日妆的眼影色彩搭配不包括下列哪几个项目（　　）。
A. 丰富　　　　　　B. 艳丽　　　　　　C. 简洁　　　　　　D. 夸张

四、思考题

吴菲，某高校文秘专业高材生，毕业后就职于一家公司作文员。为适应工作需要，上班时，她化上整洁、漂亮、端庄的"白领丽人妆"。她用不脱色粉底液，修饰自然、稍带棱角的眉毛，与服装色系搭配的眼影，紧贴上睫毛根部描画灰棕色眼线，黑色自然型睫毛，再加上自然的唇型和略显鲜艳的唇色——整个妆容清爽自然，尽显自信、成熟、干练。在公休日，她又给自己来了一个大变脸，化起了久违的"清纯少女妆"：粉红色、粉黄色、粉白色等颜色的眼影，彩色系列的睫毛膏和眼线，粉红色或粉橘色的腮红，玫瑰色唇彩，鲜亮活泼，整个身心都倍感轻松。带着适度悦人的妆容上班，心情很好，自然工作效率就高。一年来，吴菲借助自己得体的形象、勤奋的工作和骄人的业绩，赢得了公司同仁的好评。

你如何评价吴菲的两种妆容？对"化妆不只是技术，还是一门艺术、一种生活"这句话你是如何理解的？

五、问答题

1. 职业妆容设计的内涵有哪些？
2. 化妆的基本原则是什么？
3. 发型选择的基本原则包括哪些？
4. 职业妆容设计的基本技巧是什么？

# 任务十二 服饰设计——体现良好职业风范

### 任务描述

"服饰往往可以表现人格。"
　　　　　　　　　　——莎士比亚

服饰是非语言交往的主要媒体,反映了一个人的社会地位、身份、职业、收入、爱好,甚至一个人的文化修养、个性和审美品位。服饰作为形象塑造中的第一外表,是众人关注的焦点。

怎样着装才能衬托出气质,显示能力呢?常言道"人靠衣妆马靠鞍",如果你希望在职场建立良好的形象,那就需要全方位地注重自己的仪表。从衣着、发式、妆容到饰物,甚至指甲都是你要关心的内容。得体的服饰仪容将会展示你的专业形象,树立你的风格。

### 任务目标

1. 掌握职场着装的要求与技巧;
2. 理解色彩搭配的礼仪规范;
3. 了解商务人员适当的饰品搭配;
4. 能分别对男性与女性进行职业着装整体设计。

### 案例导入

老师和书本上常常教育我们不要"以貌取人",但我们知道现实生活中有些人是以貌取人的。实际上,何止是以貌取人,有时候离了"貌"人就不存在了,比如,一个学生衣衫不整,穿着拖鞋走进教室,大家看到他的形象,觉得他的"貌"合适吗?所以职场上也一定要注意着装。

### 任务知识

西方的服装设计大师认为:"服装不能造出完人,但是第一印象的80%来自于着装。"世界知名的服装心理学家高莱说:"着装是自我的镜子"。

卡耐基在《人性的弱点》中阐述:如果你不注意仪表,就会使人觉得你对事业也并不热衷,而且能从另一个侧面表明你的生活缺乏条理。可以想象,没有人会将合作对象选定在一个难以信任的人身上。

服饰是一种文化,反映一个民族的文化素养、精神面貌和物质文明发展的程度;着装是一门艺术,正确得体的着装,能体现个人良好的精神面貌、文化修养和审美情趣。在公共场合着装要端庄大方,全身衣着颜色一般不超过三种;参加宴会、舞会等应酬交际时则应突出时尚个性;在休闲场合应穿着舒适自然。

## 一、职场着装

办公室服饰的色彩不宜过于夺目,应尽量考虑与办公室色调、气氛相和谐,并与具体的职业分类相吻合。服饰应舒适方便,以适应整日的工作强度。坦露、花哨、反光的服饰是办公室所忌用的。较为正式的场合,应选择女性正式的职业套装;较为宽松的职业环境,可选择造型感稳定、线条感明快、富有质感和挺感的服饰。服装的质地应尽可能考究,不易皱褶。

职业场合男性与女性的着装如图3-19、图3-20所示。

图3-19 职业场合男性着装

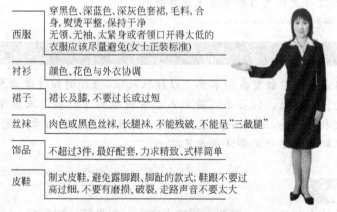

图3-20 职业场合女性着装

**1. 职业着装的要求**

(1) 职业着装的多样性 职业着装的多样性,除了受职场环境因素的制约外,还受个人的气质风格、喜好和偏向的影响。即使同一款式,不同的质料也有不同的特征与效果,这是职业着装呈现多样性的第一条重要原因。不同色系的服装衬托不同的气质性格,千差万别的面料花色,是职业服装呈现多样性的另一重要因素。

随着对个性的追求的日益提高,职场服饰的多样性特征也日趋明显。多样性的服装是打造职业形象的重要手段,也是塑造自身个性的学问。

(2) 职业环境的约束性

① 职业着装要有专业的差别。职业着装的最终目的是为了塑造专业形象。职业着装要考虑穿着的适应性，展现的是职业形象。职业着装的多样性要以职场环境的约束为基础，在约束性范围内适当变换。

② 职业着装要考虑工作的性质与要求。不能脱离职场环境限制来谈职业着装。职业着装的约束性是由工作需要来决定的，而统一的、普遍性的职业着装，久而久之就成为一种专业形象。不同的行业有不同的要求，不同的要求也就约束了各行各业的着装。

③ 职业着装要恰如其分。合时宜的穿着，往往能为你的专业形象加分。

职业着装要靠个人掌握，现代社会竞争意识已深入到职场生活的各个细节，职业着装很可能关系着一个人的前途与未来。

(3) 职业着装的现代性　职业着装的现代性，首先表现在服装款式的更新与变换上。还表现在它吸收了科技成果。

现代性的着装表现，不仅在于式样、款式的创新，更表现在质料的转换和穿着的舒适性上。其实用性、可观性都有了突飞猛进的发展。

职业着装的现代性突出表现在更注重个人风格与展现自我魅力上。服饰伴随着文明的发展早已摆脱了保暖的局限，它已成为一种艺术，是打造黄金形象的手段。

**2. 职业着装的选择**

(1) 职位不同，选择不同　主管人员选择服装时需要注意以下几点：

如果你是位男士，就应该以西装作为最常用的衣着。

西装必须合身得体，式样流行时尚，颜色趋于传统，面料质地高级；西装、衬衫、领带这三样中必有两样为素色，其中纯棉的白衬衫是主管人员最恰当的选择；不可忽视袜子，袜子的颜色必须比裤子更深一些。另外应注意的是，有背心的三件式西装已经过时。

穿西装时，两手向前端平伸直，衬衫袖子要比西装袖子长1厘米左右，并且袖口必须系紧。如果忽视这些小细节就会损害你的整体形象。

如果你是位女士，那么得体的穿着风范，有助于维持你良好的管理形象。

中性色调，能够令你看起来更有权威，所以你最常备的应是一套剪裁细致高雅、单排中扣，并且是品牌性设计的灰色西服套装。同时你一定要选择最好的配饰，两双高级品牌皮鞋，三副高品质的耳环，至少两条与衣着相配的腰带，一条能衬托外套和夹克的漂亮围巾。

(2) 行业不同，选择不同

① 男士着装的选择

律师业：你应选择藏青色西装，单排纽扣。这套衣服必须熨烫，以保持折痕清晰；最好选择白衬衫，这是信誉的象征；领带要选紫色的或带有条纹、花纹的；皮鞋选择黑色，这样显得稳重有型。

新闻媒体业：身处此行业，你应选择款式、质地、做工都很不错的服装，衬衫可选择各种时尚颜色。具体地说，如果你是出镜人员或导演，最好穿蓝色和暖色调搭配的装束；如果你是现场人员，请不要系领带；如果你是做广告和销售，那你最好规规矩矩地穿西装；如果你是制作人员，你可穿着翻领衬衫或夹克衫来体现你的自由身份。

广告业：你一定要正规着装，因为客户对你的信任感很重要。你应选藏青色或灰色的大众化款式的西装，穿白衬衫，配上暗色调领带，这样容易经受得住客户挑剔的眼光。

银行部门：你应选择单排扣的藏青色或灰色的西装套装，穿着白色衬衫，系带有小花纹等较为朴素的领带，这样能体现出你谨慎的工作态度和你所承受的工作压力。

外企：西装的款式与颜色可自选，衬衫颜色不拘一格。领带、皮鞋可随意些，但不能与公司主流文化的要求相背离。

② 女士着装的选择

银行部门：你应选择藏青色或灰蓝色圆领西服套装。内穿带有褶皱或花边的白色衬衫；你也可以打上一个漂亮的领花，请不要只穿毫无特色的光秃秃的衬衫，以上的穿着能让你给人以稳重大方、精干利落的印象。

化妆品行业：你应选择那些最为时尚、最为美丽的服饰，同时也要考虑自己的自然条件和个性气质，这样才能与你所从事的工作相辅相成，交映生辉。

广告创意策划：你应选择那些有想象力、前卫而又显现人的个性的服装。

企业销售：你应选择那些款式传统、颜色较深的职业套装。

切忌穿着暴露性感、颜色花哨的衣服，否则你可能达不到你预期的目的，只会坏事。

### 3. 职业着装的技巧

(1) 女性职业着装

① 服装布料要讲究，最好是免熨的。

② 切记不要盲目追求时尚。

③ 颜色的搭配一定要合理。

红色：充满胆量，表示在工作上蓄势待发，渴望新鲜感与刺激。

黄色：求知欲旺盛、有自信，给人一种张扬的感觉。

绿色：不冷不暖的中间，给人带来最宁静、温馨、和谐的心里感受。

蓝色：诚实稳健，言行倾向保守、思维严密、自信力十足。

咖啡色：脚踏实地、富有责任心、做事讲究。

紫色：强烈的权力欲望与虚荣心。

④ 职业女性出门前尽量要多做些检查。

⑤ 可以在职业套装里面配一件漂亮的衣服，以便突然决定出席酒会或晚宴时，可以不必回家换装。

⑥ 职业女性的西装外套必不可少，与西装配套的衬衣可以配些花边，以增加女性的特质。

⑦ 职业女性穿着裙子的长度以在膝盖上下变化为宜。

⑧ 服饰配色要有韵律感。

⑨ 上下装搭配时，上浅下深能产生稳重感，而上深下浅则会有轻快感。

⑩ 职业女性在职场中绝对不可穿露肩装。

⑪ 佩戴饰品有时能起到意想不到的效果，小小的饰品在不停地变换中会给单调的职业装增添无穷的魅力。

⑫ 服装要有整体感。

⑬ 不同体形的人要配不同的衣服，同时要注意袜子的选择。

⑭ 多蕾丝和打了许多皱褶的衣服最好也不要穿，这样会给工作带来不便。

⑮ 职业女性要重视内衣的选择。

女士职业裙装四大禁忌如图 3-21 所示。

(2) 男性职业着装

① 要根据体形选择着装

倒三角形，这是一种比较完美的体形。选择服装的余地比较大。

长方形，这类体形虽然比不上倒三角形那样完美，但也是不错的体形，着装的选择余地也比较大。

鸭蛋形，这种体形明显的特点是肩比较窄，如果想改变这种情况，可以通过健身运动来帮忙。通过着装技巧也可以改变肩宽。

| 裙、鞋、袜不搭配 | 光腿或渔网袜 | 三截腿 | 皮裙 |

图 3-21  女士职业裙装四大禁忌

圆形，这种体形的男性最好选择自然肩型的美国款式西装，看起来会舒服些。也可选择肌肉型的英版西装或改良欧版西装，西装的兜应选择开缝式，因为带兜盖的西装会使你的腹部显得更大。

② 要注意通过着装扬长避短

上身长，下身短体形：这种体形的人着装时，上衣不宜太长；西装扣子的位置宜高不宜低；双排扣要比单排扣好些；裤子不能穿卷边型的，这样短腿会显得更短；裤带（皮带）最好与裤子同一颜色。

下身长，上身短体形：这种体形的人着装时，上衣不要过短；西装单排扣比双排扣好，扣子的位置宜低不宜高；如果是高个子，卷边裤子好，裤子不要太包身体，略宽松些效果更好；裤腿不能太短，这样长腿的男人看起来像小丑；裤裆、裤腿也不能太长，那样会给人一种不利落的感觉；皮带与上衣同一色系为好。

身材比较瘦：身材比较瘦的人，选择西装时一定要有垫肩，以双排扣为佳；选择横条纹的要比竖条纹的为好；裤型宜宽松些为好。

身材比较胖：此类体形的人，西装要选择自然肩型，单排扣或双排扣都可以，但扣子距离要近些；穿着竖线条的服装要比横线条的服装好些；不宜穿着太宽松的裤子，裤型的选择要以剪裁合体为佳。

脖子比较短：此类体形的人，西装和衬衣的选择要以低开领为佳，领型以长领和尖领为好，不能打宽领结。休闲时选择 V 形领或低圆领上装为好，避免选择高领形式。

脖子比较长：此类体形的人，西装和衬衣可选择高开领型，领型选择大开领或宽开领为宜；领带可选择宽带结；休闲时上装可选择高领或圆领为宜。

③ 衬衣穿着要讲究。衬衣的领口一定要保持平整，除免烫型外，每次洗后都要烫平，皱巴巴的领口会破坏职业形象；衬衣的领子、领口不能太长；衬衣的领子不能太刺眼，如果太刺眼，则会引起很多不必要的注意；衬衣穿一定时间后，领子都会有皱，要及时淘汰那些影响形象的衬衣；商务场合，衬衣一定要在裤子里掖着，腹部再大也要把衬衣束在裤子里；任何款式的内衣，如棉毛衫、羊毛衫、T 恤衫等，均不可替代衬衣穿在西服里；无论内衣多么高级，永远不要将高领内衣露出衬衣领口；随时检查衬衣的扣子，不要穿着掉扣的衬衣；衬衣一定要每天一洗，每天一换。

④ 要注意皮鞋的穿着。职场中，男士的皮鞋要以自然色，特别是黑色为主；款式以传统的系带式或盖鞋式为好；要经常保持鞋的清洁光亮；要注意检查皮鞋是否变形，已经变形的皮鞋，应该尽早淘汰；一双皮鞋最好穿一天，然后休息 2~3 天，这样穿鞋不易变形；要注意，浅色皮鞋不宜在商务场合穿着；太复杂或装饰过多的皮鞋也不宜在正式场合穿着；软皮面、牛津底、翻毛鞋等适合在休闲时穿着，不宜在商务或正式场合穿着；夏季露脚趾的凉鞋及冬季厚重的皮靴均不宜在商务或正式场合穿着。

⑤ 不能穿冒牌货。冒牌的衣服不仅不能使你身份增加，反而会给人一种爱慕虚荣的

感觉。

⑥ 男士在正式场合一定要穿西装。在正式的场合中，如在高级主管的办公室，或公司正式的谈判场所，穿着一定要正式。

⑦ 西装大小一定要合体。切记如果你的体形有所改变，你一定要把你的西装送去修改。

⑧ 不能小视袜子的穿着。男士穿着的袜子一定要有足够长度，坐着提起裤管时，裤子与袜子中间不能露出腿；在职业着装中，应配以素色、深色长袜，如选择带条纹或带图案的袜子，应选择条纹细小、图案简单、颜色反差不大的袜子；商务场合男士穿着的袜子，原料应选择高支棉、毛或高比例棉涤混纺纱的为宜；尼龙丝袜子、多图案、多颜色、宽大条纹或夸张图案花袜子不宜配正装；白色运动鞋袜是配运动服在休闲场合或运动场合穿着的，不宜与正装相配。

⑨ 风衣与大衣的穿着。男士风衣与大衣的颜色以自然色为好，蓝色、米黄色最为普遍；风衣与大衣的款式线条要简单，剪裁要有型；面料以纯毛、羊绒（大衣）为首选，纯化纤面料的风衣、大衣一般不适宜职业着装；每次穿着风衣、大衣时都要注意保持平整，绝对不要穿着皱巴巴的风衣、大衣出席商务活动；去访问顾客或出席商务活动时，要将风衣、大衣脱下，拿在手上或存放起来后，再走进办公室或会议厅。

⑩ 男士皮带的选择很重要。男士皮带要以深色、素色为主；皮质面料、光面的皮带比较适合职业装；皮带扣要选择线条简单、颜色自然的；有很重磨痕或已经磨掉颜色的皮带一定要及时淘汰；带有花纹、图案或有装饰性皮带扣的皮带适合休闲装，不适合职业装。

男士职业着装六大禁忌如图 3-22 所示。

| 禁忌一 | 穿西装时左边袖子上的商标没有拆掉 |  | 禁忌四 | 一根领带横扫天下。作为职业男士必须至少拥有6根不同的领带，每天要换一根。领带的色彩要与整体着装相协调，否则显得很孤立，破坏整体美 |  |
|---|---|---|---|---|---|
| 禁忌二 | 有两种袜子不能穿：尼龙丝袜；白袜子。袜子应与皮鞋一个颜色 |  | 禁忌五 | 正式西装+休闲皮鞋。西装是十分讲究的正式服饰，要配以正式皮鞋才算和谐 |  |
| 禁忌三 | 穿夹克打领带 |  | 禁忌六 | 腰间挂物品 | 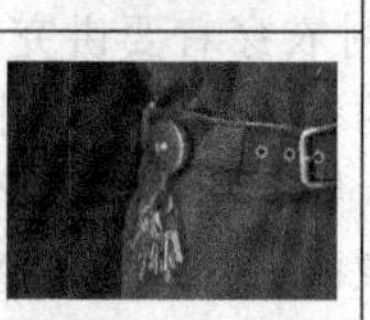 |

图 3-22 男士职业着装六大禁忌

⑪ 要注意手表与首饰的佩戴。在经济条件允许的情况下，选择名牌手表中造型简单、没有过多装饰，适合商务活动中佩戴的款式；很大的塑料表适合休闲场合，不能与正装相配；全金或装饰性很强的钻石手表适合在晚宴中佩戴，一般不与职业装相搭配；首饰要减到最少，婚戒可能是男士唯一佩戴的首饰，其他首饰一律不要出现在职业着装中；如果选用袖扣或领带夹，可选用造型简单，没有过多装饰的金色或银色。

⑫ 男士手包要讲究。一般要选择黑色或褐色的手包，面料以皮质为首选；如果需要在商务场合使用手提电脑，应使用专业电脑包；男士手包要求简单、大方，不要有过多的装饰；在商务活动中，再好的运动包也不要使用，更不能用纸袋、提包代替公文包，这样做是

缺少职业性的表现。

> **拓展阅读**
>
> **某公司着装规定**
>
> 一、员工在周一至周四的工作时间内必须着正装。
> 二、男士需着西装，佩戴领带。夏季男士可着衬衫、西裤，需佩戴领带。
> 三、女士需着庄重、大方、得体的职业套装。夏季不得着无领、无袖及过透、过露的服装。
> 四、任何情况下不得赤脚穿鞋。
> 五、若无接待任务，每周五可着便装，但不得穿短裤、超短裙（超过膝上10厘米）及无领无袖的过露服装。
> 六、工作时间去集团总部楼办事必须着正装。
> 七、员工进出办公环境时必须佩戴胸卡。

## 二、色彩的搭配

从服装设计的观点上来说，颜色搭配得好坏，最能表现一个人对服装鉴赏能力的高低。每个人对于某个色彩都有不同的喜好程度，但是我们的外表，除了对镜的一刻之外，大部分时间是由别人来欣赏评鉴的，因此，舍弃个人主观的喜好，以客观的标准来决定颜色的搭配，乃是穿衣艺术的第一要诀（图3-23）。

几乎所有人都明白颜色搭配的方式，一是同色搭配，二是近色搭配，三是在一种主色调的基础上，加上少许不同或对比色调。除此之外，第四种还有强烈对比的撞色搭配。这样看来，四种搭配方法仿佛概括了所有的颜色都可以搭配了。这就让我们为难了，如何搭配才好呢？接下来我们就为大家介绍以下几个技巧。

**1. 掌握主色、辅助色、点缀色的用法**

主色是占据全身色彩面积最多的颜色，占全身面积的60%以上。通常是作为套装、风衣、大衣、裤子、裙子等颜色。

图3-23 颜色搭配

辅助色是与主色搭配的颜色，占全身面积的40%左右。他们通常是单件的上衣、外套、衬衫、背心等。

点缀色一般只占全身面积的5%～15%。通常用以丝巾、鞋、包、饰品等的颜色，会起到画龙点睛的作用。点缀色的运用是日本、韩国、法国女人最擅长的展现自己的技巧。据统计，世界各国女性的技巧中，日本女人最多的饰品是丝巾，她们将丝巾与自己的服装做成不同的风格搭配，并且会让你情不自禁地注意她们的脸；法国女人最多的饰品是胸针，利用胸针展示女人的浪漫优雅。

衣服并不一定要多，也不必花样百出，最好选用简洁大方的款式，给配饰留下展示的空间，这样才能体现出着装者的搭配技巧和品位爱好。

**2. 自然色系搭配法**

暖色系，除了黄色、橙色、橘红色以外，所有以黄色为底色的颜色都是暖色系。暖色系一般会给人华丽、成熟、朝气蓬勃的印象，而适合与这些暖色基调的有彩色相搭配的无彩色系，除了白、黑，最好使用驼色、棕色、咖啡色。

冷色系，以蓝色为底的七彩色都是冷色。与冷色基调搭配和谐的无彩色，最好选用黑、灰、彩色，避免与驼色、咖啡色系搭配（图3-24）。

### 3. 有层次地运用色彩的渐变搭配

① 只选用一种颜色、利用不同的明暗搭配，给人和谐、有层次的韵律感。

② 不同颜色，相同色调的搭配，同样给人和谐的美感。

### 4. 主要色配色，轻松化解搭配的困扰

单色的服装搭配起来并不难，只要找到能与之搭配的和谐色彩就可以了，但有花样的衣服，往往是着装的难点。不过你只要掌握以下几点也就很容易了。

① 无彩色，黑、白、灰是永恒的搭配色，无论多复杂的色彩组合，它们都能溶入其中。

② 选择搭配的单品时，在已有的色彩组合中，选择其中任一颜色作为与之相搭配的服装色，给人整体、和谐的

图3-24　搭配组合

印象。

③ 同样一件花色单品，与其搭配的单品选择花色单品中的不同色彩组合的搭配，不但协调、美丽，还可以变化心情感受。

### 5. 运用小件配饰品的装点，打破沉闷的局面

作为上班族，衣柜里的衣服色彩并不丰富的时候，只要稍加点缀就可以让这些颜色并不丰富的服装每日推陈出新。

### 6. 上呼下应的色彩搭配

这种方法也叫"三明治搭配法"或"汉堡搭配法"。

总之，当你不知道该如何搭配的时候，还有以下两个规则可以用。

（1）全身色彩以三种颜色为宜　当你并不十分了解自己风格的时候，不超过三种颜色的穿着，绝对不会让你出位。一般整体颜色越少，越能体现优雅的气质，并给人利落、清晰的印象。

（2）了解色彩搭配的面积比例　全身服饰色彩的搭配避免1∶1，尤其是穿着的对比色。一般以3∶2或5∶3为宜。

## 三、饰品装扮

饰品，又叫饰物，对于职场人员而言，饰品发挥着不可替代的作用，正确的搭配能够画龙点睛，所以在选择时要符合身份、男女有别。不同的饰品，有不同的用途。

### 1. 商务人员应如何正确选择饰品

商务人员要使之与自己的身份相称，一般要讲究"三不戴"：首先，有碍于工作的首饰不戴，如果某些首饰会直接影响自己的正常工作，就应该不要带。其次：炫耀自己财力的首饰不戴，在工作场合佩戴过于名贵的首饰，难免给人招摇的感觉。最后，突出个人性别特征的首饰不戴，胸针、耳环等，往往会突出佩戴者的特征，从而引起异性的过分注意，在工作场合最好不要带。

佩戴饰品时数量上应注意的礼仪是以少为佳。若有意同时佩戴多种饰品，其上限一般为三，即不应当在总量上超过三种。除耳环、手镯外，最好不要使佩戴的同类饰品超过一件。

在色彩方面，佩戴饰品、首饰时色彩应注意的礼仪是力求同色。若同时佩戴两件或两件以上饰品，应使其色彩一致。戴镶嵌饰品时，应使其主色调保持一致。千万不要使所戴的几

种饰品色彩斑斓,把自己打扮得像一棵"圣诞树"。

### 2. 几种常见饰物的佩戴

(1) 戒指 戒指一般只戴在左手,而且最好仅戴一枚,至多戴两枚,戴两枚戒指时,可戴在左手两个相连的手指上。

戒指的佩戴一般会暗示佩戴者的婚姻和择偶状况。戒指戴在中指上表示已有了意中人,正处在恋爱之中;戴在无名指上,表示已订婚或结婚;戴在小拇指上,则暗示自己是一位独身者;如果把戒指戴在食指上,表示无偶或求婚。有的人随意佩戴,比如同时戴上好几个炫耀财富等都是不可取的。

(2) 手镯 手镯在佩戴一个的时候,通常戴在左手,戴两个的时候,就应该一手一个;三个或三个以上则一般应全部戴在左手。另外值得提醒和注意的是,在戴手镯的同时不能戴手表,并且在工作场合不能佩戴手镯。

(3) 耳环 耳环是女性的主要首饰,供使用率仅次于戒指。只有配好才是最好,并不是价格昂贵的耳环就适合你,佩戴时应根据脸型特点、发型以及所穿的衣物来选配耳环。

(4) 项链 项链也是受到女性青睐的主要首饰之一。它的种类很多,大致可分为金属项链和珠宝项链两大系列。佩戴项链应和自己的年龄、体型、服装相协调。如身着柔软、飘逸的丝绸衣衫裙时,宜佩戴精致、细巧的项链,显得妩媚动人;穿单色或冷色服装时,宜佩戴色泽鲜明的项链,这样,在首饰的点缀下服装色彩可显得丰富、活跃。

(5) 眼镜 眼镜的选择也要参考自己的脸形。对于线条比较柔和的脸形应该选择轻巧别致的镜架;脸形较长的人,则应该选择宽边而略方的镜架;短脸形的人,最好选择无边的眼镜更合适……总之,在选择眼镜的时候一定要注意调和,肤色和脸形都应该考虑在其中。

适当地搭配一些饰品,会使你的形象锦上添花,此外,你还需要考虑的是:饰品也应讲求少而精,一条丝巾、一枚胸花往往就能恰到好处地体现你的气质和神韵。应避免佩戴过多、过于夸张或有碍工作的饰物,让饰品真正有画龙点睛之妙。

**拓展阅读**

#### 佩戴饰品的八个原则

一、数量以少为好。
二、同色最好。
三、质地相同。
四、符合身份。
五、为体型扬长避短。
六、和季节相吻合。
七、和服饰协调。
八、遵守习俗。

### ▶▶ 任务总结

在现代社会交往过程中,仪表与着装会影响别人对你的专业能力及任职资格的判断。设想一下,有谁会将一个重要商务谈判任务交于一个蓬头垢面的人呢?下面盘点一下职场中仪表与着装的重要性。衣着对外表影响非常大,大多数人对另一个人的认识,可说是从其衣着开始的。特别是对商务人士而言,衣着本身就是一种武器,它反映出你个人的气质、性格甚至内心世界。一个对衣着缺乏品味的人,在办公室战争中必然处于下风。

## 思考与练习

一、判断题

1. 职业场合，男性袜子的颜色必须比裤子略浅一些。（    ）
2. 职业场合，女性切记不要盲目追求时尚。（    ）
3. 全身服饰色彩的搭配宜1∶1。（    ）
4. 身材比较瘦的人，选择西装时一定要有垫肩，以双排扣为佳。（    ）
5. 同时佩戴多种饰品，上限为二。（    ）

二、单选题

1. 在商务礼仪中，男士西服如果是两粒扣子，那么扣子的系法应为（    ）。
A. 两粒都系　　　B. 系上面第一粒　　　C. 系下面一粒　　　D. 全部敞开
2. 正规商务中，关于着装的说法，以下哪些说法不正确（    ）。
A. 上班时间不能穿时装和便装
B. 个人工作之余的自由活动时间不穿套装和制服
C. 工作之余的交往应酬，最好不要穿制服
D. 公务场合夏天男性可穿短袖衬衫配西裤，女性穿衬衫加套裙
3. 以下哪一项不是穿西装必备的（    ）。
A. 一定要打领带　　B. 一定要穿皮鞋
C. 一定要穿深色袜子　　D. 一定要佩戴领带夹
4. 穿着套裙的禁忌不包括（    ）。
A. 穿黑色皮裙　　B. 裙、鞋、袜不搭配　　C. 穿白色套裙　　D. "三截腿"
5. 女士穿着套裙时，做法不正确的是（    ）。
A. 不穿着黑色皮裙
B. 可以选择尼龙丝袜或羊毛高统袜或连裤袜
C. 袜口不能没入裙内
D. 可以选择肉色、黑色、浅灰、浅棕的袜子

三、多选题

1. 关于商务礼仪中对着装的说明正确的有（    ）。
A. 社交场合可着时装、礼服、中山装、单色旗袍、民族服装等服装
B. 通常情况下，男士不用领带夹，但穿制服可使用
C. 女性在商务交往场合不能穿皮裙
D. 高级场合：男性看表，女性看包。普通商务场合：男性看腰，女性看头
2. 商务着装基本规范（    ）。
A. 符合身份
B. 善于搭配
C. 遵守惯例
D. 区分场合，因场合不同而着装不同
3. 男性的"三个三"是指（    ）。
A. 全身不能多过三种品牌
B. 鞋子、腰带、公文包三处保持一个颜色，黑色最佳
C. 全身颜色不得多于三种颜色（色系）
D. 左袖商标拆掉；不穿尼龙袜，不穿白色袜；领带质地选择真丝和毛的，除非制服配套，否则不用易拉扣，颜色一般采用深色，短袖衬衫打领带只能是制服短袖衬衫，夹克不能打领带

4. 女性在商务交往中佩戴首饰时，应该注意到的有（　　）。
A. 符合身份　　　B. 同质同色　　　C. 以少为佳　　　D. 体现人的价值

四、简答题
1. 简述职业场合的着装要求。
2. 男性职业着装有哪些禁忌？
3. 商务人员应如何正确选择佩饰？
4. 着装中的自然色系应如何搭配？

五、案例分析题
有位女职员是财税专家，有很好的学历背景，常能提供很好的建议，在公司里的表现一直非常杰出。但当她到客户的公司提供服务时，对方主管却不太注重她的建议，她所能发挥才能的机会就不大了。她一度非常苦恼，不知道问题出在哪里。

一位时装大师发现这位财税专家着装方面存在明显不足：她 26 岁，身高 147 厘米，体重 43 公斤，看起来机敏可爱，像个 16 岁的小姑娘，外表实在缺乏说服力。在着装方面，她爱穿牛仔裤、旅游鞋，束马尾辫，常背一个双肩书包，充满活力。

问题：1. 该女职员在为客户服务时，为什么得不到对方主管的重视？
2. 试分析一下，该如何改变她的着装，才能使她更具有说服力？

## 任务十三 手势准确——举手投足显示素质

### 任务描述

俗话说:"心有所思,手有所指"。手的魅力并不亚于眼睛,甚至可以说手就是人的第二双眼睛。人在紧张、兴奋、焦急时,手都会有意无意地有所表现,手势是人们交往中不可缺少的动作,是最具有表现力的一种"体态语言",手势能很直观地表示我们的情绪和态度。但是一些手势有其特定的含义,手势使用得当才能为你在职场上助力。

### 任务目标

1. 了解象征性的手势。
2. 正确理解手势的含义。国内外有哪些不同的手势语?
3. 掌握规范的手势。
4. 学会在职业上正确地运用手势。

### 案例导入

#### "OK"的手势

一位美国的工程师被公司派到他们在德国收购的分公司,和一位德国工程师在一部机器上并肩作战。当这个美国工程师提出建议改善新机器时,那位德国工程师表示同意并问美国工程师自己这样做是否正确。这个美国工程师用美国的"OK"手势给以回答。德国工程师放下工具就走开了,并拒绝和这位美国工程师进一步交流。后来这个美国人从他的一位主管那里了解到这个手势被德国人视为对对方行为粗鲁。

技能训练:1."OK"手势具有什么含义?
2. 怎样避免案例中情况的发生?

### 任务知识

一种形体语言,是通过手和手指活动传递信息的。仪态中动作最多、变化也最多的是人的手势。它是非常引人注目的。也许仅仅是一个拿茶杯或者打招呼的手势,就已经影响他人对你的印象了!所以,手势语是一种重要的沟通语言——手势语也有礼仪。

#### 一、手势的含义

手势表现的含义非常丰富,表达的感情也非常复杂微妙。如招手致意、挥手告别、拍手称赞、拱手致谢、举手赞同、摆手拒绝;手抚是爱、手指是怒、手搂是亲、手捧是敬、手遮是羞,等等。手势的含义,或是发出信息,或是表示喜恶表达感情。在社会交往中,手势有着不可低估的作用,生动形象的有声语言再配合准确、精彩的手势动作,必然能使交往更富有感染力、说服力和影响力。

① 要想发挥手势语的交际作用，就要了解、熟悉交际对象和环境的文化特征。

② 一般认为，掌心向上的手势有一种诚恳、尊重他人的意义，向下则不够坦率，缺乏诚意。

③ 手势语　人们在交流过程中，除了使用语言符号外，还使用非语言符号。非语言符号是相对语言符号而言的。其中包括手势语、体态语、空间语及相貌服饰语等。

手势是一种动态语，要求人们运用恰当。如在给客人指引方向时，要把手臂伸直，手指自然并拢，手掌向上，以肘关节为轴，指向目标。

注意不要在社交场合做一些不合礼仪的手势、动作，否则会给人造成蔑视对方、没有教养的印象，从而影响彼此的交流。

④ 适当的时候使用适当的手势　我们不必每一句话都配上手势，因手势做得太多，就会使人觉得不自然。可是在重要的地方，配上适当的手势，就会吸引人们的注意。不自然的手势，会招致许多人的反感，造成交际的障碍；优美动人的手势常常令人心中充满惊喜；非常柔和温暖的手势会令人心中充满感激，非常坚决果断的手势，好像具有千钧之力。有的手势令人深刻地感到他的热情和欢喜；有的手势却显得轻率；有的手势漫不经心；有的手势使人觉得他洋洋自得；有的手势告诉你他非常忙，正要赶着去办一件紧急的事情；有的手势又告诉你，他有要紧的事情要向你谈，请你等一等。在让座、握手、传递物件、表示默契及谈话进行中手势有时成为谈话的一部分，可以加强我们语言的力量，丰富我们语言的色调，有时手势也成为一种独立且有效的语言。

## 二、职业手势语

### 1. 规范的手势

动作方法：规范的手势应当是手掌自然伸直，掌心向内向上，手指并拢，拇指自然稍稍分开，手腕伸直，手与小臂呈一直线，肘关节自然弯曲，大小臂的弯曲角度为140°为宜（图 3-25）。

在出手势时，要讲究柔美、流畅，做到欲上先下、欲左先右，避免僵硬、缺乏韵味。同时配合眼神、表情和其他姿态，使手势更显协调大方。

### 2. 手势的区域

手势活动的范围，有上、中、下三个区域。此外，还有内区和外区之分。肩部以上称为上区，多用来表示理想、希望、宏大、激昂等情感，表达积极肯定的意思；肩部至腰部称为中区，多表示比较平静的思想，一般不带有浓厚的感情色彩；腰部以下称为下区，多表示不屑、厌烦、反对、失望等，表达消极否定的意思。

### 3. 手势的类型

（1）情意性手势　主要用于带有强烈感情色彩的内容，其表现方式极为丰富，感染力极强。比如说"我非常爱她"时，用双手捧胸，以表示真诚之情。

（2）象征性手势　主要用来表示一些比较复杂的感情和抽象的概念，从而引起对方的思考和

图 3-25　规范的手势

联想。例如大军乘胜追击的场面,用右手五指并齐,并用手臂前伸象征着奋勇进发的大军,能引起听众的联想。

(3) 指示性手势　主要用于指示具体事物或数量,其特点是动作简单,表达专一,一般不带感情色彩。如当讲到自己时,用手指向自己;谈到对方时,用手指向对方。

(4) 形象性手势　其主要作用是模仿事物的形状,以引起对方的联想,给人一种具体明确的印象。如说到高山,手向上伸;讲到大海,手平伸外展。

### 4. 手势的原则

手势语能反映出复杂的内心世界,但运用不当,便会适得其反,因此在运用手势时要注意几个原则。首先,要简约明快,不可过于繁多,以免喧宾夺主;其次,要文雅自然,因为拘束低劣的手势,会有损于交际者的形象;再次,要协调一致,即手势与全身协调,手势与情感协调,手势与口语协调;最后,要因人而异,不可能千篇一律地要求每个人都做几个统一的手势动作。

## 三、几种常见的手势语

### 1. "请"的手势

"请"的手势是工作中和日常工作中经常用到的。做"请"的手势时,要在标准站姿的基础上,将手从体侧提至小腹前,优雅地划向指示方向。这时应五指并拢,掌心向上,大臂与上身的夹角在30°左右,手肘的夹角在90°~120°之间。同时,目视宾客,面带微笑,并说些"有请"之类的话。

### 2. 指引手势

在工作中,很多时候需要用到指引手势。指引手势是"请"手势的具体变化。大拇指与其他手指分开,拇指向内侧轻轻弯曲,指示方向。在指引的过程中要用手掌,并且要求掌心向上,因为掌心向上的手势有诚恳、尊重他人的含义。常用的指引手势见表3-6。

表3-6　常用的指引手势

| 手势 | 表示 | 手位 | 动作方法 |
| --- | --- | --- | --- |
| 横摆式 | 用于介绍或指引方向 | 手臂中位——小"请" | 动作五指并拢,手掌自然伸直,手心向上,肘微弯曲,腕低于肘。开始时手势应从腹部之前抬起,以肘为轴轻缓地向一旁摆出,至腰部并与身体正面呈45°时停止。头部和上身应向伸出手的一侧倾斜,另一只手应下垂或放在背后,目视宾客,面带微笑,表现出对宾客的尊重与欢迎 |
| 前摆式 | 右手拿着东西或扶着门,又要向宾客作"请"的手势时用 | 手臂中位——"请" | 五指并拢,手掌伸直,左臂自下向上抬起,以肘关节为轴,手臂稍屈,至腰部的高度经胸前向右方摆出,摆到距身体15厘米,并超过躯干的位置时停止。目视来宾,面带微笑,也可双手前摆。五指并拢,手掌自然伸直,以肩关节为轴,手臂稍屈,在身前右方摆出,摆到距身体15厘米处 |

续表

| 手势 | 表示 | 手位 | 动作方法 |
|---|---|---|---|
| 双臂横摆式 | "诸位请，大家请"，来宾较多时的引导 | 手臂中位——"请"，可以动作大一些 | 两臂从身体两侧向前上方抬起，两肘微屈，向两侧摆出。指向前进方向，一侧的手臂应抬高一些，伸直一些，另一只手则稍低一些，曲一些。也可以双臂向一个方向摆出 |
| 斜摆式 | 请客人落座时，手势应摆向座位的地方 | 手臂中位——"请坐" | 手要先从身体的一侧抬起，至高于腰部后，再向座位摆去，使大小臂呈一斜线 |
| 直臂式 | 给宾客指方向时 | 手臂高位——"大家请往里面走" | 五指并拢，掌伸直，屈肘从身前抬起，向指示的方向摆去，摆到肩的高度时停止，肘关节基本伸直 |

  **拓展阅读**

美国社会学家戴维·埃弗龙认为，决定手势方式的是文化因素。事实上，在罗马语族国家里，手势在人际交往中的作用往往大于其他国家，人们表达任何一种意思，都要伴随着大量的手势；而在北欧国家里，那些缄默的民族讲话时很少打手势。英国心理学家麦·阿尔奇做过一次有趣的调查。在一小时的谈话中，芬兰人做手势1次，意大利人80次，法国人120次，墨西哥人180次。所以，要想有效发挥手势语的交际作用，就得了解、熟悉交际对象和环境的文化特性。

3. **递物手势**

双手为宜，不方便双手并用时，也要采用右手，左手递接通常被视为无礼。将有文字的物品递交他人时，需使之正面面对对方。将带尖、带刃或其他易伤人的物品递于他人时，切勿以尖、刃直指对方（图3-26）。

4. **展示手势**

一是将物品举至高于双眼之处，这适于被人围观时采用。二是将物品举至上不过眼部、下不过胸部的区域，这适用于让他人看清展示之物。

5. **招手手势**

向近距离的人打招呼时，伸出右手，五指自然并拢，抬起小臂挥一挥即可。距离较远时，可适当加大手势。不可向上级和长辈招手。

#### 6. 介绍手势

为他人作介绍时，手势应文雅。无论介绍哪一方，都应手心朝上，手背朝下，四指并拢，拇指张开，手掌基本上抬至肩的高度，并指向被介绍的一方，面带微笑（图3-27）。

图3-26 递物的手势

图3-27 介绍的手势

#### 7. 介绍引领的手势

（1）介绍他人 掌心向上，五指并拢，手心向上与胸齐，以肘为轴向外转，手掌抬至肩的高度，并指向被介绍人的一方。

（2）介绍自己 右手五指并拢，用手掌轻按自己左胸。

（3）引领时，身体稍侧向客人，注意上下楼梯、遇障碍物时的手势。

### 四、象征性手势语

#### 1. 跷起大拇指

一般都表示顺利或夸奖别人。在中国翘大拇指是积极的信号，通常是指高度的赞扬。但也有很多例外，在美国、澳大利亚、新西兰和欧洲部分地区，表示要搭车，但如果大拇指挺直，则是侮辱人的信号，表示数字时，用大拇指表示"5"。在德国表示数字"1"，在日本表示"5"，在孟加拉国有十分讨厌的意思，在希腊表示让对方"滚蛋"。欧美人伸出大拇指表示"1"，中国则伸出食指表示"1"。

#### 2. 伸出两个以上手指

中国人伸出食指和中指表示"2"，欧美人伸出大拇指和食指表示"2"，并依次伸出中指、无名指和小拇指表示"3、4、5"。中国人用一只手的5个指头还可以表示6~10的数字，而欧美人表示6~10要用两只手，如展开一只手的五指，再加另一只手的拇指为"6"，以此类推。在我国伸出食指指节前屈表示"9"，日本人却用这个手势表示"偷窃"。中国人表示"10"的手势是将右手握成拳头，在英美等国则表示"祝好运"，或示意与某人的关系密切。

#### 3. "OK"手势

用大拇指和食指构成一个圆圈，再伸出其他手指，即圆圈手势，在美国和讲英语的国家表示"OK"，是赞扬和允许（形象手势）的意思，表示"同意""了不起""顺利"；在泰国表示"没问题"；在法国可解释为"毫无价值"之意（象征手势），表示"零""没有"或"一钱不值"。如果在法国南部果农为客人斟葡萄酒时，要是看到客人打这个手势，会立刻露出不悦之色，因为这个手势表示他的酒"一钱不值"；日本、缅甸、韩国则表示"金钱"，如在谈判中日本人做出这种手势，你若点头同意，他会认为你答应给他一笔现金；在我国，一般表示"零"或"三"两个数字。相反，在巴西、希腊等国家，则表示对人的咒骂和侮辱。

如果在巴西用这种手势,它是"勾引女人"或"侮辱男人"的意思;在突尼斯,表示"傻瓜"或"无用";在马耳他,则是一句无声而恶毒的骂人语。在一些地中海国家,则表示"孔"或"洞",常用来暗示同性恋者。

#### 4. "V"形手势

在英国、澳大利亚、新西兰,手心向外的"V"形手势,是表示"胜利、成功"。如果掌心向内,则是一种侮辱人的信号,就变成骂人的手势了,有"伤风败俗"之意。欧洲一些国家这种手势还表示"二"的数字。

#### 5. "右手握拳伸直食指"手势。

这种手势在我国表示"一""一次"或"提醒对方注意"的意思;而日本、韩国、菲律宾、印度尼西亚、墨西哥等国家,表示只有"一次"或"一个";在法国、缅甸,表示请求,"提出问题";新加坡表示"最重要"的意思;在澳大利亚,是示意"请再来一杯啤酒"。

如图 3-28 所示各种手势。

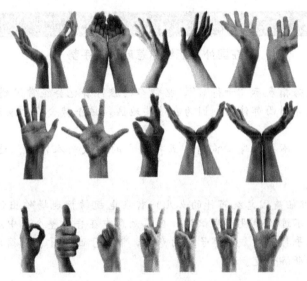

图 3-28　各种手势

> **拓展阅读**
>
> 《儒林外史》中的严监生在临死时,总是断不了气,他把手从被子里拿出来,伸出两个指头,等其妻赵氏将灯盏里的两茎灯草挑掉一茎,节省了灯油,他才把手垂下,安详地去了。这生动形象地刻画了严监生吝啬的性格。

### 五、应避免出现的手势

#### 1. 运用手势语注意事项

(1)幅度适中　一般要求手势的幅度不要太大,但也不要畏畏缩缩。手势的高度上界一般不超过对方的视线;手势下界不低于自己腰部。手势左右摆动的范围不要太宽,应在胸前或右方。

(2)频率适中　在交谈时,应避免指手画脚、手势过多。一般情况下,手势宜少不宜多,恰当地表达出你的意思和感情即可。因为手势过多会给人留下装腔作势、缺乏修养的印象。

(3)避免不礼貌和不雅的动作　以下动作均要避免:抓头发、摆弄手指、抬腕看表、掏耳朵、抠鼻孔、剔牙、咬指甲、玩饰物、拉衣服袖子等。

2. 手势的忌讳

单指指人、筷子指人、左手指人、手背朝上、拇指指鼻尖、攥拳。

（1）不卫生的手势　搔头皮、掏耳朵、抠鼻孔、剔牙、咬指甲、挖眼屎。

（2）不稳重的手势　双手乱动、乱摸、乱举、咬指尖、折衣角、抬胳膊、挠脑袋。

（3）失敬于人的手势　除拇指以外的其他四指招呼别人，用手指指点他人。

（4）禁忌"指点江山"注意不能掌心向下，不能用手指点人。掌心向下有傲慢之意，手指点人有教训、训斥之感。

（5）在公众场合不可抖头皮、抓头发、搔痒痒、掏耳朵、抠鼻孔、捏鼻子、挖眼屎、搓泥垢、修指甲、揉衣角、摸脖子、玩表带或衣服扣子、手撑下巴、用手指在桌上乱画、玩手中的笔或其他工具；切忌用手指指他人，或指指点点。在任何情况下，不可用拇指指自己的鼻尖，含有妄自尊大之意。这些都被视为没有教养的表现。

**拓展阅读**

在国外可能给你惹麻烦的手势

1. 竖大拇指

在美国，竖起拇指表示"干得好"，搭便车的旅行者也会经常用到。但不要在希腊、俄罗斯、撒丁岛或非洲西部使用，因为在这些地区，该手势含有"滚开！"的意思。

2. 竖掌叫停

如果你在希腊，不要用掌心向外、五指直立的方式叫人停下。这等于叫人家"去死吧！"

3. 长角牛手势

詹纳·布什（曾任美国总统布什的女儿）曾在电视转播现场作出该手势，表示她以得克萨斯州为傲。不过，她没有意识到，自己无意中在告诉整个地中海地区的人，他们的配偶不忠——该手势有"戴绿帽子"的意思，常用于西班牙、葡萄牙、希腊、哥伦比亚、阿尔巴尼亚和斯洛伐克。

4. 过来

如果你去菲律宾，不管你做什么，不要通过反复勾食指的手势，叫某人"到这儿来"，该手势被认为是用来招呼狗的。

**任务总结**

礼仪是一个人素质的体现，在公共场合中，人们常常忽略手势礼仪的重要性，一个小小的手势可能暴露出修养的不足，手势虽然无声但是是人们情感的形象化。

在工作中，手势的运用是非常普遍的。手是人类最灵巧的肢体器官，它不仅用于劳作，还能表达出细微的情绪变化。适当地运用手势，可以增强感情的表达，表示你对他人的尊重，拉近相互之间的距离。职场人员如果能够恰当地运用手势来表达自己的真情实意，就会在工作中展示出自己良好的形象，赢得别人的信赖和认可。

**思考与练习**

一、判断题

1. 手抚是爱、手指是敬、手搂是亲、手捧是怒、手遮是羞。（　　）
2. 手势语能丰富人的意思表达，因此每句话都应配上手势。（　　）

3. 用拇指指自己的鼻尖是一种指示性手势。（　　）
4. 手势的高度上界一般不超过对方的视线。（　　）
5. 手势宜多不宜少。（　　）

二、单选题

1. 表示不屑、反对的手势活动范围为（　　）。
   A. 上区　　　　B. 内区　　　　C. 下区　　　　D. 外区
2. 说到高山，手向上伸的手势属于（　　）。
   A. 象征性手势　B. 指示性手势　C. 情意性手势　D. 形象性手势
3. 做"请"的手势时，手肘的夹角在（　　）。
   A. 60°～90°　　B. 90°～120°　C. 60°～120°　D. 90°～150°
4. "右手握拳伸直食指"手势在韩国表示（　　）。
   A. 一次　　　　B. 提醒对方注意　C. 提出问题　　D. 最重要
5. "OK"手势在泰国表示（　　）。
   A. 同意　　　　B. 了不起　　　C. 没问题　　　D. 毫无价值
6. 以下说法不正确的是（　　）。
   A. 指引手势是"请"手势的具体变化
   B. 递物时一定要双手以示尊重
   C. 不可向上级和长辈招手
   D. 作介绍时手要指向被介绍的一方

三、多选题

1. 非语言符号包括（　　）。
   A. 手势语　　　B. 体态语　　　C. 空间语　　　D. 相貌服饰语
2. 掌心向上的手势表示（　　）。
   A. 诚恳　　　　B. 不够坦率　　C. 尊重　　　　D. 缺乏诚意
3. 手势的类型有（　　）。
   A. 象征性手势　B. 指示性手势　C. 情意性手势　D. 情感性手势
4. 手势的原则是（　　）。
   A. 简约明快　　B. 文雅自然　　C. 协调一致　　D. 因人而异

四、简答题

1. 手势的含义是什么？
2. 指示性手势有哪些？
3. 什么是象征性手势？
4. 国内外有哪些不同的手势语？
5. 职场中应避免哪些手势？

五、案例分析题

李玉休息日带孩子去娱乐场所游玩，见工作人员正在清点入场人数的时候，用食指"1，2，3，4……"顾客不满意了，讽刺地说："你这是在数牲口吗"？他却浑然不觉，后来他的同事接替他，手掌张开，手心向侧上方，"一位，二位，三位，四位……"顾客秩序井然，会意地向他一一点头和微笑。

请问：这种清点人数的手势合适吗？正确的方法应当是怎样的？

# 任务十四 会听善说——职场沟通基本手段

### 任务描述

交谈由谈话者、听话者、主题三个要素组成，"要达到施加影响的目的，就必须关注此三要素"。

——亚里士多德

语言作为一种最基本的交际形式。在很大程度上关系到交际行为的成败。大者"一言兴邦，一言丧邦"。小者"好言一语三冬暖，恶语伤人六月寒"。人的风度在语言上体现着，言之有据，言之有理，言之有情，言之有文。谈吐能反映出一个人的修养和涵养，更表现出一个人的知识水平和精神世界。

### 任务目标

1. 了解交谈礼仪的要求和方法；
2. 把握交谈的话题选择及禁忌；
3. 熟悉交谈的禁忌；
4. 在工作中有效沟通，提高工作效率。

### 案例导入

**如何使用敬语**

某天中午，一位下榻饭店的外宾到餐厅去用午餐。当他走出电梯时，站在梯口的一位女服务员很有礼貌地向客人点头，并且用英语说："您好，先生！"客人微笑地回答道："中午好，小姐。"当客人走进餐厅后，迎宾员讲了同样的一句话："您好，先生！"那位客人微笑地点了一下头，没有开口。客人吃完午饭，顺便到饭店内的庭院走走。当走出内大门时，一位男服务员又是同样的一句话："您好，先生！"这时这位客人只是敷衍地略微点了一下头，已经不耐烦了。客人重新走进内大门时，不料迎面而来的仍然是那个男服务员，又是"您好，先生！"的声音传入客人的耳中，此时客人已生反感，默然地径直乘电梯回客房休息，谁知在电梯口仍碰见原先的那位服务员小姐，又是一声"您好，先生！"客人到此时忍耐不住了，开口说："难道你不能说一些其他的话同客人打招呼吗？"

分析：在饭店，员工的培训教材有规定"你早，（夫人、先生小姐）""您好，先生！"

> **案例导入**
>
> 等敬语例句。
> 　　但本案例中服务员在短短时间内多次和同一客人照面,机械呆板地使用同一敬语,结果使客人产生反感。"一句话逗人笑,一句话惹人跳"指的是由于语言表达技巧的不同,所产生的效果也就不一样。饭店对各个工种、岗位、层次的员工所使用的语言做出基本规定是必要的。然而在实际操作中,不论是一般的服务员、接待员,还是管理员或部门经理,往往因为使用"模式语言"欠灵活,接待客人或处理问题时,语言表达不够艺术,以致客人不愉快,甚至投诉。礼貌规范的服务用语,标志着一家饭店的服务水平,员工们不但要会讲,而且还要会灵活运用,这也是当前国际饭店业个性服务化的趋势。而鹦鹉学舌,滥用敬语,常会受到负面效应。
> 　　由此可见,每位饭店服务人员应该具备必要的语言交际能力。

## 任务知识

　　人际交往始自交谈。所谓交谈,是指两个或两个以上的人所进行的对话。它是人们彼此之间交流思想情感、传递信息、进行交际、开展工作、建立友谊、增进了解的最为重要的一种形式。没有交谈,人与人之间几乎不可能进行真正意义上的沟通。

　　从总体上讲,交谈是人的知识、阅历、才智、教养和应变能力的综合体现。在中国古代,人们就讲究在人际交往中要对交往对象听其言,观其行。这是因为言为心声,只有通过交谈,交往对象彼此之间才能够了解对方,并且被对方所了解。交谈在人际交往中的重要位置,是其他任何交际形式都难以替代的。

　　谈吐是有声的语言,表现出一个人的内在素质、外表气度和交际水平与风格。因此,要注重谈吐。

### 一、交谈礼仪要求与方法

　　交谈中往往可以见到场面尴尬,枯燥乏味或话不投机的情形,为了使交谈者之间情投意合,获得理想的效果,我们应该讲究交谈中的礼仪和方法(图 3-29)。

图 3-29　交谈

**1. 交谈的礼仪要求**
(1) 心要诚　在交谈中首要的是要以诚相待,心胸坦荡。

只有真诚，才能给对方一见如故、谈得拢的好感，才能使交谈在亲切友好的气氛中顺利、快速、深入地进行，并达到预期的目的，取得圆满的效果。

只有真诚才能改变别人对你的成见或误解，并以行动去证明你的诚意，从而说服对方，使其愿意支持帮助你，乐意与你合作共事。不管对谁，都要真诚，才能使交流成功。

与领导交谈不必过分拘谨，局促不安，也不要阿谀奉承，唯唯诺诺，低声下气，过分谦卑，而因心境宽松，坦然自若。

与同事要一视同仁，不要对轻者热如火炉，对疏者冷若冰霜。表现出明显的倾向性。凡事不易走极端，要善于克制、忍让。心诚才能感化对方。冷淡，会使关系更加疏远。

对下级交谈要亲切随和，宽厚为怀，设身处地地站在对方的立场上多为他人着想，以心换心。这样，才能创造一个上下关系和谐，感情融洽的交谈环境，切不可居高临下，颐指气使。

（2）话要实　只有说实话，不虚伪做作，才能使交谈深入下去，才能赢得理解与信任。

（3）话要巧　在开始交谈时，双方都要善于创造一个理想的谈话气氛，既要使谈话主体不断深入下去，又要使交谈者处于一种精神放松的状态，这样双方才能从谈话中得到愉悦，而不必正襟危坐，勉强应付，期待谈话早点结束。要使双方共同达到预期效果，就要讲究以下交谈的技巧和礼仪。

① 从必要的寒暄开始　如果是熟人、老友、天天见面的同事就不必寒暄客套，如先谈分别后的情况，然后介绍现在各自的情况，再转入正式交谈，反而显得生疏、做作，使人感到不自然。

如果是初次见面，应各自做个简单的介绍，可以工作单位、家庭成员、乡土风俗等谈起，气氛融洽后，再言归正传，根据个人兴趣和喜好，所见所闻，将话题拓展。

② 亲切自然　交谈时，如果虚情假意、言不由衷、搞"外交辞令"，就不会出现话不投机半句多的尴尬局面。因此，交谈时不要装腔作势，夸夸其谈。不要胡乱恭维，不要向别人夸耀自己，转弯抹角的自我吹嘘。

交谈时听到夸奖赞美之词，要表示谦逊；听到批评的逆耳之言，不要表现出不高兴和过多的解释。回答问题时要表现出善良、友好的诚意。

交谈时，双方神情要自然、专注，应正视对方，认真倾听，切忌东张西望，似听非听或者翻阅书报，甚至处理一些与交谈无关的事物，是极不礼貌的表现，他将会严重破坏谈话的气氛；也不要随意打哈欠、伸懒腰，做出一副疲倦不堪的样子；或者不时看着表，显得心不在焉，这会给对方留下轻率的印象。

③ 用情绪交流　交谈要注意反馈，当一方在阐述自己的意见时，你要运用适当的眼神手势和其他肢体语言，让对方感受到你在认真倾听。及时、适当地使用一些语气词，或以简单的词语来回答，烘托、渲染交谈气氛。

 **拓展阅读**

### 避免用方言交谈

与一小群人交谈时，不要用其他人听不懂的方言，那是不礼貌的。如果非这样做不可的话，应先向在座其他人做出解释。

一言以蔽之，说话是人际沟通的最直接表现，要善用言辞去增进彼此的感情，减少误解和摩擦，进而可拓展左右逢源的人际网络。

**2. 交谈的方法**

（1）举止得体，谈吐优雅　进入会谈场合要注意仪态，向对方礼貌的问候、握手，并交换名片、大衣、提包等物品放在适当的地方，不要占据空椅子。

要坦诚相待，注意坐姿。不要双臂交叉抱在胸前，这种姿态会被认为表示反感和敌意，也不要双手叉腰，这种姿态会显得盛气凌人。

优雅的谈吐是交谈成功的重要因素。只有优雅的谈吐、潇洒的举止、彬彬有礼的风度才能营造和谐融洽的氛围，带来轻松愉快的情绪，促使友谊的发展、交谈的深入。

 小 故 事

从前，有一位傻女婿去给岳父祝寿，临走时，他父亲特别嘱咐他："到了岳父那里，要多说'寿'字，如'寿糕''寿烛''寿面'等，老人家听了高兴。"女婿到了岳父家，见岳父身穿一件崭新的长袍在迎接客人，马上讨好地恭维道："岳父大人，您的这件寿衣真漂亮！"这句话差点没把老丈人气昏过去。这位女婿弄巧成拙，犯了老人的忌讳，好心说了错话。

（2）说话礼貌，表达明确　礼貌是待人接物的风度，反映出一个人有无良好的家庭教育、个性修养和文化素质。如果说距离是强制的约束，只要大家共同遵守和维护，那么礼貌是自觉的、发自内心的真诚和人格的展示。

文明礼貌的语言是滋润人际关系的雨露，是沟通组织与公众关系的桥梁，是维系交谈者双方的纽带。没有文明礼貌的语言，很难想象人与人之间能和睦相处、交谈能深入下去。

 **拓展阅读**

**礼貌语言的运用**

初次见面，要说"久仰"。许久不见，要说"久违"。客人到来，要说"光临"。等待客人，要说"恭候"。探望别人，要说"拜访"。起身作别，要说"告辞"。途中先走，要说"失陪"。请人别送，要说"留步"。请人批评，要说"指教"。请人指点，要说"赐教"。请人帮助，要说"劳驾"。托人办事，要说"拜托"。麻烦别人，要说"打扰"。求人谅解，要说"包涵"。

谈话时还要注意音量适度，吐字清晰，语速平缓，不打断对方，不插话，不长时间谈论自己。

（3）表情自然，面带微笑　人的面部可以做出多种多样的表情，每种表情又能表达一定的信息。特别是微笑，具有魅力，它是一种很好的沟通工具。通过微笑，可以显示出一个人的思想、性格和感情。往往在一瞬间，就能使双方得到沟通，建立友谊，洽谈关系，事业成功。

## 二、交谈的主题

交谈的主题，又叫交谈的话题，它所指的是交谈的中心内容。一般而论，交谈主题的多少可以不定，但通常在某一特定时刻宜少不宜多，最好只有一个。唯有话题少而集中，才有助于交谈的顺利进行。话题过多、过散，将会使交谈者无所适从。当然并不是每个人都有这样的"天赋"，不过多观察、多看书、旅行将会弥补这方面的缺陷。

**1. 宜选的主题**

在交谈之中，以下五类具体的话题都是适宜选择的：

（1）既定的主题　既定的主题即交谈双方业已约定，或者其中一方先期准备好的主题。例如,求人帮助、征求意见、传递信息、讨论问题、研讨工作一类的交谈等,往往都属于主题既定的交谈。选择这类主题最好双方商定,至少也要得到对方的认可,它适用于正式交谈。

(2) 高雅的主题　高雅的主题即内容文明、优雅、格调高尚、脱俗的话题。例如,文学、艺术、哲学、历史、考古、地理、建筑等,都属于高雅的主题。它适用于各类交谈,但要求面对知音,忌讳不懂装懂,或班门弄斧。

(3) 轻松的主题　轻松的主题即谈论起来令人轻松愉快、身心放松、饶有情趣、不觉劳累或厌烦的话题。例如,文艺演出、流行时装、美容美发、体育比赛、电影电视、休闲娱乐、旅游观光、名胜古迹、风土人情、名人轶事、烹饪小吃、天气状况,等等。它适用于非正式交谈,往往允许人们各抒己见,对其任意进行发挥。

(4) 时尚的主题　时尚的主题即以此时、此刻、此地正在流行的事物作为谈论的中心。此类话题适合于各种交谈,但其变化较快,在把握上有一定难度。

(5) 擅长的主题　擅长的主题指的是交谈双方,尤其是交谈对象有研究、有兴趣、有可谈之处的主题。注意:话题选择之道,在于应以交谈对象为中心。例如:与医生交谈,宜谈健身祛病;与学者交谈,宜谈治学之道;与作家交谈,宜谈文学创作,等等。它适用于各种交谈,但忌讳以己之长,对人之短,否则会话不投机半句多。因为交谈是意在交流的谈话,故不可只有一家之言,使之难以形成交流。

**拓展阅读**

**适得其所的话题**

谈话的内容要视人、地,时而有所不同,和同事、朋友、同行可谈大家共同感兴趣的话题,如,谈业务、谈工作等;和初次见面的客人可谈时事、谈足球、谈娱乐、谈流行时尚,如服饰、车子、旅游等一些与生活有关的大众话题,通常这些都能引起不同人的共鸣。不过不要一味地谈自己或自己的家庭,这样会使别人缺乏兴趣。

**2. 忌谈的主题**

在各种交谈之中,有下列几类具体的主题理应忌谈。

(1) 个人隐私　个人隐私,即个人不希望他人了解之事。在交谈中,若双方是初交,则有关对方年龄、收入、婚恋、家庭、健康、经历等一类涉及个人隐私的主题,切勿加以谈论。

(2) 捉弄对方　在交谈中,切不可对交谈对象尖酸刻薄,油腔滑调,乱开玩笑,口出无忌,要么挖苦对方所短,要么调侃取笑对方,成心要让对方出丑,或是下不了台。俗话说:伤人之言,重于刀枪剑戟。以此类捉弄人的主题为中心展开交谈,定将损害双方关系。

(3) 非议旁人　有人极喜欢在交谈之中传播闲言碎语,制造是非,无中生有,造谣生事,非议其他不在场的人士。其实,人们都知道,来说是非者,必是是非人。非议旁人,并不说明自己待人诚恳,反倒证明自己少条失教,是拨弄是非之人。

(4) 倾向错误　在谈话中倾向错误的主题,例如,违背社会伦理道德、生活堕落、思想反动、政治错误、违法乱纪之类的主题,亦应避免。

(5) 令人反感　有时,在交谈中因为不慎,会谈及一些令交谈对象感到伤感、不快的话题,以及令对方不感兴趣的话题,这就是所谓令人反感的主题。若此种情况不幸出现,则应立即转移话题,必要时要向对方道歉,千万不要没有眼色,将错就错,一意孤行。此类话题,常见的有凶杀、惨案、灾祸、疾病、死亡、挫折、失败,等等。

**拓展阅读**

### 避免激烈的话题

如,"你真的要离婚吗?""你的孩子被学校开除了,"这些话都会使对方难堪、不快,十分不礼貌。绝对要避谈个人隐私的话题,如年龄、薪资、财产、身体缺陷、婚姻,等等,这是十分失体的。

## 三、交谈的方式

进行交谈时,有必要注意具体的操作方式,往往有一些技巧可以被运用。

### 1. 双向共感

交谈,其实质乃是一种合作。因此在交谈中,切不可一味宣泄个人的情感,而不去考虑交谈对象的反应。根据礼仪规范,在交谈中应遵循双向共感法则。这一法则,具有以下两重含义:

一是双向。它要求人们在交谈中,要注意双向交流,并且在可能的前提下,要尽量使交谈围绕交谈对象进行,无论如何都不要妄自尊大,忽略对方的存在。

二是共感。它要求在交谈中谈论的中心内容,应使彼此各方共同感兴趣,并能够愉快地接受,积极地参与,不能只顾自己而不看对方的反应。遵守这条规则,是使交谈取得成功的关键。

### 2. 神态专注

在交谈中,各方都希望自己的见解为对方所接受,所以从某种意义上讲,说的一方并不难,往往难就难在听的一方。古人曾就此有感而发:愚者善说,智者善听。听的一方在交谈中若能够表现得神态专注,就是对说的一方的最大尊重。要做到这一点,应重视如下三点:

一是表情认真。在倾听时,要目视对方,全神贯注,聚精会神,不要用心不专,"身在曹营心在汉",出现明显走神的情况。

二是动作配合。当对方观点高人一筹,为自己所接受,或与自己不谋而合时,应以微笑、点头等动作表示支持、肯定,或暗示自己与之"心有灵犀一点通"。

三是语言合作。在对方说的过程中,不妨以"嗯"或"是",表示自己在认真倾听。在对方需要理解、支持时,应以"对""没错""真是这么一回事""我有同感"等加以呼应。必要时,还应在自己讲话时,适当引述对方刚刚所发表的见解,或者直接向对方请教高见。这些,都是以语言同对方进行合作。

**拓展阅读**

### 交谈的态度

在与人交谈时,不独自发言过久,不打断别人的谈话,是一个人最基本的修养。说话武断,固执己见,是很不礼貌的,这种情况经常发生在谈论时事或个人的特殊专业领域中,如美容师谈美姿,各自见解不同,很容易引起争论。其实只要设身处地地为对方着想,交谈的两方都会十分愉快。

### 3. 措辞委婉

在交谈中,不应直接陈述令对方不快、反感之事,更不能因此伤害其自尊心。必要时,可在具体的表达上力求含蓄、婉转、动听,并留有余地,善解人意,这就是所谓措辞委婉。

例如,在用餐时要去洗手间,不宜直接说"我去方便一下",而应说"我需要出去一下"

"出去有点事"或者"出去打个电话"。若来访者停留时间过长，从而影响了本人的其他安排，需要请其离开，不宜直接说"你该走了""你待得太久了"，而应当说"我不再占用你的宝贵时间了"等，均属委婉语的具体运用。

在交谈中，运用委婉语可采用以下几种具体方式：其一，旁敲侧击。其二，比喻暗示。其三，间接提示。其四，先肯定，再否定。其五，多用设问句，不随便使用祈使句。其六，表达上留有余地。

### 4. 礼让对方

在交谈之中，务必要争取以对方为中心，处处礼让对方、尊重对方，尤其是要做到以下几点。

一是不始终独白。既然交谈讲究双向沟通，那么在交谈中就要目中有人，礼让他人，要多给对方发言的机会，让大家相互都有交流。不要一人独白，侃侃而谈，独霸天下，只管自己尽兴，而始终不给他人张嘴的机会。

二是不导致冷场。不允许在交谈中走向另一个反面，即从头到尾保持沉默，不置一词，从而使交谈变相冷场，破坏现场的气氛。不论交谈的主题与自己是否有关、自己是否对其感兴趣，都应热情投入、积极合作。万一交谈中因他人之故冷场暂停，切勿闭嘴不理，而应努力救场，可转移旧话题，引出新话题，使交谈畅行无阻。

三是不随意插嘴。出于对他人的尊重，在他人讲话时，尽量不要在中途予以打断，突如其来、不经允许地去插上一嘴。那种做法不仅干扰了对方的思绪，破坏了交谈的效果，而且会给人以自以为是、喧宾夺主之感。确需发表个人意见或进行补充时，应待对方把话讲完，或是在对方首肯后再讲。不过，插话次数不宜多、时间不宜长，与陌生人的交谈则绝对不允许打断或插话。

四是不与人抬杠。抬杠，它是指喜爱与人争辩、喜爱固执己见、喜爱强词夺理。在一般性的交谈中，应允许各抒己见、言论自由、不作结论，重在集思广益、活跃气氛、取长补短。若以杠头自诩，自以为一贯正确，无理辩三分，得理不让人，非要争个面红耳赤、你死我活，不仅大伤和气，而且有悖交谈主旨。

五是不否定他人。在交谈之中，要善于聆听他人的意见，若对方所述无伤大雅，无关大是大非，一般不宜当面否定。礼仪上有一条重要的法则，叫做不得纠正。它的含义是：对交往对象的所作所为，应当求大同、存小异，若其无关宏旨，不触犯法律，不违反道德，没有辱没国格、人格，不涉及生命安全，一般没有必要判断其是非曲直，更没有必要当面对其加以否定。在交谈中不去任意否定对方的见解，就是该法则的具体运用。

 **案例分析**

  小王是刚刚工作的秘书，一次奉命接待一名公司的客户。客户来到公司，小王看见了，上来就说："陈先生，我们经理让你上去。"这位陈先生一听，心想：我又不是你的下属，凭什么让我上去就上去，哪有这样做生意的？一气之下就对小王说："你们要想做生意，自己来找我，我回宾馆了。"

  分析：如果当时秘书小王说了"请"字，就不会出现这样的场面了。讨论一下我们在与人见面交谈时应该要注意哪些礼仪行为？

### 5. 适可而止

与其他形式的社交活动一样，交谈也必定受制于时间。虽然说亲朋好友之间的交谈往往是酒逢知己千杯少，但是实际上它仍需要见好就收，适可而止。这样不仅可使下次交谈还有话可说，而且还会使每次交谈都令人回味。

普通场合的小规模交谈，以半小时以内结束为宜，最长不要超过一个小时。交谈的时间一久，交谈所包含的信息与情趣难免会被稀释。

在交谈中，一个人的每次发言最好不要长于3分钟，至多也不要长于5分钟。令交谈适可而止，主要有四点好处：第一，它可以为大家节省时间，省得耽误正事。第二，它可以使每名参加者都有机会发言，以示平等。第三，它可以使大家在发言中提炼精华，少讲废话。第四，它还可以使大家对交谈意犹未尽，保持美好的印象。凡此种种，都充分说明交谈适可而止，不仅必要，而且必须付诸行动。

 **拓展阅读**

### 幽默法

周恩来总理的语言风趣幽默，特别是在外交场合，在紧急的情景之下，更显出周总理风趣幽默的语言闪耀着智慧的光芒。有外国记者问："周总理，你们中国人把人走的路称为'马路'，是否把人与马，人与动物相提并论？"周总理回答说："不，我们中国人走的是马克思列宁主义之路，简称为'马路'。"

德国大文豪歌德经过魏玛公园的一条小径时，恰好遇到一个曾经恶意攻击过他的政敌。那人意欲羞辱歌德，就故意趾高气扬地挺胸一站："我从不给混蛋让路。"歌德立即回答："我让！"说完很绅士地站到一侧，脱帽致意请他先行。

## 四、交谈的语言

在语言方面，交谈的总体要求是：文明、礼貌、准确。语言是组织交谈的载体，交谈者对它理当高度重视、精心斟酌。

### 1. 语言文明

作为有文化、有知识、有教养的现代人，在交谈中一定要使用文明优雅的语言。禁忌：粗话、脏话、黑话、荤话、怪话、气话。

### 2. 语言礼貌

在交谈中多使用礼貌用语，是博得他人好感与体谅的最为简单易行的做法。所谓礼貌用语，简称礼貌语，是指约定俗成的，表示谦虚恭敬的专门用语（图3-30）。

图3-30 礼貌交谈

 **拓展阅读**

### 话多话少皆失礼

避免说太多话，以免失之轻率；也不要话太多，影响谈话气氛；更不要重复同样的话题，如遇到新鲜新闻的时候，反复地进行传播，初次听着很新鲜，听多了就令人索然无味了。

常用五句十字礼貌语。一是"您好！"，二是"请！"，三是"谢谢！"，四是"对不起！"，五是"再见！"

### 3. 语言准确

在交谈中，语言必须准确，否则不利于彼此之间的沟通。要注意一是发音标准、发音清晰、音量适中；二是语速适度；三是口气谦和；四是内容简明；五是少用方言；六是慎用外语。

### 拓展阅读

#### 用字遣词要优雅

有人也说一些脏话，以为展示了自己的亲和力，殊不知给人则是一种没修养的感受；也有人以说流行俚语为乐，东一句"真够酷"，西一句"帅呆了"又如"酷毙了"等语，自以为跟上时代，却不知道给人的是不稳重的印象。

### 任务总结

谈吐礼仪有利于学生进行思想感情的交流，增进彼此的了解与友谊，人际关系的和谐。有利于学生在生活中，不断培养自己的语言交际能力，为今后的就业打好坚实基础。通过学习更直观地接触到语言礼仪，体会了语言礼仪的重要性。

### 思考与练习

一、判断题

1. 礼貌是待人接物的风度，反映不出一个人有无良好的家庭教育、个性修养和文化素质。（    ）
2. 人的面部可以做出多种多样的表情，每种表情不能表达一定的信息。（    ）
3. 在语言方面，交谈的总体要求是：文明、礼貌、准确。语言是组织交谈的载体，交谈者对它理当高度重视、精心斟酌。（    ）
4. 在交谈中首要的是以诚相待，心胸坦荡。（    ）
5. 只有说实话，不虚伪做作，才能使交谈深入下去，才能赢得理解信任。（    ）
6. 交谈要从寒暄开始，开始要亲切自然。（    ）
7. 交谈时，双方神情要自然专注，不应正视对方。（    ）
8. 交谈时可以问对方的履历。（    ）
9. 交谈时看对方的嘴以下部位。（    ）

二、单选题

1. 一般而言，关于交谈下述特征描述不正确的是（    ）。
   A. 真实自然　　　　B. 相互了解　　　　C. 相互排斥　　　　D. 信息传递
2. 交谈忌选择的内容不包括（    ）。
   A. 年龄　　　　　　B. 姓名　　　　　　C. 婚姻状况　　　　D. 收入支出
3. 关于语言的标准描述不正确的是（    ）。
   A. 深奥有含义　　　B. 通俗易懂　　　　C. 讲普通话　　　　D. 交谈的禁忌

三、多选题

1. 交谈的方法包括（    ）。
   A. 神态专注　　　　B. 措辞委婉　　　　C. 适可而止　　　　D. 夸大其词
2. 在交谈中，语言必须准确，首先要做到（    ）。
   A. 发音标准　　　　B. 语速适度　　　　C. 口气谦和　　　　D. 内容简明
3. 交谈的礼仪要求包括以下哪些？（    ）
   A. 心要诚　　　　　B. 话要实　　　　　C. 随心所欲　　　　D. 话要巧

四、简答题

1. 交谈宜选的主题有哪些？

2. 交谈时如何体现亲切自然？
3. 怎样体现交谈中的语言准确？

五、案例分析题

### 真正的天文学家

有一次，英国的安妮女王去参观著名的格林尼治天文台。当她知道天文台台长、天文学家詹姆斯·布拉德莱的薪金级别很低以后，感到震惊，表示要提高他的薪金。可是布拉德莱请女王千万别这样做。他说："如果这个职位一旦可以带来大量收入，那么，以后到这个职位上来的将不是天文学家了。"

请问：以上案例运用了什么方法？为什么说"职位一旦可以带来大量收入，那么，以后到这个职位上来的将不是天文学家了。"

# 任务十五 和蔼相见——有礼有节、交往适度

## ▶ 任务描述

每个人在日常生活中不可缺少交往，交往中的见面礼仪是日常社交中最常用与最基础的礼仪。见面时经常会用到称呼、问候、介绍、握手、鞠躬、递名片使用等礼节，遵守交往基本的礼仪规范，直接体现出施礼者良好的修养，会给对方留下深刻而又美好的印象。

掌握一些正确的交往礼仪，能促进相互间的信息沟通与感情交流，职业人必须懂得包括日常见面礼仪等一些基本的社交礼仪，为以后顺利开展入职工作打下良好基础。

## ▶ 任务目标

1. 了解常见的交往见面礼仪；
2. 理解常见的称呼、问候及寒暄礼仪；
3. 熟悉和掌握介绍、握手、鞠躬、递名片等礼仪知识；
4. 掌握常见的交往礼仪，学会在职场正确的运用交往礼仪。

## ▶ 案例导入

赵兵刚大学毕业，进入了一家企业的部门，领导带他熟悉周围的工作环境，并介绍部门的老同事认识。他非常恭敬地称对方为老师，大多同事都欣然地接受了。当领导把他带到一位同事面前，并告诉赵兵，以后就跟着这位同事学习，有什么不懂的就请教他时，赵兵更加恭敬地称对方为老师。这位同事连忙摇头说："大家都是同事，别那么客气，直接叫我名字就行了。"赵兵仔细想想，觉得叫老师显得太生疏了，但是直接叫名字又觉得不尊敬，不知道该怎么称呼对方比较合适。

你认为在职场中应当怎样称呼对方？

案例分析：新员工刚到单位时，不能随便以校园里称呼老师的方法来称呼对方，对于难以把握的称呼，可以先询问对方，比如，"请问该怎么称呼您？"不知者不怪，对方都会把通常同事对他的称呼告诉你。案例中对方要求赵兵直呼姓名，只是客套话，作为一位新人，最好不要直呼其名。

## ▶ 任务知识

### 一、工作中的称呼

称呼是人们在日常交往当中，所采用的彼此之间的称谓语。在工作环境中，人们彼此之间的称呼是有其特殊性的，这就是职场称呼。职场人际关系错综复杂、职权分明、等级观念重、在意称呼，在意对其地位、权威、荣誉的尊重。因此，正式的职场称呼的礼仪要求，可

以概括为：正式、庄重、规范。可分为以下七种称呼方式。

**1. 一般性称呼，也即泛尊称。**

这是最简单、最普遍，特别是面对陌生人时最常用的称呼方式，如"小姐""先生""夫人"等。

目前世界上使用的称呼方式中，频率最高的是"小姐"和"先生"，未婚女子统称为"小姐"。已婚女子统称为"夫人"或"太太"，如果搞不清被称呼女子的婚姻状况，可统称"小姐"。对职业女性可统称为"女士"。

> **小资料**
> 我们总会遇到这样的情况，有的人其貌不扬、岗位不重、权力不大、学历不高，但却在平时对付你、在关键时刻不配合你。碰到这种情况，千万不要去挑战已有的格局，因为必有它存在的道理，而解决问题的最好办法就是"尊重"。拉下你的面子和虚荣心，换个称呼，马上就不一样了。

**2. 行政职务称呼**

以职务相称，以示身份有别、敬意有加，这是一种最常见的称呼方法。有以下三种情况。

仅称职务：部长、经理、书记、主任等。

职务之前加上姓氏：如"吴经理""刘总经理""李董事长""韩局长"等。

职务之前加上姓名：如王毅部长，这仅适用于极其正式的场合。

**小刘的尴尬**

小刘和部门王经理共事3年，一直配合得不错。可是最近由于王经理的一次工作疏忽给公司造成比较大的经济损失，导致公司最高层决定撤掉王经理的部门经理职务，具体安排什么新岗位还需要公司研究后决定。在此期间，新的部门经理到任。小刘作为王经理的下属，觉得如果还称其王经理，新经理听到后会不高兴；如果直接叫王经理姓名，王经理刚刚进入职业低潮，听到后又会觉得下属为人太势利。小刘进退两难，尤其是在新旧经理同时在场时更尴尬。

分析：很多职场人都会遇到小刘的尴尬处境。这就需要灵活运用称呼上的技巧，既不能影响小刘与王经理的关系，又不能给新经理留下不好的印象，还要符合基本的礼仪规范。

**3. 技术职称称呼**

对于具有职称者，尤其是具有高级、中级职称者，可在工作中直接以其职称相称。有以下三种情况。

仅称职称：如教授、研究员、律师、工程师等。

职称前加姓氏：如齐编审、孙研究员。此种称呼可按习惯简化，但应以不发生误会、歧义为限。

职称前加姓名：如王红教授、钱一山主任医师等。这适用于十分正式的场合。

拓展阅读

称呼必须注意的几个问题
1. 称呼要准确；
2. 称呼要注意场合；
3. 称呼要与时代潮流相符；
4. 称呼要有相应的肢体语言，渲染气氛。表示敬意时，要面带微笑，身体微微向前倾。

4. 职业称呼

如"张医生""王老师""屈会计"等。

### 这里没师傅，只有大夫

某高校一位学生在学校打篮球不小心把胳膊扭伤了，同学陪着他到附近医院看病。到了门诊，他对坐诊的医生说："师傅，我胳膊扭伤了。"坐诊的医生说："这里只有大夫，没有师傅。找师傅请到工厂去。"顿时学生的脸红到了耳根。

5. 亲属称呼

如"彭叔叔""张阿姨""刘大爷"等。

职业人员在社会交往中不要随便称呼别人绰号，特别是不可称呼别人因生理缺陷或能力弱点而被取的绰号，比如"豆芽菜""秃子""罗锅""四眼""肥肥"等。但是，对那些因个人独特的风格、特长而获得雅致外号的人，适当称呼对方的绰号反而会显得活泼、生动，令对方感到备受重视。

6. 姓名称呼

一般限于同事、熟人之间。有以下三种情况。

直呼姓名。

只呼其姓，不称其名：前面应加"老""大""小"。

只称其名，不呼其姓：通常限于同性之间，上司称呼下级、长辈称呼晚辈之时。在亲友、同学、邻里之间，也可使用这种称呼。

### 论"里"还是论"礼"？

古时候，有个青年人骑马赶路，眼看天近黄昏，前不着村，后不着店，心里很是着急。正好，有个老汉路过，青年人扬声喊："老头儿，这儿离客店还有多远啊？"老汉回答："五里。"青年人跑了十几里路都没有见到客店的影子，他在暗暗骂着那老汉时，却突然省悟：哪是"五里"呀，分明是"无礼！"老汉在责怪他不讲礼貌！于是他马上掉头往回赶，见着那老汉就翻身下马，叫了一声"大爷，……"没等他说完，老汉就说："客店早已过了，你要不嫌弃的话，就到我家住一宿吧。"

老汉开始怎么对待年轻人，后来为什么要留年轻人住一宿？

故事中的青年人问路，开口不逊，老人很反感，让他白跑了十几里路，而当他醒悟有"礼"时，老人不等他再说，就留他住宿，解他一时之困。

7. 学衔称呼

可增加被称呼者的权威性，有以下四种情况。

仅称学衔：博士。
在学衔前加上姓氏：如杨博士。
在学衔前加上姓名：如张三博士。
将学衔具体化，说明其所属学科，并在其后加上姓名：如史学博士张三。此种称呼最为正式。

**拓展阅读**

称呼的禁忌

1. 使用错误的称呼（误读、误会）；
2. 使用过时的称呼（老爷、大人）；
3. 使用不通行的称呼（师傅、伙计、爱人）；
4. 使用庸俗低级的称呼（哥们儿、姐妹儿）；
5. 用绰号作为称呼（四眼、秃子、傻大个、铁蛋儿等）。

## 二、问候

在职场生涯中，一个简单的问候也包含着丰富的职场礼仪知识。

问候，又叫做问好和打招呼。它适用于人们见面之初，以热情简练的语言相互致意，问候语是见面时使用频率最高的一种礼节，是为了主动表达自己对对方的一种情感——尊重、友好（表3-7）。

表3-7 问候礼

| 分类 | 内容 | 语言 | 礼节 |
|---|---|---|---|
| 语言问候 | 语言语 | "您好""早安""晚安""打搅了""好久不见""您近来好吗""认识您，我很高兴"等 | 反映出一个人的教养，听起来平易近人，令人舒心，能引起交谈双方对交谈的兴趣，也是表达感情的一种方式 |
|  | 称谓语 | "李老师""王师傅"等 | 彼此非常熟悉，按平时的称谓称呼 |
| 动作问候 | 见面后 | 点头、微笑、招手、握手 | 见面后觉得没有什么话好说用 |
| 问候的形式 | 日常问候 | 按时间，"你早""早上好""下午好""再见"等 | 同事之间等互致问候 |
|  |  | 按场合，"王主任好""李师傅好" | 上班时或工作见面时 |
|  | 特殊问候 | 节日问候，"您好,春节快乐！" | 问候他人应面带微笑，和颜悦色，语气温和，充满诚意，目光注视对方。不能敷衍了事，心不在焉，也不能粗声粗气，面无表情或嬉皮笑脸 |
|  |  | 喜庆时的问候和道贺，"恭喜您喜得贵子" |  |
|  |  | 不幸时的问候与安慰，"节哀顺变，注意休养""保重身体" |  |
| 问候礼 | 主动问候 | 在一般情况下，年轻人应主动问候年长者，男士应主动问候女士，下级应主动问候上级 |
|  | 互相问候 | 眼睛应热情地注视对方。"您好""见到您很高兴"表示尊重他人的表现，增进相互之间的友情 |
|  | 周到问候 | 不要只顾熟悉者或较有身份的人，在一般情况下只与熟人打招呼，但目光也应顾及其余人，以表示对陌生人的尊重 |
|  | 恰当问候 | 避免对方尴尬，不要触及对方的隐私，对方不愉快的话题。做到私人问题"七不问"，即不问年龄、婚姻、收入、住址、经历、工作、信仰 |

续表

| 分类 | 内容 | 语言 | 礼节 |
|---|---|---|---|
| 问候态度 | 主动 | 问候他人应该积极、主动。当他人首先问候自己后,应立即予以回应 | |
| | 热情 | 问候他人或者接受他人问候时,应表现得热情而友好,切忌毫无表情或者表情冷漠 | |
| | 自然 | 问候他人所表现的主动、热情,必须自然大方,扭扭捏捏、矫揉造作,都会让人生厌 | |
| | 专注 | 在互致问候的过程中,应当面含笑意、注视对方。切忌左顾右盼、心不在焉、去语不搭来言 | |
| 问候次序 | 一人问候一人时 | 应当"低位者先行",即由身份较低者首先问候身份较高者 | |
| | 一人问候多人时 | 可以笼统地致以问候,也可以逐个问候。逐一问候的次序,既可以由尊而卑、由长而幼,也可以由近而远 | |
| 问候内容 | 直接式 | 较为正式的人际交往,特别是宾主双方初次见面,一般采用直接式的问候内容。如:"你好!" | |
| | 间接式 | 非正式交往中,尤其是熟识的人之间,通常采用某些约定俗成的问候语,或者采用随机引起的话题,代替直接式问候。如:"忙什么呢?""来了?" | |

**小资料**

无论在公司的走廊里还是在路上,遇到熟人或同事,都应主动打招呼,互相问候,这是最基本的礼貌。不能视而不见,把头扭向一边,擦身而过。

两人同行,遇到熟人时,你应主动介绍一下同行人与你的关系,并向同行人介绍一下这位熟人。

### 三、寒暄

寒暄是生活中必不可少的,交谈一般从问候和寒暄开始,必要的寒暄不仅是一种不可少的客套,还可以拉近双方的距离,为以后交谈做情感上的铺垫。

寒暄是人们在相互见面时的应酬语言。目的是为进一步交流创造和谐气氛,加深了解,所以寒暄时不但语言要诚恳、亲切,而且要善于用自己的姿态、表情、感叹词或插话等来回应对方,以表示自己对谈话内容很有兴趣。

寒暄时还要注意建立心理认同,多寻找双方的共同语言,求得心理上的共鸣。寒暄应注意对象,要因人而异,不要对谁都是一个说法;还要注意区分环境,在不同的环境下,要有不同的寒暄语言,要注意适度,适可而止,过多的溢美之词只会给人以虚伪、客套应付的感觉。

**1. 不同场合的寒暄**

在不同时候,适用的寒暄语各有特点。

跟初次见面的人寒暄,最标准的说法是:"你好!""很高兴能认识您""见到您非常荣幸"等。比较文雅一些的话,可以说:"久仰",或者说:"幸会"。要想随便一些,也可以说:"早听说过您的大名""某某人经常跟我谈起您",或是"我早就拜读过您的大作""我听过您作的报告",等等。

跟熟人寒暄,用语则不妨显得亲切一些,具体一些,可以说"好久没见了""又见面了",也可以讲:"你气色不错""您的发型真棒""您的孙女好可爱呀""今天的风真大""上班去吗?"。

两人初次见面,一人说:"久闻大名,如雷贯耳,今日得见,三生有幸",另一个则道:"岂敢,岂敢!"像演古装戏一样,就大可不必了。

在商务活动中,也有人为了节省时间,而将寒暄与问候合二为一,以一句"您好",简洁而高效。

2. 寒暄的注意事项

（1）态度要真诚，语言要得体　客套话要运用得妥帖、自然、真诚，言必由衷，为彼此的交谈营造融洽的气氛。要避免粗言俗语和过头的恭维话，如："久闻大名，如雷贯耳！""今日得见，三生有幸！"就显得极不自然。

（2）要看对象　对不同的人应使用不同的寒暄语。在交际场合男女有别、长幼有序，彼此熟悉的程度也不同，寒暄时的口吻、用语、话题也应有所不同。一般来说，上级和下级、长者和晚辈之间交往，如前者为主人，则最好能使对方感到主人平易近人；如后者为主人，则最好能使对方感到主人对自己的尊敬和仰慕。

（3）寒暄用语要恰如其分　如中国人过去见面，喜欢用"你又发福了"作为恭维话，现在人们都想方设法减肥，再用它作为恭维话就不太合适了。西方女士在听到他人赞美"你真是太美了"时会很兴奋，并会很礼貌地以"谢谢"作答。倘若在中国女士面前讲这样的话就应特别谨慎，弄不好会引起误会。

（4）要看场合　在不同的地方使用不同的寒暄语。拜访人家时要表现出谦和，不妨说一句"打扰您了"，接待来访时应表现出热情，不妨说一句"欢迎"。庄重场合要注意分寸，一般场合则可以随便些。有的人不分场合、时间，甚至以前有过在厕所见面也问人家"吃饭了没有"，使人啼笑皆非。当然，也有适用场合较广的问候语和答谢语，如"您好""谢谢"这类词，可在较大范围、各类人物之间使用。

案例分析

　　一个旅游团在冬季来北京观光，恰巧遇到了天上下起鹅毛大雪，着装、行车、步行、登山等都将受到一定的影响，有的游客对在北京的行程安全比较担忧。这时导游员一定要把握住游客的这种心理状态，不失时机地加以安慰。在启动出行的大巴上进行讲解时就可以不失时机地这样寒暄："亲爱的朋友们早上好。我想大家一定是真的好！因为北京此时正呈现出难得一见的'北国风光、千里冰封、万里雪飘。'的壮观景象。今天实在是个难得的日子，是我们可以亲自去体验毛泽东主席诗句意境的日子。我们就是这么幸运，给我们送来飘飘的雪花，那么就让我们快乐地上路，去当一次踏雪登长城的好汉吧！"导游员的寒暄讲的是天气，但又将美好的雪景与游客的行程巧妙地结合起来，从而使游客减少了对天气变化所带来不便的担心，情绪甚至慢慢高涨起来。

　　案例分析：这种寒暄完全是从关照游客的心理感受的角度出发的，自然也就容易被游客接受。总之，无论是哪一种类型的寒暄，都要掌握好分寸，恰到好处。从交际心理学的角度看，恰当的寒暄能够使双方产生一种认同心理，使一方被另一方的感情所同化，体现着人们在交际中的亲和要求。这种亲和需求在融洽的气氛的推动下逐渐升华，从而顺利地达到交际目的。

## 四、介绍

介绍是人际关系中与他人进行沟通、增进了解、建立联系的一种最基本的方式。介绍能使素不相识的人彼此认识，产生兴趣，找到共同的话题，搭起交往的桥梁，介绍能缩短人与人之间的距离，又能扩大人们的社交范围。社交场合有相互介绍或自我介绍，介绍时的称谓和先后顺序等都有一定的礼仪规范。

自我介绍是人际交往中与他人进行沟通、增进了解、建立联系的一种最基本、最常规的方式，是人与人进行相互沟通的出发点，所谓将欲取之必先与之。

介绍的基本态度：介绍要以吸引人、有效率的语言方式作介绍。对方给你介绍别人时通常要起立，若不起立，表示你的身份比对方高。被介绍人的目光要注视对方的脸部，面带微笑。

 拓展阅读

介绍的要诀

介绍时视线要保持在社交范围内。视线的社交范围要从腰际一直到头部，但如果男性接待人员说话的时候只盯住女性的胸口看，对方马上就会自我保护。把自己的视线停留在对方腰部或头部的地方，并保持在这样的范围内，这样才不会让人家跟你相处的时候感到浑身不自在。

必要时要伸手并适当交谈。不要东张西望或心不在焉。在介绍之后记住别人的名字很重要，在面谈时注意倾听并记住别人的名字和身份。

注意，为别人作介绍时，千万不要用手指指点对方，还要用整个手掌掌心向上，五指并拢，胳膊向外伸，斜向被介绍人。让谁介绍，眼睛就注视着谁。

一般情况下。介绍的内容宜短不宜繁，只要介绍被介绍人的姓名。单位职务就可以了。如果时间宽裕，气氛融洽，还可以进一步介绍双方的爱好特长，个人学历等，为双方提供更多可交谈的内容。如果介绍人能找出被介绍双方的某些共同点，为使双方的交谈更加融洽。介绍人，还可以说明自己与被介绍人的关系，以便新结识的人真正地了解与信任。介绍语言要规范，符合身份，较为正式的介绍，应使用敬语。

**1. 自我介绍**

自我介绍就是不通过第三者、自己把自己介绍给他人。一般指的是主动向他人介绍自己，或是因他人的请求而对自己的情况进行一定程度的介绍。它的特点主要是单向性和不对称性。

（1）自我介绍类型

① 主动型自我介绍。在社交活动中，在欲结识某个人或某人却无人引见的情况下，即可自己充当自己的介绍人，将自己介绍给对方。

② 被动型自我介绍。应其他人的要求，将自己的某些方面的具体情况进行一番自我介绍。

在实践中使用哪种自我介绍的方式，要看具体环境和条件而定。

（2）自我介绍的时机

① 与不相识者相处一室。
② 不相识者对自己很有兴趣。
③ 他人请求自己作自我介绍。
④ 在聚会上与身边的陌生人共处。
⑤ 想要介入陌生人组成的交际圈。
⑥ 求助的对象对自己不甚了解，或一无所知。
⑦ 前往陌生单位，进行业务联系时。
⑧ 在旅途中与他人不期而遇而又有必要与人接触。
⑨ 初次登门拜访不相识的人。
⑩ 遇到秘书挡驾，或是请不相识者转告。
⑪ 初次利用大众传媒，如报纸、杂志、广播、电视、电影、标语、传单，向社会公众进行自我推介、自我宣传时。

⑫利用社交媒介，如信函、电话、电报、传真、电子信函，与其他不相识者进行联络时。

自我介绍时应先向对方点头致意，得到回应后再向对方介绍自己的姓名、身份、单位等。

(3) 自我介绍的内容和形式　自我介绍的内容是自我介绍时我表述的主体部分，确定自我介绍的具体内容，应考虑实际需要、所处场景，理应具有鲜明的针对性，切不可千人一面，一概而论。依照自我介绍时表述的内容的不同自我介绍可以分为以下五种具体形式。

① 应酬式。适用于某些公共场合和一般性的社交场合，这种自我介绍最为简洁，往往只包括姓名一项即可。"你好，我叫张强。""你好，我是李波。"

② 工作式。适用于工作场合，它包括本人姓名、供职单位及其部门、职务或从事的具体工作等。"你好，我叫张强，是金洪恩电脑公司的销售经理。""我叫唐果，是大秦广告公司的公关部经理。"

③ 交流式。适用于社交活动中，希望与交往对象进一步交流与沟通。它大体应包括介绍者的姓名、工作、籍贯、学历、爱好及与交往对象的某些熟人的关系。"你好，我叫张强，我在金洪恩电脑公司上班。我是李波的老乡，都是北京人。""我叫王朝，是李波的同事，也是北京大学中文系的，我教中国古代汉语。"

④ 礼仪式。适用于讲座、报告、演出、庆典、仪式等一些正规而隆重的场合。包括姓名、单位、职务等，同时还应加入一些适当的谦辞、敬辞。"各位来宾，大家好！我叫张强，我是金洪恩电脑公司的销售经理。我代表本公司热烈欢迎大家光临我们的展览会，希望大家……"

⑤ 问答式。问答式的自我介绍，应该是有问必答，问什么就答什么。对方发问："这位先生贵姓？"回答："免贵姓张，弓长张。"适用于应试、应聘和公务交往。

(4) 自我介绍的注意事项

① 注重时间。进行自我介绍一定要力求简洁，尽可能地节省时间，通常以半分钟左右为宜，如无特殊情况最好不要长于1分钟。为了提高效率，在作自我介绍时，可利用名片、介绍信等资料作为辅助。

② 讲究态度。态度一定要自然、友善、亲切、随和，应落落大方，彬彬有礼。既不能唯唯诺诺，也不能虚张声势，轻浮夸张。语气要自然增长，语速要正常，语音要清楚。

③ 真实诚恳。进行自我介绍要实事求是，真实可信，切不可自吹自擂，夸大其辞。

(5) 介绍的顺序　正式、郑重的场合原则是：年轻的或后辈介绍给年长的或前辈，男性被介绍给女性，一般来客被介绍给身份较高的人等。一般的、非正式场合，不必过分讲究正式介绍的规则，如果大家都是年轻人，就更可以轻松、随便一些。如介绍人可先说一声"让我来介绍一下"，然后就作简单介绍，或者说："诸位，这位是×××"，就可以了。

案例分析

哪种表达更得体？

王燕和杜华都是某大学即将毕业的英语专业学生，经过初步筛选都进入了某外贸公司的面试环节，该公司的人力资源负责人让她们做一个简单的自我介绍，王燕的介绍是："我叫王燕，今年22岁，刚从××大学毕业，所学专业是英语，浙江人，父母均是高级工程师，我爱好音乐和旅游，我性格开朗，做事一丝不苟，很希望到贵公司工作。"

杜华的介绍是："关于我的情况简历上都介绍得比较详细了，在这我不再赘述，只说明两点，一是我的英语口语不错，曾利用假期在旅行社做过导游，带过欧美团；二是我的文笔较好，曾在报刊上发表过6篇文章。如果您有兴趣可以过目。"

杜华给该外贸公司留下了良好的第一印象，并最终被录取。

案例解析：王燕的自我介绍看似是没有什么问题的，其传达的信息包括姓名、年龄、专业、性格特点和爱好，但是在此时此刻的场合是不准确的，这些信息用人单位通过简历已经有所了解，关于性格和能力的介绍又太过于空泛，属于无效信息。而杜华的回答言简意赅，充分考虑了对方的意愿，用自己的实践经历证明了自己的能力。

### 2. 介绍他人

介绍他人是指作为第三方为彼此不相识的双方引见、介绍的一种介绍方式。介绍他人通常是双向的，即将被介绍者双方各自均作一番介绍。介绍他人的顺序：为他人作介绍时必须遵守"尊者优先"的规则（图 3-31）。

图 3-31　介绍他人

在介绍他人中，介绍者的确定是有一定规则的。通常具有下列身份者，理应在他人介绍中充当介绍者：

社交活动中的东道主。

社交活动中的长者。

家庭聚会中的女主人。

公务交往中的专职人员，如公关人员、礼宾人员、文秘人员、办公室工作人员、接待人员。

正式活动中的地位身份较高者或主要负责人员。

熟悉被介绍者双方的人。

应被介绍者一方或双方要求者。

在交际应酬中被指定的介绍者。

（1）介绍的顺序

① 把年轻者介绍给年长者；

② 把职务低者介绍给职务高者；

③ 如果双方年龄、职务相当，则把男士介绍给女士；

④ 把家人介绍给同事、朋友；

⑤ 把未婚者介绍给已婚者；

⑥ 把后来者介绍给先到者；

⑦ 如果被介绍者有多位，那么应先介绍地位高的人。

一般工作中，如果有客人来，就看客人的级别，如果是一般的业务员之类的客人，那么就把我们的职员介绍给他；如果客人的级别较高（老总级），就该把总经理介绍给客人。因为同级中，客人尊于主人。为他人做介绍，通常指的是由某人为彼此互不相识的双方相互介绍、引见。在商务交往中，人人都有可能需要承担为他人做介绍的任务，在介绍中需要注意的有介绍者问题、顺序问题、称呼问题等。

（2）他人介绍的时机

① 在办公地点，接待彼此不相识的来访者。

② 陪同亲友，前去拜会亲友不相识者。

③ 本人的接待对象遇见了其不相识的人士，而对方又跟自己打了招呼。

④ 陪同上司、长者、来宾时，遇见了其不相识者，而对方又跟自己打了招呼。
⑤ 打算推介某人加入某一交际圈。
⑥ 受到为他人作介绍的邀请。

（3）介绍的形式　由于实际需用的不同，为他人作介绍时的方式也不尽相同。

① 一般式。也称标准式，以介绍双方的姓名、单位、职务等为主，适用于正式场合，如："请允许我来为两位引见一下。这位是雅秀公司营销部主任李小姐，这位是新河集团副总江嫣小姐。"

② 简单式。只介绍双方姓名一项，甚至只提到双方姓氏而已，适用一般的社交场合。如："我来为大家介绍一下，这位是谢总，这位是徐董。希望大家合作愉快。"

③ 附加式。也可以叫强调式，用于强调其中一位被介绍者与介绍者之间的关系，以期引起另一位被介绍者的重视。如："大家好！这位是新月公司的业务主管张先生，这是小儿刘放，请各位多多关照。"

④ 引见式。介绍者所要做的，是将被介绍的双方引到一起即可，适于普通场合。如："OK！两位认识一下吧。大家其实都曾经在一个公司共事，只是不是一个部门。接下来的，请自己说吧。"

⑤ 推荐式。介绍者经过精心准备再将某人举荐给某人，介绍时通常会对前者的优点加以重点介绍。通常，适用于比较正规的场合。如："这位是张峰先生，这位是海天公司的赵海天董事长。张先生是经济博士、管理学专家。赵总，我想您一定有兴趣和他聊聊吧。"

⑥ 礼仪式。是一种最为正规的他人介绍，适用于正式场合。其语气、表达、称呼上都更为规范和谦恭。如："孙小姐，您好！请允许我把北京远方公司的执行总裁李放先生介绍给你。李先生，这位就是广东润发集团的人力资源经理孙晓小姐。"

（4）为他人介绍时的注意事项　在介绍他人时，介绍者与被介绍者都要注意以下细节：

① 介绍者要注意自己的姿态，作为介绍者，无论介绍哪一方，都应手势动作文雅，手心向上，四指并拢，拇指微张，胳膊略向外伸，指向被介绍的一方，并向另一方点头微笑，上体略前倾，手臂与身体呈 50°～60°。在介绍一方时，应微笑着用自己的视线把另一方的注意力引导过来，态度热情友好，语言清晰明快。

② 介绍应语言简洁，脉络清楚。介绍他人时最好加上尊称或者职务，如先生、夫人、博士、经理、律师等。

③ 介绍者为被介绍者作介绍之前，要先征求双方被介绍者的意见。被介绍者在介绍者询问自己是否有意认识某人时，一般应欣然表示接受。如果实在不愿意，应向介绍者说明缘由，取得谅解。

④ 当介绍者走上前来为被介绍者进行介绍时，被介绍者双方均应起身站立，面带微笑，大方地目视介绍者或者对方。女士、长者有时可不用站起。宴会、谈判会，略略欠身致意即可。

⑤ 介绍者介绍完毕，被介绍者双方应依照礼仪顺序进行握手，并且彼此使用"您好""很高兴认识您""久仰大名""幸会"等语句问候对方。不要心不在焉，要用心记住对方名字，以免造成尴尬。

⑥ 如果其中有媒体人士，要清楚地告知对方。这一点在比较敏感的人群中要格外注意。

⑦ 介绍过程中如果有个别的失误，不要回避，自然、幽默地及时更正是明智、从容

的表现。介绍他人认识,是人际沟通的重要组织部分。良好的合作,可能就是从这一刻开始。

 **拓展阅读**

### 介绍

经介绍与他人相识时,不要有意拿腔拿调,或是心不在焉,也不要低三下四、刻意奉承地去讨好对方。

介绍者在介绍之前,一定要征求一下被介绍双方的意见,不要使被介绍者感到措手不及。

被介绍者在介绍者询问自己是否有意认识某人时,一般不应该拒绝,而应该很高兴地答应。实在不愿意时,应该说明理由。

介绍完毕后,被介绍的双方应该互相握手,彼此问候对方。可以说:"幸会幸会""您好,很高兴认识您""久仰大名""请多多指教"等,有必要时,还可以做进一步的自我介绍

如果是在宴会的餐桌上,或者会议桌、谈判桌上,被介绍的双方可以不用握手,欠身、点头或用微笑致意就可以了。

3. 介绍业务
① 把握时机,在人家感兴趣的时候介绍,当然没有兴趣可以创造兴趣。
② 讲究方式,寻找卖点。
③ 诚实守信,不诋毁他人。

## 五、握手礼

有一则文坛轶闻说,俄国文豪屠格涅夫一日在镇上散步,路边一个乞丐伸手向他讨钱。他很想有所施予,往口袋掏钱时才知道没有带钱袋,见那乞丐的手举得高高地等着,屠格涅夫面有愧色,只好握着乞丐的手说:"对不起,我忘了带钱出来。"乞丐笑了,含着泪说:"不,我宁愿接受你的握手!"

### 1. 握手顺序

体现"尊者为本"。主人与客人之间,客人抵达时主人应先伸手,客人告辞时由客人先伸手;年长者与年轻者之间,年长者应先伸手;身份、地位不同者之间,应由身份和地位高者先伸手;女士和男士之间,应由女士先伸手;先到者先伸手;多人同时握手时应按顺序进行,切忌交叉握手(图3-32)。

握手礼节应注意哪些问题?

在公务场合,握手时伸手的先后顺序主要取决于职位、身份。而在社交场合和休闲场合,则主要取决于年龄、性别和婚否。

接待来访客人,当客人抵达时,应由主人先伸手与客人握手表示"欢迎"。当客人告辞时,则应由客人先伸手与主人握手表示"再见"。

图3-32 握手

### 2. 握手时间

握手的时间最好是三秒钟。握手时,对方伸出手后,我们应该迅速地迎上去,热情地握住。

### 3. 握手力度

在对方伸手后,己方应迅速迎上去,但避免很多人互相交叉握手,力度不宜过大,但也不宜毫无力度。握手时,应目视对方并面带微笑,切不可戴着手套与人握手,避免上下过分地摇动。

### 4. 握手的禁忌

忌用左手握手,忌坐着握手,忌戴手套,忌手脏,忌交叉握手,忌与异性握手用双手,忌三心二意。不要跨着门槛握手。握手时须脱帽、起立,不能把另一只手放在口袋中。

  案例分析

**握手的故事**

1989年5月,在戈尔巴乔夫访华前夕,邓小平曾指示外交部,他与戈尔巴乔夫会见时"只握手,不拥抱",这不仅是对外交礼节的一种示意,更是对两国未来关系的定位。尼克松总统在回忆自己首次访华在机场与周总理见面时也说:"当我从飞机舷梯上走下来时,决心伸出我的手,向他走去。当我们的手握在一起时,一个时代结束了,另一个时代开始了。"据基辛格回忆,当时尼克松为了突出这个"握手"的镜头,还特意要求包括基辛格在内的所有随行人员都留在专机上,等他和周恩来完成这个"历史性的握手"后,才允许他们走下飞机。

分析:握手是人与人的身体接触,能够给人留下深刻的印象。当与某人握手感觉不舒服时,我们常常会联想到那个人消极的性格特征。强有力的握手、眼睛直视对方将会搭起积极交流的舞台。

女士们请注意:为了避免在介绍时发生误会,在与人打招呼时最好先伸出手。记住,在工作场所男女是平等的。

**小资料**

握手的质量表现了你对别人的态度,是热情还是冷淡,注意握手的方式、用力的轻重、手掌的湿度。

通过握手,传递感情:

与成功者握手——表示祝贺;

与失败者握手——表示理解;

与同盟者握手——表示期待;

与对立者握手——表示和解;

与悲伤者握手——表示慰问;

与欢送者握手——表示告别。

## 六、鞠躬礼

鞠躬礼:鞠躬,意即是对他人敬佩的一种礼节方式。

### 1. 鞠躬礼的要求

(1) 鞠躬的先后  一般是辈分、地位和职务较低的一方先向较高的一方鞠躬。通常受礼者应予以施礼者前倾幅度大致相同的鞠躬还礼。但上级或长辈不必以鞠躬还礼，可欠身点头或握手答礼。

（2）鞠躬的深度与方法

鞠躬前：距离约两三步远，立正姿势，双目注视受礼者，面带微笑。

鞠躬时：以腰部为轴，整个腰及肩部向前倾15°～45°，头和身体自然前倾，低头比抬头慢，具体幅度视行礼者对受礼者的尊敬程度而定。

### 2. 行礼的方式

① 当于别人面前走过，擦肩而过时，跟被人打招呼或上茶时，可行15°的鞠躬礼，应面带笑容，以表示对他人的礼貌。

② 当迎接或相送顾客时，早上上班、下午离开时可行30°的鞠躬礼，这种鞠躬在工作场合比较常用。

③ 当感谢、请求、道歉的时候可行45°的鞠躬礼以表示礼貌（图3-33）。

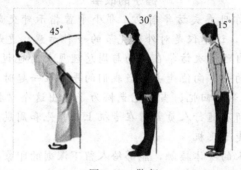

图3-33 鞠躬

## 七、名片礼仪

名片是人们交往中一种必不可少的联络工具，成为具有一定社会性、广泛性，便于携带、使用、保存和查阅的信息载体之一。职业人员在各种场合与他人进行交际应酬时，都离不开名片的使用。而名片的使用是否正确，已成为影响人际交往成功与否的一个因素。因此，在递送名片、接受名片、索要名片、存放名片的时候可有学问。

### 1. 递送名片

① 向对方递送名片时，应面带微笑，稍欠身，注视对方，将名片正对着对方，用双手的拇指和食指分别持握名片上端的两角送给对方，如果是坐着的，应当起立或欠身递送，递送时可以说一些："我是××，这是我的名片，请笑纳。""我的名片，请你收下。""这是我的名片，请多关照。"之类的客气话。出示名片还应把握好时机。在递名片时，切忌目光游移或漫不经心。

当初次相识，自我介绍或别人为你介绍时可出示名片；当双方谈得较融洽，表示愿意建立联系时就应出示名片；当双方告辞时，可顺手取出自己的名片递给对方，以示愿结识对方并希望能再次相见，这样可加深对方对你的印象。

② 若对方是外宾，最好将名片印有英文的那一面朝向对方。

③ 将名片递给他人时，应说"多多关照""常联系"等语话，或是先作一下自我介绍。

④ 与多人交换名片时，应讲究先后次序。或由近而远，或由尊而卑进行。位卑者应当首先把名片递给位尊者。

⑤ 出示名片的顺序：名片的递送先后虽说没有太严格的礼仪讲究，但是，也是有一定的顺序的。一般是地位低的人先向地位高的人递名片，男性先向女性递名片。当对方不止一人时，应先将名片递给职务较高或年龄较大者；或者由近至远处递，依次进行，切勿跳跃式地进行，以免对方误认为有厚此薄彼之感。

案例分析

递名片

2011年5月，武汉举行车展，各方厂家云集，企业家们济济一堂，华新销售公司的徐总经理在车展上听说某集团的崔董事长也来了，想利用这个机会认识这位素未谋面又久仰大名的商界名人。午餐会上他们终于见面了，徐总经理彬彬有礼地走上前去，"崔董事长，您好，我是华新销售公司的总经理，我叫徐某某，这是我的名片。"说着，便从随身携带的公文包里拿出名片，递给了对方。此时的崔董事长显然还沉浸在与他人谈话的情景中，他顺手接过徐总经理的名片，说"你好"，便将名片放进了自己包里，继续与旁边的人交谈。徐总经理在一旁站了一会儿，并未见崔董事长有交换名片的意思，失望地走开了……

讨论：请针对以上案例谈谈你的看法，评价一下案例中交际对象的社交礼仪行为有何不妥之处。

## 2. 接受名片的方法

接受他人递过来的名片时，应尽快起身或欠身，面带微笑，用双手的拇指和食指接住名片的下方两角，态度也要毕恭毕敬，使对方感到你对名片很感兴趣，接到名片时要认真地看一下，可以说："谢谢！""能得到您的名片，真是十分荣幸"，等等。然后郑重地放入自己的口袋、名片夹或其他稳妥的地方。切忌接过对方的名片一眼不看就随手放在一边，也不要在手中随意玩弄，不要随便拎在手上，更不要拿在手中搓来搓去，否则会伤害对方的自尊，影响彼此的交往（图3-34）。

图 3-34　递接名片

**拓展阅读**

据史料记载，1950年1月，根据毛泽东主席关于新中国外交队伍"另起炉灶"的指示，周恩来总理亲自挑选了10位军队干部从事外交工作。5月8日，国家主席毛泽东发布了有关任命，彭明治被任命为驻波兰大使。

1950年6月28日，周总理陪同毛主席专门接见了彭明治等10位大使。说到外交工作，周总理拿出一沓毛主席和他的名片对彭明治说："外交无小事，带上它工作方便，需要找波兰领导人时就把我和毛主席的名片交给他们。"彭明治郑重地接过那些米黄色的布纹纸名片，看得格外仔细。这时，身边的一位同志冒出一句："这名片不就是介绍信嘛！"引得大家哈哈大笑起来。

### 3. 索取名片

方法之一，"积极进取"。可主动提议："某先生，我们交换一下名片吧"，而不是单要别人的。

方法之二，"投石问路"。即先将自己的名片递给对方，以求得其予以"呼应"。

方法之三，虚心请教。比如说："今后怎样向您求教"，以暗示对方拿出自己的名片来交换。

方法之四，呼吁"合作"。例如，可以说："以后如何与您联系？"这也是要对方留下名片。

注：当他人索取本人名片，而自己又不想给对方时，应用委婉的方法表达辞意。你可以表达得委婉一点，通常可以这样说："对不起，我忘了带名片"，或是"不好意思，我的名片刚刚才用完了"。

### 4. 存放名片

① 随身所带的名片，最好放在专用的名片包、名片夹里。公文包以及办公桌抽屉里，也应经常备有名片，以便随时使用。

② 接过他人的名片看过之后，应将其精心存放在自己的名片包、名片夹或上衣口袋内。

### 5. 递接名片注意事项

① 向对方递送名片时，应面带微笑，注视对方，将名片正面朝着对方，双手递过去。

② 接受对方的名片时，应尽快起身或欠身，面带微笑，双手接过对方的名片，并说"谢谢，很高兴认识你"。

③ 接过对方的名片后，简单地看一下上面的内容，轻轻地读一下名片上的重要内容，重点是读对方的职务、头衔或者是职称等。

④ 当对方递给你名片，而你没有名片或没带名片，应该首先向对方表示歉意，再说明理由。

 **拓展阅读**

名片应先递给长辈或上级。

递出：文字向着对方，双手拿出。

接受：双手去接，马上要看，如有疑惑，马上询问。

同时交换名片时，可以右手递名片，左手接名片。

名片不宜涂改（如手机换号）。

不提供两个以上头衔，如头衔的确较多，分开印。

名片一般不提供私宅电话。

## 任务总结

本任务介绍了工作中的称呼、问候等各种形式,阐述了不同场合的寒暄和注意事项;着重介绍了介绍礼仪中的自我介绍、介绍让人的时机、类型、顺序、形式、注意事项;握手的时间、力度、禁忌;鞠躬要求、行礼方;名片礼仪的递送名片、接受名片、索要名片、存放名片、名片的注意事项等,学会在职场上的应用。

## 思考与练习

一、判断题

1. 寒暄是指交谈双方在初次交往见面时相互问候、相互致意的应酬语或客套话,所以寒暄的内容很灵活,也很随意。(   )
2. 张教授属于称呼中的职称称呼。(   )
3. 问候礼仪,问候的基本规则(顺序)职位高者先向职位低者问候。(   )
4. 发名片的时候要按照由近到远或顺时针方向进行。(   )
5. 递名片时一定要用双手递,双手接;或者是接递同时进行时用左手递右手接。(   )
6. 介绍时要先将地位低的人介绍给地位高的人。(   )
7. 当你介绍别人的时候,突然想不起来对方名字的话,最好实事求是地告诉对方。(   )
8. 女士与男士握手,应由女士首先伸出手来。(   )
9. 与经常见面的同事相遇:行15°鞠躬礼。(   )
10. 在工作场所称呼上司,随便称呼什么都可以。(   )

二、单选题

1. 一个人和另外一个人之间的问候,通常是"(   )先问候"。
   A. 位低者      B. 位高者      C. 上级      D. 长辈
2. 正式的职场称呼的礼仪要求,正式、庄重、(   )、得体。
   A. 规范      B. 职称      C. 敬称      D. 工作称
3. 递送名片时,如分不清职务高低、年龄大小,宜先和自己左侧的人交换名片,然后按(   )进行。
   A. 你的正前方      B. 你的右侧方      C. 逆时针      D. 顺时针
4. 打招呼显得尤为重要和突出,在职员对上司的称呼上,应该注意(   )。
   A. 称其头衔以示尊重,即使上司表示可以用名字、昵称相称呼,也只能局限于公司内部
   B. 如果上司表示可以用姓名、昵称相称呼,就可以这样做以显得亲切
   C. 随便称呼什么都可以
   D. 直呼其名

三、多选题

1. 介绍他人的顺序正确的是:(   )。
   A. 将男士介绍给女士              B. 将年长者介绍给年轻者
   C. 将职位低者介绍给职位高者      D. 先将本公司的人介绍给外公司的人
2. 关于握手,描述错误的有:(   )。
   A. 晚辈与长辈握手,晚辈应先伸手      B. 男女同学之间握手,男士应先伸手
   C. 主人与客人握手,一般是客人先伸手    D. 可以用左手握手
3. 名片使用中以下描述错误的是:(   )。
   A. 与多人交换名片时,由远而近,或由尊而卑进行

B. 向他人索取名片宜直截了当
C. 递名片时应起身站立，走上前去，使用双手或者右手，将名片正面对着对方后递给对方
D. 若对方名片上印有照片，不可将名片上照片遮住

4. 问候的顺序通常是：（　　）。
A. 年轻者应先向年长者问候　　　　　B. 女性应先向男性问候
C. 身份高者应先向身份低者问候　　　D. 男性应先向女性问候

四、简答题
1. 为他人介绍的顺序是什么？
2. 称呼时有哪些禁忌？
3. 握手顺序是什么？
4. 名片礼仪的概念是什么？名片礼仪包括哪些？

五、案例分析题
某公司王经理约见了一个重要的客户赵经理。见面之后，客户赵经理就将名片递上。王经理看完名片放到桌子上，两人继续谈事。过了一会儿，服务人员将咖啡端上桌，请两位经理饮用。王经理喝了一口，将咖啡杯子放在了赵经理名片上，而自己没有感觉到不安，赵经理皱了皱眉头，没有说什么。

讨论王经理有哪些失礼之处？

# 任务十六 电话礼仪——虽不见面礼仪有加

## 任务描述

员工或客户通常是用打电话的方式与他人进行最初的联系的,因此一个人的电话礼仪往往决定着他人对通话对象所在公司和部门的第一印象。规范的电话礼仪既体现了个人谦和有礼的作风,又反映出单位的高效率和现代管理。职场接听电话不可太随便,得讲究必要的礼仪和一定的技巧,以免横生误会。无论是打电话还是接电话,我们都应做到语调热情、大方自然、声量适中、表达清楚、简明扼要、文明礼貌。

## 任务目标

1. 了解电话的基本礼仪;
2. 理解和掌握拨打电话的技巧和礼仪规范及注意事项;
3. 掌握接听电话的礼仪要求和注意事项;
4. 理解职场中使用手机有哪些礼仪要求;
5. 掌握应聘时的第一印象——电话礼仪要求有哪些。

## 案例导入

公司:您好!阳淳电子,请问您找哪位?
客户:请问杨总在吗?
公司:请问您是哪里?
客户:我是京珠公司的凌工。
公司:麻烦您稍等,我帮您转接,看他在不在。
客户:谢谢您!
公司:凌工,很抱歉!杨总出去还没回来呢!请问您有什么事需要我转告吗?
客户:麻烦您帮我转告杨总……(做好记录。)
公司:好的。
客户:谢谢您!
公司:不用客气!再见!
客户:再见!(等客户挂了电话再放下话筒。)

## 任务知识

你是否有过以下类似的情况?
① 电话铃声响得令人不耐烦了才拿起了电话筒。

图 3-35 电话礼仪

② 一边接电话,一边嚼口香糖,一边和旁边的朋友说笑。

③ 遇到需要记录某些重要数据时,总是手忙脚乱找笔和纸。

④ 抓起话筒不知从何说起,语无伦次。

⑤ 挂完电话才发现还有问题没有说起。

⑥ 抓着话筒向着办公室吆喝:"小王,你的电话。"

⑦ 态度冷漠地说:"小王不在。"就顺手挂断电话。

电话被现代人公认为便利的通信工具,在日常工作中,使用电话的语言很关键,它直接影响着一个公司的声誉。在日常生活中,人们通过电话也能粗略判断对方的人品、性格。因而,掌握正确的、礼貌待人的打电话方法是非常必要的。随着科学技术的发展和人们生活水平的提高,电话的普及率越来越高,人离不开电话,每天要接、打大量的电话。看起来打电话很容易,对着话筒同对方交谈,觉得和当面交谈一样简单,其实不然,打电话大有讲究(图 3-35)。

## 一、基本电话礼仪

### 1. 声音清晰

通话过程中绝对不能吸烟、喝茶、吃零食,即使是懒散的姿势对方也能够"听"得出来。如果你打电话的时候,弯着腰躺在椅子上,对方听你的声音就是懒散的,无精打采的,若坐姿端正,所发出的声音也会亲切悦耳,充满活力。因此打电话时,即使看不见对方,也要当作对方就在眼前,尽可能注意自己的姿势。

### 2. 语速适中

由于主叫和受话双方语言上可能存在差异,因此,要控制好自己的语速,以保证通话效果;语调应尽可能平缓,忌过于低沉或高亢。善于运用、控制语气、语调是打电话的一项基本功。要语调温和、音量适中、咬字要清楚、吐字比平时略慢一点。为让对方容易听明白,必要时可以把重要的话重复一遍。

### 3. 规范内容

由于现代社会中信息量大,人们的时间概念强,因此,商务活动中的电话内容要简洁而准确,忌海阔天空地闲聊和不着边际地交谈。

### 4. 心情愉悦

通话时要保持良好的心情,这样即使对方看不见你,但是从欢快的语调中也会被你感染,给对方留下极佳的印象,由于面部表情会影响声音的变化,所以即使在电话中,也要抱着"对方能看到"的心态去应对。

### 5. 使用礼貌用语

对话双方都应该使用常规礼貌用语,忌出言粗鲁或通话过程中夹带不文明的口头禅。要结束电话交谈时,一般应当由打电话的一方提出,然后彼此客气地道别,说一声"再见",再挂电话,不可只管自己讲完就挂断电话。

**拓展阅读**

电话礼貌用语

1. 您好！这里是×××公司×××部（室），请问您找谁？
2. 我就是，请问您是哪一位？……请讲。
3. 请问您有什么事？（有什么能帮您？）
4. 您放心，我会尽力办好这件事。
5. 不用谢，这是我们应该做的。
6. ×××同志不在，我可以替您转告吗？（请您稍后再来电话好吗？）
7. 对不起，这类业务请您向×××部（室）咨询，他们的号码是……［×××同志不是这个电话号码，他（她）的电话号码是……］
8. 您打错号码了，我是×××公司×××部（室），……没关系。
9. 再见！
10. 您好！请问您是×××单位吗？
11. 我是×××公司×××部（室）　×××，请问怎样称呼您？
12. 请帮我找×××同志。
13. 对不起，我打错电话了。
14. 对不起，这个问题……请留下您的联系电话，我们会尽快给您答复好吗？

最基本的职场电话礼仪见表3-8。

表3-8　最基本的职场电话礼仪

| 接电话的礼仪行为 | 要求 | 接电话的礼仪行为 | 要求 |
| --- | --- | --- | --- |
| 表情 | 面带微笑 | 声音 | 清晰柔和 |
| 姿态 | 保持端正 | 通话中 | 不做其他事 |

## 二、拨打电话的礼仪

### 1. 择时通话

拨打电话，首先要考虑在什么时间最合适。如果不是特别熟悉或者有特殊情况，一般不要在早7点以前、晚10点以后打电话，也不要在用餐时间和午休时打电话，否则，有失礼貌，也影响通话效果。

### 2. 控制时间

通话时要力求遵守"三分钟原则"。所谓"三分钟原则"是指：打电话时，拨打者应自觉地、有意义地将每次通话时间控制在三分钟内，尽量不要超过这个限定。此外，在通话时，其基本要求应为：以短为体，宁短勿长，不是十分重要、紧急、烦琐的事务一般不宜通话时间过长。

### 3. 拨打电话的一些简单技巧

① 如果接到的电话是找你的上级时，不要直接回答在还是不在，要询问清楚对方的姓名和大概意图，然后说帮您找一下。将所了解的情况告诉你的上级，由他判断是否接电话。

② 打电话时，列出要点，避免浪费时间。

③ 在打电话之前，要准备好笔和纸，不要吃东西、喝水或抽烟，要保持正确的姿势。

④ 如果你找的人不在，可以问一下对方什么时间可以再打电话或请其回电话，同时，要将自己的电话号码和回电时间告诉对方。

⑤ 在给其他部门打电话时,要先报部门和姓名,这样可以避免对方因为询问你的情况而浪费时间。

⑥ 通话完毕时应道"再见",然后轻轻放下电话。

⑦ 选择适当的时间。一般的公务电话最好避开临近下班的时间,因为这时打电话,对方往往急于下班,很可能得不到满意的答复。公务电话应尽量打到对方单位,若确有必要往对方家里打时,应注意避开吃饭或睡觉时间。

拨打电话注意事项见表3-9。

表3-9 拨打电话注意事项

| 顺序 | 注意事项 |
| --- | --- |
| 准备 | 确认电话对方的姓名、电话号码。准备好要讲的内容、说话的顺序和所需要的资料等 |
| 问候、告知自己的姓名 | 报出自己的姓名,讲话时要有礼貌 |
| 确认电话对象 | 确认电话的来方 |
| 电话内容 | 将想要说的结果告诉对方,必要时请对方做记录,对时间、地点、数字等进行准确传达,总结所说内容的要点 |
| 结束语 | 语气诚恳、态度和蔼 |
| 放回电话听筒 | 等对方放下电话后再轻轻放回电话机上 |

### 三、接听电话的礼仪

#### 1. 接听电话要及时

现代工作人员业务繁忙,桌上往往会有两三部电话,听到电话铃声,应准确迅速地拿起听筒,最好在三声之内接听。电话铃声响一声大约3秒钟,若长时间无人接电话,或让对方久等是很不礼貌的,对方在等待时心里会十分急躁,你的单位会给他留下不好的印象。即便电话离自己很远,听到电话铃声后,附近没有其他人,应该用最快的速度拿起听筒,这样的习惯是每个办公室工作人员都应该养成的。如果电话铃响了五声才拿起话筒,应该先向对方道歉,若电话响了许久,接起电话只是"喂"了一声,会给对方留下恶劣的印象。

#### 2. 确认对方

对方打来电话,一般会自己主动介绍。如果没有介绍或者你没有听清楚,就应该主动问:"请问你是哪位?我能为您做什么?您找哪位?"但是,人们习惯的做法是,拿起电话听筒盘问一句:"喂!哪位?"这在对方听来,陌生而疏远,缺少人情味。接到对方打来的电话,拿起听筒应首先自我介绍:"你好!我是某某某。"如果对方找的人在旁边,您应说:"请稍等。"然后用手掩住话筒,轻声招呼你的同事接电话。如果对方找的人不在,您应该告诉对方,并且问:"需要留言吗?我一定转告!"

留言五要素

① 致:即给谁的留言;

② 发自:谁想要留言;

③ 日期:最好也包括具体时间;

④ 记录者签名:有助于寻找线索,或弄清不明白的地方;

⑤ 内容:字迹清晰,全面。

#### 3. 认真清楚地记录

在电话中传达有关事宜,应重复要点,对于号码、数字、日期、时间等,应再次确认,以免出错。随时牢记"5W1H"技巧,所谓"5W1H"是指:When(何时),Who(何人),Where(何地),What(何事),Why(为什么);How(如何)。在工作中这些资料都是十分重要的,对打电话、接电话具有相同的重要性。电话记录既要简洁又要完备,这有赖于

"5W1H"技巧。

#### 4. 主次分明

接听电话的时候，要暂时放下手头的工作，不要和其他人交谈或做其他事情。如果你正在和别人谈话，应示意自己要接电话，一会儿再说，并在接完电话后向对方道歉。同时也不要让打电话的人感到"电话打的不是时候"。如果目前的工作非常重要，可在接电话后向来电者说明原因，表示歉意，并再约一个具体时间，到时再主动打过去，在通话的开始再次向对方致歉。纵然再忙，也不能拔下电话线，或者来电不接就直接挂断。这些都是非常不礼貌的行为。

#### 5. 友善对待打错的电话

如果对方打错了电话，应当及时告之，口气要和善，不要讽刺挖苦，更不要表示出恼怒之意。正确处理好打错的电话，有助于提升组织形象。

**拓展阅读**

使工作顺利的电话术

第一，迟到、请假由自己打电话；

第二，外出办事，随时与单位联系；

第三，外出办事应告知去处及电话；

第四，延误拜访时间应事先与对方联络；

第五，借用他人单位电话应注意，一般借用他人单位电话，不要超过10分钟。遇特殊情况，非得长时间接打电话时，应先征求对方的同意和谅解；

第六，同事家中电话不要轻易告诉别人；

第七，用传真机传送文件后，以电话联络。

接听电话注意事项见表3-10。

表3-10 接听电话注意事项

| 顺序 | 注意事项 |
| --- | --- |
| 拿起电话听筒，并报出公司名称 | 电话铃响在3声之内接起，电话旁准备好纸笔记录 |
| 确认对方 | 必须对对方进行确认 |
| 听取对方来电用意 | 确认记录下时间、地点、对象、事件等重要事项 |
| 进行确认 | 确认时间、地点、对象和事由，必要时告对方自己的姓名 |
| 结束语 | "清楚了""请放心……""我一定转达""谢谢""再见"等 |
| 放回电话听筒 | 等对方放下电话后再轻轻放回电话机上 |

接听电话对话错误和正确的比较见表3-11。

表3-11 接听电话对话错误和正确的比较

| 错误 | 正确 |
| --- | --- |
| 你找谁？ | 请问你找谁？ |
| 有什么事？ | 请问你有什么事？ |
| 你是谁？ | 请问你贵姓？ |
| 不知道 | 抱歉，这个事我不太了解 |
| 我问过，他不在！ | 我再帮你看一下，抱歉，他还没有回来，你方便留言吗？ |
| 没这个人 | 对不起，我再查一下，你还没有其他消息可以提示一下我吗？ |
| 你等一下，我要接个别人的电话 | 抱歉，请稍等 |

### 四、手机礼仪

现在手机已成为每个人必不可少的随身工具，而且随着技术的发展，手机已不再只是打电话的通信工具,而是具有众多实用功能的工具,如果不注意,就会影响机关、公司、个人的形象,我们很有必要了解使用手机的一些礼仪。那么,我们在享受手机便利的同时,有没有意识到要遵守一些手机礼仪呢?具体来说,需要注意以下四点。

### 1. 不要借用别人的手机

手机属于私人物品,甚至里面可能存储了一些隐私,因此,在非必要情况下尽量不要借用他人的手机。

### 2. 使用手机要注意安全

现在媒体报道的因使用手机而造成的事故频发,为了自己和他人的安全,在开车、过马路时应避免使用手机。另外一些特殊场合,如在飞机上,不管业务多忙,为了自己和其他乘客的安全,也不要使用手机,一定要关机;或者在加油站,为了安全也是不可以使用手机的。

### 3. 使用手机不要制造噪声

不要在图书馆、博物馆、影剧院、音乐厅、美术馆、电梯以及其他周围封闭的公众场合使用手机。如果需要保持联络,应该把手机调到静音状态。非得回话,采用静音的方式发送手机短信是比较适合的。在公共场合接电话时不要大声通话,不要进行情绪化交谈。甚至在餐桌上,特别是在宴会上,关掉手机或是把手机调到振动状态也是必要的,在举杯祝酒或正吃到兴头上的时候,被一阵铃声打断是会招致他人的反感的(图3-36)。

### 4. 手机放置的位置有讲究

图 3-36　手机使用避免噪声

一切公共场合,不用手机时,都要把它放在合乎礼仪的常规位置。存放它的常规位置有:随身携带的公文包里(这种位置最正规)或者上衣的内袋里。不管怎样,都不要在不用的时候拿在手里或挂在上衣口袋外。有时候,可以将手机暂时挂在腰带上(正式场合不可以),或是开会的时候交给秘书、会务人员代管。也可以放在不起眼的地方,如背后、手袋里,但不要放在桌上。

## 五、职场中使用手机的礼仪要求

手机如今已是再平常不过的事物,但在职场中,一部手机却可以折射出你的职场能力。因此职场新人一定要掌握手机礼仪,让手机成为自己的职场帮手,而不是减分利器。职场中使用手机有哪些礼仪呢?

### 1. 接听手机勿扰他人

职场新人要懂得接听手机的礼仪。手机最大的优势就是随时随地可以通话,这在带给大家便利的同时自然也会带来一些负面效果。同事小张刚刚来到公司不久,在办公室里接听手机的时候总是声音很大,旁若无人。周围的同事有的正在思考业务,有的正在和其他客户通话联系工作,他这样大声讲话,影响了周围人正常的工作,没多长时间就招来了同事们的不满。

对于职场新人来说,给他人的第一印象往往很大程度上决定了日后的发展,而小张这种行为给周围人留下的印象就是心中没有他人,不考虑他人的感受。在公共场合接听手机时一定要注意不要影响他人。

有时办公室因为人多,原本就很杂乱,如果再大声接电话,往往就会让环境变得很糟糕。作为职场新人,在没有熟悉环境之前,可以先去办公室外接电话,以免影响他人,特别是一些私人的通话更应注意。

### 2. 打电话前考虑对方

如今，手机作为沟通的重要工具，自然是联系客户的重要手段之一。但在给自己重要的客户打手机前，首先应该想到他是否方便接听你的电话，如果他正处在一个不方便和你说话的环境，那么你们的沟通效果肯定会大打折扣。

因此这是职场新人必须要学会的一课。最简单的一点，就是在接通电话后，先问问对方是否方便讲话，但仅有这些是远远不够的。如果能够在平时主动了解客户的作息时间则效果更好，有些客户会在固定时间召开会议，这个时间一般不要去打扰对方。

而电话接通后，要仔细倾听并判断对方所处的环境，如果环境很嘈杂，可能说明他正在外面而不在办公室，这个时候你要考虑对方是否能够耐心听你讲话。而如果他小声讲话，则说明他可能正在会场里，你应该主动挂断电话，择机再打过去。

### 3. 手机放哪儿有讲究

案例

刚入职不久的同事小栾去给客户汇报产品方案，汇报的地点选在对方的会议室，当天参加会议的人很多，还有不少领导，会议室里非常拥挤。

小栾可能是觉得有些热，就把外衣放在了一边，没想到这却出了问题。正在我们汇报到一半的时候，他的手机突然响了，小栾意识到这是自己的手机。但屋里人太多，他的外衣却放在门口，手机一直响个不停，中间也隔着好多人，小栾要过去拿的话大家都得起身才能让他过去，会场秩序一时间搞得很乱，也让对方的领导感到有些不满，弄得大家都很尴尬。

作为初入职场的新人，小栾显然没有考虑过公共场合手机应该放在哪里合适，很多人习惯于把手机随意摆放，这在自己家里或者工位上没有问题。

但在公共场合手机的摆放是很有讲究的，但很多人并没有意识到。手机在不使用的时候，可以放在口袋里，也可以放在书包里，但要保证随时可以拿出来，免得像小栾那样。

---

在与别人面对面时，最好不要把手机放在手里，也不要对着别人放置，这都会让对方感觉不舒服。而对于职场人士来说，最好也不要把手机挂在脖子上，这会让人觉得很不专业。

职场电话礼仪需注意以下几点：

① 不听。看手机关了没有，如果没有关当着对方的面把手机关了，以表示我们对对方的尊重。

② 不响。手机不停地响，给人一种三心二意、并不把对方当作重要人物的感觉。

③ 不出去接听。我们在会晤重要客人的时候，采取关机、将手机调成振动、转接、找他人代理等方法来处理我们的手机以向对方传达我们尊重对方的信息。

应聘时的电话礼仪（第一印象）：

① 接电话礼貌。

② 态度表现得积极。

③ 快速、准确记录面试时间、地点。

④ 给予对方肯定的回答，去或是不去。

⑤ 如果对方发短信通知你去参加复试，应该回复：收到，我会准时参加（或者不参加）。

消息回复：

① 看到熟悉的未接来电，应当回拨。
② 和领导打电话常备笔和纸，记录领导吩咐的事情等。
③ 领导的邮件，及时回复。

### 任务总结

电话礼仪不仅仅反映了每位接听者的情绪、文化修养和礼貌礼节，同时也反映了职员的素质。如果我们每打一个电话，对方都能表示出非常友好，乐于助我的态度，同时都能帮我们解决每个问题，这就如在平时工作一样顺利或如人生道路一样顺畅，不管我们是以什么样的心态，对方能如此对待我们，那有多好！这也是每个人所期待的，是我们应该给予他人的。

## 思考与练习

一、判断题
1. 打电话时声音要清晰，内容要有所安排，但姿势可适当随意。（　　）
2. 要语调温和、音量适中、咬字要清楚、吐字比平时略慢一点。（　　）
3. 打电话应尽量打私人电话。（　　）
4. 留言五要素包括：致、发自、日期、记录者签名、内容。（　　）
5. 接听电话的时候，要暂时放下手头的工作。（　　）

二、单选题
1. 通话时要力求遵守（　　）。
  A. 一分钟原则　　B. 两分钟原则　　C. 三分钟原则　　D. 四分钟原则
2. 以下说法正确的是（　　）。
  A. 找上级的电话不应询问太多，要直接回答在或不在
  B. 如果打电话找的人不在，可即刻挂断
  C. 公务电话最好避开临近下班的时间
  D. 通话完毕应迅速放下话机
3. 正确接听电话的话术包括（　　）。
  A. 你找谁？　　　　　　　　B. 抱歉，这个事我不太了解
  C. 我问过，他不在。　　　　D. 你等一下，我要接个别人的电话
4. 可以不静音使用手机的场合是（　　）。
  A. 公园　　　B. 餐桌　　　C. 电梯　　　D. 自习室
5. 以下不属于职场电话礼仪的是（　　）。
  A. 不听　　　B. 不看　　　C. 不响　　　D. 不出去接听
6. 以下消息回复的做法不正确的是（　　）。
  A. 看到熟悉的未接来电应当回拨
  B. 领导的邮件及时回复
  C. 看到他人留言应及时回复
  D. 通知参加应聘的信息应只回复：收到

三、多选题
1. 打电话时，什么时间比较合适？（　　）。
  A. 早7点后　　B. 晚10点前　　C. 用餐时间　　D. 午休时间
2. 接听电话的礼仪包括（　　）。
  A. 最好三声之内接听　　　　B. 如果电话机较远，可以不理睬

C. 接起电话第一声应说"喂"　　D. 电话响过五声之后才接起应致歉
3. 基本电话礼仪包括（　　）。
A. 声音清晰　　　　　B. 语速较快　　　　　C. 规范内容　　　　　D. 心情愉悦
4. 手机礼仪包括（　　）。
A. 不要借用别人的手机　　B. 使用手机要注意安全
C. 使用手机不要制造噪声　　D. 手机放置的位置有讲究

四、简答题
1. 基本的电话礼仪有哪些？
2. 应如何接听电话？接听电话的注意事项有哪些？
3. 应如何拨打电话？拨打电话的礼仪规范及注意事项有哪些？
4. 怎样正确地使用手机？
5. 职场中使用手机有哪些礼仪要求？
6. 应聘时的第一印象——电话礼仪要求有哪些？

五、案例分析题
有一天，办公室的龙经理收到一张留言条，上面是这样写的：
龙经理：刚才一位姓陈的先生来电，让你晚上 8：30 在和平桥那里等他。
试分析，如上留言有哪些不妥当的地方？

# 任务十七 餐饮礼仪——餐桌上面见人品

### 任务描述

"夫礼之初,始之饮食"。

职场活动中,宴请是工作的一部分,是增进与合作伙伴联络感情的重要途径,许多没有达成的协议可以在饭桌上达成,许多合同细节上的争议可以通过吃饭解决,许多没有谈成的业务,可以通过一顿饭来谈成。

宴请并不是一件容易的事情,整个过程都应该严谨、细腻,安排周全,合乎宴请的礼仪规范,宴请方不但要考虑到受邀的人数,还要考虑到宾客的社会地位、时间、地点、场地、人员、桌次、座次安排,同时还要考虑到宗教民族习惯,文化等传统的影响,只有这样,宴请才能取得成功,才能达到预期的目的。

### 任务目标

1. 了解和认识宴请有哪些形式。
2. 中餐餐具有哪些?使用时应注意些什么?
3. 西餐的餐具应如何正确使用?
4. 主人应如何敬茶?

### 案例导入

**餐饮礼仪**

小李是保险公司的一名推销员。这一年,他签下了不少保单,取得了不错的销售成绩。为了感谢顾客的支持、同事的帮助、上司的指点,他决定举办一次宴会,宴请所有帮助他成功的人。好友知道他的这个决定之后,就建议他说:"宴请宾客并非易事,有很多事情需要提前考虑好,你还是早做准备吧!"小李不在意地笑笑说:"瞧你,那么紧张干什么呀?不就是请人吃饭吗?有钱付账就行了!"好友听他如此说,也只好不作声了。到了宴会那一天,宾客们按时来到了宴会地点。看到小李,宾客们无一例外地松了一口气,因为这个餐厅地处偏僻,交通不便,宾客们经过多番打听才找到这里。而有一些宾客则通知小李,因为他们怎么也找不到举办宴会的这家餐厅,所以他们今天不能来赴宴,请小李见谅。小李引导客人入座时又发现了另一个问题,因为他不懂得位次的排列礼仪,事先又没有安排好,所以此时他不知道应让每位客人坐在哪里,只好硬着头皮让大家随便坐。

宴会进行中问题层出不穷,不是菜品不合客人口味,就是服务生的服务不到位。宾客们怨声载道,小李则忙得焦头烂额。送走宾客之后,小李回顾宴会的整个过程,方才真正地意识到:宴请宾客真的并非易事!

## 任务知识

吃饭是每个人每天必需的，人们往往把餐桌当作交流的非正式场合，由于少了工作和会议的拘束，餐桌上的表现更能反映一个人的文明素质和修养。

## 一、宴请

**1. 宴请**

孔子曾指出："夫礼之初，始于饮食。"

宴请指盛情邀请贵宾宴饮的聚会，是人际、社交乃至国际交往中最常见的礼仪活动之一，通常是为了应酬答谢、祝贺共勉、联络感情、结交朋友、增加接触机会、讨论共同感兴趣的问题及增进友谊等目的。

通常的宴请形式有四种：宴会、招待会、茶会、工作餐。

（1）宴会  通常是指由机关、团体、社会组织或者企事业单位等出面组织的，具有一定目的，以用餐为活动形式的正式聚会。有时，亦可由个人或者以个人的名义举办。宴会有国宴、正式宴会、便宴和家宴之分；按举行的时间，又有早宴、午宴、晚宴之分，其中，晚宴最隆重。

① 国宴：特指国家元首或政府首脑为国家庆典或为外国元首、政府首脑来访而举行的正式宴会，需要排座次，宴会厅内挂国旗，宾主入席后，乐队奏国歌，主人和主宾先后发表讲话或致祝酒词，乐队奏席间乐。国宴是宴会中规格最高的。

② 正式宴会：安排大体与国宴相同，但是不挂国旗、不奏国歌、出席规格稍有差异。许多国家对正式宴会十分讲究排场，请柬上往往注明服饰要求。

③ 便宴：即非正式宴会，常见的有午宴、晚宴，有时也举行早宴。便宴简便、灵活，不作正式讲话，菜肴可丰可俭。便宴气氛较轻松、亲切，便于交往和交谈。

④ 家宴：即在家中设便宴招待客人。西方人喜欢采用这种形式，以示亲切友好。我国领导人有时也在家中设便宴招待外国友人。家宴往往由主妇亲自下厨烹调，家人共同招待。

（2）招待会  不备正餐的宴请形式，一般备有食品和酒水饮料，通常不排固定席位，宾主活动不拘形式。常见的有：

① 冷餐会。不排席位，菜肴以冷食为主，也可冷、热兼备，连同餐具一起陈设在餐桌上，供客人自取，客人可多次进食，站立进餐，自由活动，边谈边用，地点可在室内，也可在室外花园里。根据主客双方身份，招待会规格隆重程度可高可低，举办时间一般在中午12时至下午2时，或下午5时至7时左右。冷餐会适宜于招待人数众多的宾客。

② 酒会。又称鸡尾酒会，形式较为活泼，便于广泛交谈接触。招待品一般以酒水为主，略备小吃，不设座椅，仅置小桌或茶椅，以便客人随意走动。酒会举行的时间较灵活，中午、下午、晚上均可，客人可在此间任何时候入席、退席，来去自由，不受约束，备置多种酒品、水果料，但不用或少用烈性酒。

（3）茶会。一种更为简便的招待形式，一般在上午十时、下午四时左右举行，厅内设有茶几、座椅，不排座位，但若是为贵宾举行的茶会，入座时，有意识地安排主宾与主人坐在一起，其他出席者随意就座。茶会对茶叶、茶具及递茶均有规定和讲究，茶具一般用陶瓷器皿，不用玻璃杯，也不用热水瓶代替茶壶，外国人一般用红茶，略备点心和地方风味小吃，也有不用茶而用咖啡者，其组织安排与茶会相同。

（4）工作餐。一种非正式宴请形式，主客双方可利用进餐时间，边吃边谈问题，按用餐时间分为工作早餐、工作午餐和工作晚餐。工作餐多以快餐分食的形式，既简便、快速，又符合卫生，但往往是因日程活动紧张而采用的形式。

宴请的形式见表 3-12。

表 3-12 宴请的形式

| | | |
|---|---|---|
| 宴会 | 按举办时间划分 | 早餐、午餐、晚餐，以晚餐档次最高 |
| | 按形式划分 | 中餐、西餐、中西餐合并宴会 |
| | 按性质划分 | 工作宴会、正式宴会、节庆宴会 |
| | 按礼宾规格划分 | 国宴、正式宴会、便宴和家宴，一般情况下，宴会持续时间为 2 个小时左右 |
| 招待会 | 常见的招待会有冷餐会、酒会等 | |
| 茶会 | 下午 4 时或上午 10 时左右在客厅举行 | |
| 工作进餐 | 按用餐时间划分 | 工作早餐、工作午餐和工作晚餐 |

**2. 宴请的"五 M"规则**

宴请的"五 M"规则见表 3-13。

表 3-13 "五 M"规则

| "五 M" | 规则 |
|---|---|
| Meeting——见面的人是谁 | 请客人吃饭，如果要请一个人就比较好办，有时候还要请人作陪，就得考虑这些人之间的关系，醉翁之意不在酒，在乎山水之间，请来的人至少要能够谈到一块去 |
| Money——费用 | 做任何事情，量入为出，不管是请熟人，还是请生人，不要铺张浪费，一般要讲少而精，量力而行，要避免大吃大喝，这也是现代一种非常时尚的消费观念 |
| Menu——菜单 | 吃饭其实是吃菜，吃菜需要有讲究。如果请客的人没有经验，他往往会这么问，您吃点什么呀？您来点什么？您爱吃点什么？有经验的人则会这么问：您不能吃什么？或者来条草鱼还是鲤鱼。也就是说有经验的人会问两个问题，一个是有所不为的问题，一个就是封闭式问题。要注意有宗教禁忌、有民族禁忌，不要触犯 |
| Media——媒介 | 一般客人吃特色，公务宴请还要看吃饭的环境，这是一个接待规格的问题 |
| Manner——举止 | 有教养的人在餐桌上要注意举止 |

**3. 宴席中的顺序及礼节**

（1）迎宾 在客人到达时，主人应热情迎接，主动招呼问好，服务员帮助来宾脱、挂外套、帽子。

（2）引宾入席 按先女宾后男宾，先主宾后一般来宾的顺序，引宾客进入休息厅或直接进入宴会厅。休息厅内应有身份相应人员陪同、照料客人，服务人员及时递送饮料，主人陪同主宾进入宴会厅主桌，接待人员随即引导其他宾客相继入厅就座，宴会即可开始。

（3）致辞、祝酒 正式宴会，一般均有致辞，但安排的时间各国不尽一致，有的一入席双方即祝辞，我国一般习惯于正式宴会在热菜之后、甜食之前由主人致辞，接着由客人致答辞。致辞时，服务人员要停止一切活动，参加宴会的人员均应暂停饮食，专心聆听，以示尊重。冷餐会和酒会讲话时间则更显灵活，致辞完毕后，一般要进行祝酒，所以服务人员在致辞即将结束时应迅速把酒斟满，供主人和主宾祝酒用。

（4）侍应顺序 按国际惯例，侍应顺序应从男主人右侧的女宾或男主宾开始，接着是男主人，由此自右向左按顺时针方向进行。如宴会规格较高，须由两人担任服务，其中一人按上述顺序开始，至女主人或第二主人右侧的宾客为止；另一服务人员从女主人或第二主人开始，依次向右，至前一服务员开始的邻座为止。上菜、派菜、分汤均按以上顺序进行。

（5）斟酒 与上菜不同，上菜在左，但斟酒在右，酒只需斟满酒杯容量的 2/3 即可。

（6）宴会结束 宴会在主人与主宾吃完水果后起立时即告结束。此时，服务人员应将主宾等的座椅向后稍稍移动，以便宾客离席，或留下抽烟、叙谈，或进入休息厅休息，这时候，可以上茶水或者咖啡。

#### 4. 赴宴礼仪

赴宴不能盲目而行，无论接到任何方式的邀请，都应尽快明确地表明自己是否应邀，以便主人掌握出席人数。接受邀请后要做好赴宴准备。

不论主人还是客人，穿着都不应过于随便。在出席比较正式的宴会前都应特别注意修饰自己的仪表，使其合乎宴请场合的礼仪要求。

赴宴时，既不可迟到也不可过于提前，应保证准时。到达后，应先到休息室等候，在主人引导下与其他宾客一起入席。如没有休息室，可直接进入宴会厅，但切忌提前到餐桌旁落座。

当主人邀请宾客入席时，应按由尊及卑的顺序，一般应从自己行进方向的左侧入座，在同桌的女士、长者、位高者落座后，与其他客人一同就座。双手不宜放在邻座的椅背或餐桌上，更不要用两肘撑在餐桌上。

用餐中主人与客人、客人与主人、客人与客人之间为了表示各自的热情和关爱，通常会彼此劝酒让菜，但停留在口头上即可，或用公筷，千万不要动不动就用自己的筷子为别人夹菜。

席间临时离开餐桌时，不能把筷子插在饭碗中，而应将其放在桌子上、餐碟或筷架上。当主人宣布宴会开始并致辞后，方可食用，绝不可抢在主人之前去吃。将餐巾摊放在膝盖上。中途退席时，可以把餐巾放在椅子上，而不应放在桌子上，进餐时餐巾可以用来擦嘴，而不应用其擦汗、擦眼镜或擦拭餐具。

吃完饭马上离去是不礼貌的。客人应向主人致谢，感谢主人的盛情款待，称赞主人的周到安排和精美菜肴。

**拓展阅读**

**赴宴礼仪请牢记**

某企业年终在一家五星级饭店举办客户答谢宴。公司老总、办公室员工早早到达等候。距约定时间18点30分还有10分钟时，5桌客人只坐满1/3，开席时间只得推迟。开席时间过去了20分钟，客人还是只来了一半。公司老总只能尴尬地宣布开席。

结果答谢晚宴成了"流水席"。先来的客户快吃饱了还有人陆续进场。两名结伴而来的女客户迟到50分钟，还神情笃定地落座，既没有跟主办方道歉，也没有和同桌人打招呼自顾自地吃起来。来得最迟的客户一进门就开始嚷道"真不好意思啊，都怪路上堵车，所以来晚了。我只能坐半小时，等会儿还有事呢……"

负责举办这次答谢晚宴的办公室主任抱怨道"为了办好此次答谢宴，我们部门提前一个月就开始给客户发邀请函，还多次电话确认，希望他们准时赴宴，没想到，最终结果会是这样……"

#### 5. 座位礼仪

座位礼仪可进一步分为桌次礼仪与座次礼仪，前者是指当一次宴会中人数较多，需要多张桌子时，桌与桌之间的尊卑顺序；后者则是指在一张桌子上就座时，座位与座位之间的安排原则。

（1）桌次礼仪　需要遵循的原则是：以右为上、内侧为上、中央为上、近高远低（图3-37）。

（2）座次礼仪　需要遵循的原则是：主人面门、主宾居右、分侧排列、主桌为重、身份相仿。

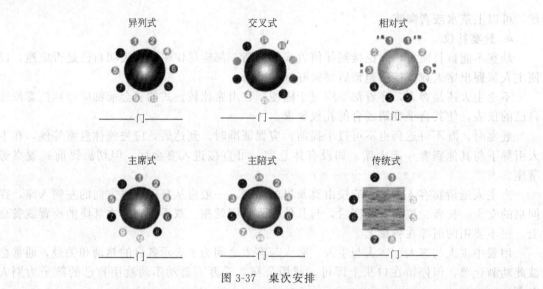

图 3-37 桌次安排

> **拓展阅读**
>
> 怎么坐有讲究,座次是"尚左尊东""面朝大门为尊"。若是圆桌,则正对大门的为主客,主客左右两边的位置,则以离主客的距离来看,越靠近主客位置越尊,相同距离则左侧尊于右侧。若为八仙桌,则正对大门一侧的右位为主客;如果不正对大门,则面东的一侧右席为首席。若为大宴,桌与桌间的排列讲究为首席居前居中,左边依次2、4、6席,右边为3、5、7席,根据主客身份、地位、亲疏分坐。

## 二、中餐礼仪

### 1. 中餐菜序
冷盘、热菜、汤、甜食、水果。

### 2. 中餐餐具
（1）筷子　成双成对。

用筷五忌：忌舔筷子、忌插筷子、忌舞筷子、忌敲筷子、忌扔筷子。

（2）汤匙　饮汤之用、辅之取菜。

（3）食盘　暂时放置取用的菜肴,也可用于存放废弃物。

（4）饭碗　盛饭。不得端起饭碗;不得抿舔饭碗;不得盛放他物;不得倒扣;不得叠放。

（5）水盂、湿毛巾。

（6）牙签。

（7）餐巾、餐巾纸。

### 3. 中餐礼节
① 开始用餐要有待主人示意;

② 对宾主的致辞要洗耳恭听;

③ 取用菜肴应讲究先来后到;

④ 可向他人让菜,但不得布菜;

⑤ 取用菜肴时不得挑三拣四;

⑥ 饮酒自愿而不得酗酒、灌酒；

中餐餐具摆放如图 3-38 所示。

## 三、西餐礼仪

### 1. 西餐菜序

（1）正餐

① 开胃菜（"头盆"）；

② 汤（"开路先锋"）；

③ 主菜（一份冷盘、两份热菜）；

④ 点心（可以不食用）；

⑤ 甜品（例菜）；

⑥ 果品（各种干、鲜果品）；

⑦ 热饮（"压轴戏"）。

图 3-38 中餐餐具摆放

（2）便餐（形式上从简、内容上少而精）

① 开胃菜；

② 汤；

③ 主菜（只供应一份）；

④ 甜品；

⑤ 热饮。

### 2. 西餐餐具

西餐餐具摆放如图 3-39 所示。

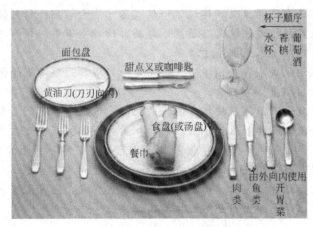

图 3-39 西餐餐具摆放

（1）刀叉　刀叉在使用时一般左叉右刀，依次从外侧向内侧取用，切割食物不铿锵作响；切割食物由左至右；切割食物双肘下沉，前后移动；切好的食物入口大小合适。

西餐中的刀叉在使用时具有一定的暗示：若暗示尚未吃完则摆放为刀右叉左、刀刃朝内、叉齿向下，呈"八"字形，勿摆成"十"字形；若暗示可以收掉，则刀右叉左、刀刃朝内、叉齿向上，并排纵放餐桌之上或刀上叉下并排横放餐盘上。

（2）餐匙　餐匙主要用作喝汤或吃甜品，因此不可用于取食主食、菜肴或搅拌红茶、咖啡。在取食时不可过量，入口一次用完，不可全部含入口中；动作干净利索，从距己较近处向距己较远处舀起；保持餐匙整洁干净；用完后应将其暂放于餐盘上，不可放回原处。

（3）餐巾　餐巾的作用是保洁服装、擦拭口部、掩口遮羞、进行暗示，其暗示含义可为：暗示用餐开始，即看女主人是否开始将餐巾打开使用；暗示暂时离开，可将餐巾置于自己的座椅上；暗示用餐结束，当女主人将餐巾放在餐桌之上，则表示这次宴席已接近尾声，即将结束了（图3-40）。

图3-40　餐巾的使用

（4）酒杯　西餐中的酒杯样式较多，主要是配合不同的酒。西餐中酒的种类有：餐前酒、餐中酒、餐后酒。

① 餐前酒：在餐前30分钟左右时饮用。餐前酒大多在客厅里饮用，主要目的是为了开胃，也是为了等待万一有事迟到的宾客，以免尴尬。即使你是一位滴酒不沾的人你也应该点一杯矿泉水、可乐之类的饮品，千万不要手中空空如是，那也是会令人尴尬的事，同时也会使你自己有失风度。

② 餐中酒：是在用餐过程中饮用，专门为主菜而配，有红酒和白酒之分，指的都是葡萄酒。

红酒是配"红肉"喝的，如：牛肉、羊肉、猪肉等。红酒是不可以加冰喝的。餐桌上那个粗一些的酒杯是红酒杯。

白酒是配"白肉"喝的，如：海鲜、鱼肉、鸡肉等。白酒要冰过喝。白酒杯的杯跟要比红酒杯高一些。

红酒和白酒开瓶以后都不能保存，所以都是大家商量好是找出一种品牌共饮，一次尽量喝完。客人一般以喝三杯酒为宜。

 **拓展阅读**

喝餐中酒之前还有试酒仪式。传说这个仪式源于中古时期一种可怕的习惯。那时如果要暗杀别人，最常用的方法就是在酒里下毒药。所以皇家贵族饮酒之前都要请家奴来试喝，等十多分钟以后看家奴没事才敢喝。

演变至今，试酒仪式不再是预防暗杀，而是一种增加用餐情调的优雅西餐礼仪。试酒者也改由主人亲自担当。

仪式的程序大致如下：酒瓶被托在高雅的托盘中由服务员送到主人面前，一边向来宾展示，一边说出酒的品牌和生产年份，然后把盖打开，把瓶盖放在主人的桌前，先倒四分之一杯给主人。主人先举着酒杯欣赏酒的颜色（大家可一并欣赏），然后主人将酒杯放在鼻下深深嗅一下酒的香气，并小抿一口含在嘴里品味酒的味道，之后徐徐咽下，满脸是陶醉的神情，还可以发出"好酒"之类的由衷赞叹，同时主人点头以示服务员可以向客人倒酒，并以"感谢大家光临"拉开饮酒序幕。

③ 餐后酒：一般的餐后酒是白兰地，用一种杯身矮胖而杯脚短小的酒杯喝。喝餐后酒可以用手心温杯，这样杯中酒就更能散发出香醇的味道。也有些先生或女士喜欢在白兰地中加少许的糖或咖啡，但不能加牛奶。

至于一般倒酒时该倒多满才是对的呢？只有香槟是可以倒全满的。饮用的若是白酒，一次倒半杯就可以了，若是红酒，四分之一就是适当的量了，倒得太满将无法欣赏到酒的香味与颜色。

（5）餐盘　在每个位置前的桌上要放好一个盛主菜的盘子，把盛小菜的餐碟放在大盘里，同时用餐巾轻轻盖上。汤盘要放在女主人身边的茶几上。

西餐中用到的餐盘比较多，主要有：①面包/黄油平盘，6.5寸；② 沙拉平盘，8.5寸；③深汤盘，9～11.6寸；④牛排平盘，10.5寸；⑤展示平盘，12.5寸（装饰用）；⑥甜点平盘，7.5 寸（可用面包盘代替）。

#### 3. 西餐礼仪

（1）举止高雅　我们有一种说法是：中餐吃美味佳肴、西餐"吃"举止风度。因此在西餐过程中十分注重举止行为，一般的要求有：进食噤声、防止异响、慎用餐具、正襟危坐、吃相干净。

（2）衣着考究　去参加西餐宴请时，无论主人还是客人，都要注意自己的衣着服饰，最好能着礼服出席，若没有礼服，也可暂由正装替代，当然若一般朋友之间日常聚会，也可着便装，但便装也不是随便着装，像短裤、吊带衫、拖鞋都不能穿着。

（3）尊重女士　西餐厅中的尊重女士有十分具体的做法，如礼待女主人、照顾女宾客、忌用女侍者。

### 四、咖啡礼仪

#### 1. 咖啡的种类

咖啡可按照不同标准分类，最常见的是根据配料区别。

（1）黑咖啡　既不加糖又不加牛奶的纯咖啡。易于化解油腻，视为身份高贵的标志。

（2）白咖啡　饮用之前加入牛奶、奶油或特制的植物粉末的咖啡。加糖与否自便。单纯加入牛奶的咖啡又叫法国式咖啡。

（3）浓黑咖啡　以特殊蒸汽加压方法制作，既黑又浓，不宜多饮。饮用时可加入糖或少量的茴香酒，不宜加牛奶或奶油。全名叫意大利式浓黑咖啡。

（4）浓白咖啡　制作方法与浓黑咖啡类似，加入了奶油或奶皮。饮用时不宜再添加牛奶，可加入少许柠檬汁，是否加糖自便。全名叫意大利式浓白咖啡。

（5）爱尔兰式咖啡　饮用前不加牛奶，而是加入一定的威士忌酒，加糖与否自便。

（6）土耳其式咖啡　与白咖啡类似，只是未去除咖啡渣。亦称为阿拉伯式咖啡。

如图 3-41 所示为咖啡的种类。

#### 2. 咖啡的饮用

（1）饮用的数量　咖啡在饮用时，要求杯数要少，一般 1~3 杯，另每次入口要少，小口啜饮品尝。

（2）配料的添加　咖啡的配料糖、奶或咖啡伴侣等，都应由客人自主添加、文明添加。

（3）饮用的方法　整套咖啡饮具应当放在饮用者的正面或者右侧，杯耳应指向右方。饮咖啡时，可以用右手拿着咖啡的杯耳，左手轻轻托着咖啡碟，慢慢地移到嘴边轻啜。不宜满把握杯、大口吞咽，也不宜俯首去就咖啡杯。喝咖啡时，不要发出声响。添加咖啡时，不要把咖啡杯从咖啡碟中拿起来。

咖啡匙是专门用来搅咖啡的，饮用咖啡时应当把它取出来。不要用咖啡匙舀着咖啡一匙一匙地慢慢喝，也不要用咖啡匙来捣碎杯中的方糖。

### 五、茶礼仪

#### 1. 茶叶的品种

（1）绿茶　对新鲜茶叶进行炒制，在制止其发酵之后制作而成的。夏日饮用，消暑降温。讲究选用当年新茶，尤其是"明前茶"。绿茶品种主要有龙井、碧螺春、黄山毛峰、君山银针、六安瓜片、信阳毛尖等。

（2）红茶　以新鲜茶叶经控制，使之完全发酵后制作而成。具有暖胃补气、提神益智的功效。红茶品种有祁门红茶、滇红、英红等。

（3）乌龙茶　半发酵茶叶，即边缘发酵、中央不发酵，又叫青茶。化解油腻、健胃提

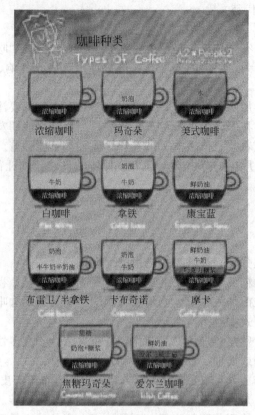

图 3-41 咖啡的种类

神。乌龙茶品种有：铁观音、武夷岩茶等。

（4）花茶　以绿茶经过各种香花熏制而成的茶叶，又叫香片。一年四季之中，都可以饮用花茶。

（5）砖茶　将茶叶压紧之后制作而成的一种类似砖块形状的茶叶品种。多用于煮饮，尤其是添加奶、糖之后煮饮。

（6）袋茶　为了饮用方便，将各种茶叶装入纸袋之内。饮用时将纸袋直接置于杯中冲泡。

**2. 茶具的选择**

喝茶时使用的茶具主要有三类：储茶用具、泡茶用具和饮茶用具。储茶用具，也就是茶叶罐，可以是各种特制的铝罐、锡罐、竹罐。选择时要注意具有防潮、避光、隔热、无味的特点。

泡茶用具，即茶壶。尤以紫砂陶、陶瓷制作而成为佳。

饮茶用具，即茶杯、茶碗。可以选择紫砂陶茶杯、陶瓷茶杯、玻璃杯。

**3. 敬茶的礼节**

接待客人泡茶时，要按客人不同的口味，配备饮品，但是也不宜客套过头。一般的奉茶之人在家中可以是晚辈、家庭服务员、主人，在单位则可以是秘书、接待人员、专职服务人员、在场职位最高者。

奉茶时要遵循先客人后主人、先主宾后次宾；先上司后部下；先女士后男士；先长辈后晚辈的顺序。

敬茶时要事先将茶沏好，装入茶杯，然后放在茶盘之内；双手端茶盘进入客厅，将茶盘放在临近客人的茶几上；右手拿茶杯杯托，左手附在杯托附近，从客人的左后侧双手将茶杯递上；茶杯放置于客人右手附近，杯耳朝向外侧，并轻声告知。

为客人端上头一杯茶时，不宜斟得过满，一般为杯身的 2/3 处；客人喝过几口茶后，即应为之续水，决不可让其杯中茶水见底；但是，也不应再三续水，而始终一言不发；传统上，"上茶不过三杯"——敬客茶、续水茶、送客茶；为客人斟茶也要注意以不妨碍对方为佳；续水不能过满（图 3-42）。

**4. 品茶的方法**

（1）态度谦恭　不宜向主人提出过高的要求，但是也不宜"随便"；主人，特别是女主人或长辈为自己上茶时，应起身、双手捧接并致谢；对方为自己上茶续水时，若难以起身，应欠身施礼或点头致意；与交往对象正在交谈时，最好不要饮茶。

（2）认真品味　饮茶时，应小口细心品尝；每口茶应在口中稍作停留，再慢慢下咽；不宜双手捧杯，或手端起杯底，或手握茶杯杯口饮茶；饮茶时，忌将茶水带茶叶一并吞入口中。

图 3-42　敬茶

## 任务总结

中华饮食源远流长。在这自古为礼仪之邦，讲究民以食为天的国度里，饮食礼仪自然成为饮食文化的一个重要部分。在诸多的礼仪规范中，餐饮礼仪又以它的不可回避性，日益凸现出学习它、掌握它、运用它的重要性。中西方餐饮礼仪由于它的文化、地域、宗教、习俗等的不同有着巨大的差异。学习好餐饮礼仪，有助于我们成长为学礼、知礼的现代人，懂得了关注细节，更有助于我们体现教养，成为受欢迎的人！

## 思考与练习

**一、判断题**

1. 酒只需斟满酒杯容量的 2/3 即可。（　　）
2. 宴请时应量力而行，避免大吃大喝。（　　）
3. 赴宴时应尽量早到。（　　）
4. 在桌次礼仪中，地位越高的桌子离门越近。（　　）
5. 西餐中的刀叉应由内向外使用。（　　）

**二、单选题**

1. 宴请的形式包括（　　）、招待会、茶会、工作餐。
   A. 宴会　　　　　B. 国宴　　　　　C. 便宴　　　　　D. 家宴
2. 宴请点菜时，主人比较有经验的询问方式为（　　）。
   A. 您吃点什么？　B. 您爱吃什么？　C. 您想吃什么？　D. 您不能吃什么？
3. 以下中餐礼节中不正确的是（　　）。
   A. 开始用餐要有待主人示意　　　　B. 对宾主的致辞要洗耳恭听
   C. 取用菜肴应讲究先来后到　　　　D. 可向他人布菜，但不得让菜
4. 西餐中被誉为"开路先锋"的是（　　）。

A. 开胃菜　　　　　　B. 汤　　　　　　C. 主菜　　　　　　D. 甜品

5. 以下咖啡礼仪不正确的是（　　）。

A. 每次饮用最多三杯

B. 整套咖啡饮具的杯耳应指向右方

C. 添加咖啡时，不要把咖啡杯从咖啡碟中拿起来

D. 咖啡匙可用来搅拌咖啡或挤碎方糖

6. 以下属于乌龙茶的是（　　）。

A. 铁观音　　　　　　B. 碧螺春　　　　　C. 龙井　　　　　　D. 香片

### 三、多选题

1. 宴会按性质可分为（　　）。

A. 工作宴会　　　　B. 中西餐合并宴会　　C. 正式宴会　　　　D. 节庆宴会

2. 茶会举行的时间为（　　）。

A. 10 时　　　　　　B. 14 时　　　　　　C. 16 时　　　　　　D. 18 时

3. 宴请中的礼宾次序正确的是（　　）。

A. 引宾入席时应先女宾后男宾　　　　　B. 侍应时应从男主人开始

C. 侍应时应从女主人开始　　　　　　　D. 上菜在左，斟酒在右

4. 西餐的便餐比正餐少的是（　　）。

A. 主菜　　　　　　B. 点心　　　　　　C. 果品　　　　　　D. 甜品

### 四、简答题

1. 宴请有哪些形式？

2. 中餐餐具有哪些？使用时应注意些什么？

3. 西餐的餐具应如何正确使用？

4. 主人应如何敬茶？

### 五、案例分析题

几天前，小林和其他四名求职者参加某公司招聘面试，正当四人面试完准备离开时，人事部经理发出了饭局邀请。饭局开始，菜不错，公司领导也很热情。5 位同学望着大大的包间有些不知所措。小林挑了靠门的位置坐下："这里是上菜位，今天我给大家服务啊！"上菜了，5 位同学的胃口似乎都很小，大都闷头吃菜，也不愿意喝酒，唯恐自己吃多了、喝多了，留下不好的印象，工作没有了希望。小林却有些"外向"，他先跟在座的每位打了个招呼，接着向大家介绍了自己。看见大家吃得很沉闷，他还提议给大家说了个笑话。在小林看来，这个饭局并不是那么简单，他听说有些单位招聘公关人员，会让他们参加饭局，趁机考查他们的交际能力。他想今天这场饭局大概也是一场"考验"。饭后，招聘单位负责人告诉大家，刚才设的饭局也是招聘面试的一部分，惊讶写在了每个人的脸上。人事经理表示，小林被录取了。据一位姓金的负责人透露："第一轮面试中 5 位同学的水平不相上下，难以取舍。刚好临近吃饭时间了，于是就有了通过饭局进一步考查的想法，找到我们需要的人。小林在饭桌上的表现虽然稚嫩，但他正努力地调动气氛，希望打破沉闷。我们需要的正是这种意识。"应聘者小蒋说："没想到吃个饭，还有这么大的学问。"

请问：从案例中你得到了什么启发？

# 接访礼仪——微小细节决定成败

### 任务描述

一个人的礼貌,就是一面照出他的肖像的镜子。

——歌德

接待和拜访是最常见的一种社交活动,掌握其中的礼仪规范,能够融洽感情,增进了解,提高交往的效果。中国人素来重人情,走亲访友是人们维系感情的必不可少的方式。要想做一个受欢迎的人,既要懂得接待礼仪,也要懂得拜访的礼仪规范。

### 任务目标

1. 掌握接待礼仪的相关知识;
2. 能够运用接待礼仪来完成好接待工作;
3. 理解和掌握拜访礼仪的基本步骤;
4. 学会和运用,在不同场合下的拜访技巧。

### 案例导入

与企业的陶总约定了上午10点,某大学的老师带领学生来进行参观。陶总有紧急事情要处理,办公室秘书王玲见到老师和学生们,马上出来迎接,引导他们到会客室。奉上茶水,并奉上介绍企业的资料。招呼客人们坐下后,王玲说:"大家先看一下我们企业的资料,陶总处理完手头事情,马上就来会见你们,请稍等。"然后就顺手递上介绍企业的资料给客人。王玲利用这段时间,让大学老师和他的学生们,充分了解了企业的状况。

分析:王玲利用这段时间,完成了初步的接待任务。

### 任务知识

## 一、接待礼仪

接待礼仪是人们在日常工作中需要时时提醒自己的一种职业修养的体现。作为主人,要热情礼貌地接待来客,让客人有宾至如归的感觉。良好的待客礼仪,体现出主人礼貌、友情,也会让客人感到亲切、自然、有面子。

### 1. 精心准备

与来访者进行约定之后。为了让客人有一个良好的第一印象,主人着手必要的准备工作。客人来到之前,需要洒扫门庭,以迎嘉宾。专门做清洁整理工作,以创造良好的待客环境。体现出对来客的重视,同时,也能完善个人或单位的整体形象。如果客人未打招呼突然来到，而室内比较零乱时，应向客人致歉，并稍加整理，但不易立即打扫，因为打扫有逐客之意。

待客时，通常需要准备好相应的用品，如茶水、饮料、糖果、报纸等。如果是公务拜访，还应准备一些文具用品和可能用上的相关资料，以备不时之需，倘若有小客人同来，还要预备一些玩具和书籍。

假如客人是远道而来的朋友，预先要准备好膳食与住宿，家中或单位不具备留宿条件的，应事先向对方说明，并安排其到干净、安全的酒店入住。

此外，若力所能及，最好主动为远来的客人提供相应的交通工具，并善始善终，来时接走时送。

 **拓展阅读**

### 接待客人注意事项

多一份热情，多一份细心。接待方要做到"三到"：眼到，口到，意到。口到即目光热忱，包括：正视对方，眉目含笑，注视也要点到为止。口到即舌灿如花，包括：语言相通，句句含情，沟通到位。意到即温情如春，包括：神态端庄，表情自然，举止大方。

#### 2. 热情迎客

迎客，不仅可显示出主人的热情，更能给来客以春风般的愉悦感受。出迎三步，身送七步，这是我们迎送客人的传统礼仪。客人在约定的时间内到达，主人应提前去迎接。对于远道而来的客人，可恭候在其抵达本地的机场，车站迎接。当客人来访，听到敲门声或电铃声，应立即起身，开门迎接。客人进门后，主人应接过客人的鞋帽、雨具，或是一齐放置地点，但不要去接客人的手提包。

对于重要的客人和初次来访的客人，要亲自或者派人前去迎接；迎候本地的客人，应到楼下，门外。见到客人，主人应面含微笑，热情地打招呼，主动伸手相握，以示欢迎，并亲切问候，"您好！""欢迎光临！""您一路辛苦了"之类的寒暄语。如果有其他成员在场，要一一向客人介绍。如果客人手提重物，应主动相帮，对于长者或体弱者可上前搀扶。

 **拓展阅读**

### 接待客人之道

客人要找的负责人不在时，要明确告诉对方负责人到何处去了，以及何时回本单位。请客人留下电话、地址，明确是由客人再次来单位，还是我方负责人到对方单位去。

客人到来时，我方负责人由于种种原因不能马上接见，要向客人说明等待理由与等待时间，若客人愿意等待，应该向客人提供饮料、杂志，如果可能，应该时常为客人换饮料。

接待人员带领客人到达目的地，应该有正确的引导方法和引导姿势。包括在走廊、在楼梯、在电梯的引导方法。

#### 3. 正确让座

我国古代让座的传统是"坐，请坐，请上坐"，由此可见让座的重要性。客人进门寒暄问候之后，应尽快安排其入座。若是把客人拦在门口谈个没完，这等于是在向客人暗示其是不受欢迎的。

主人应把上座让给客人，所谓上座，是指距离房门较远的位置，宾主并排就座时的右座；宾主对面就座时面对正门的位置；较高的座位；于较为舒适的座位。在就座之时，为了表示对客人的敬意，主人应请客人先行入座，不可先于客人坐下，更不允许不让座或让错座，如果你在听音乐、看电视或手机，应立即把它们关掉，不要一边接待客人，一边听看电视，那样极不礼貌。

### 周公吐哺

周公是西周时期的著名政治家。他说："吾文王之子，武王之弟，成王之叔父也，又相天下。吾以天亦不轻矣。然吾一沐三握发，一饭三吐哺。起以待士，犹恐失天下之士。"位高权重的周公唯恐怠慢客人，曾3次中断洗浴，在吃饭时3次将来不及咽下的食物吐出来，立即出去迎客。周公堪称礼贤下士的待客典范。留下"周公吐哺，天下归心"的千古佳话。

### 4. 敬茶

客人落座后，应尽快送上之前准备好的茶水、点心。应尽量在客人视线之内，把茶杯清洗干净，即使是平时备用的洁净茶杯，也要用开水烫洗，避免出现因茶杯不洁，而置客人不愿应用的尴尬局面。

倒茶时，茶水的高度以2/3为宜。敬茶时，用双手奉上，对有杯耳，通常是用一只手抓住杯耳，另一只手托住杯底，把茶水递给客人。随之说声"请您用茶"。斟茶应适时，客人谈性正浓时，莫频频斟茶，若交谈时间较长，要注意及时为客人续茶，如果客人不止一位，第一杯应敬给长者，或职位高者女士。

### 5. 随客交谈

谈话是待客过程中的一项重要内容。敬茶后，主人要陪同客人交谈。首先，谈话要紧扣主题。其次，要认真倾听，不要东张西望地表现出不耐烦的表情，应适时地以点头或微笑做出反应。第三，不随便插话，要等别人谈完后再谈自己的看法和观点。第四，不频繁地看表、打哈欠，以免对方误解。

交谈的过程中，要不时为客人续茶添水，劝其多吃水果点心。客人杯中无水，不及时添加，瓜果放着不劝吃，很可能会让客人觉得有冷玉之感。

### 6. 送客有道

送客是最后的一个环节，如果处理不好，将会影响到前面招待的效果，精彩的告别就如同一杯芬芳的美酒令人回味。当客人准备告辞时，一般应婉言相留，这是情意流连的自然显示，并非多余的客套之辞。如果客人执意要走，也要等客人起身时，自己再起身相送，切不可在送客时，先"起身"或"先伸手"。

对于常来常往的客人，因送到门口，带客人走远后，再回身轻轻关上房门；对于重要的客人或长者，应送至楼下或其轿车、出租车旁边；对于远道的客人可送至机场、车站。当客人离去时，应向其挥手致意，当客人的身影完全消失或客人的交通工具启动后，主人方可离去，否则，当客人走完一段路再向主人致意发现其已经不在时，心里会很不是滋味。

客人来访带有礼品，主人应在送别时再次表示感谢，说声"让您费心，真不好意思"等，绝不可若无奇事，或显示出受之无愧或理所当然的样子。在必要的时候，要回赠礼品。

### 如何接待

某公司的职员陈先生推开了会客室的门，见有人坐在那里，就贸然问："喂，你在等谁？""我是来找贵公司田主任谈合作之事！"坐在会客室等候田主任的李先生，对这唐突的闯入者感到心里有点不舒服。连敲门都没有就突然推进房间，只探出一个头环视着房间，然后没头没脑地问问题，又莫名其妙地走了，约好来谈合作之事，谁知对方不但不守时，还会受到这种"待遇"，这轮到谁都会生气的吧！不用说，李先生的不舒服已淹没了要谈生意的意愿。今天的生意，甚至以后的约定都将不会很顺畅。

## 二、拜访礼仪

中国人素来重人情。走亲访友是人们维系感情的必不可少的方式，要想做一个受欢迎的客人，应注意以下几点。

### 1. 拜访准备

（1）事先约定，守时守约　拜访最好，选对象需要之时，尤其是有情感需求时。如红白喜事、特殊纪念日、生病之时。

拜访要做到有约在先。不约而止，是对主人的不尊重，常常会令人难堪，使人不快。预约的方式很多，电话是最常用、最方便的预约方式，也可发信息。若是初次公务拜访，最好带上介绍信。约定拜访时间和地点，应客随主便。若是家中拜访，不要约在吃饭和休息的时间，最好安排在节假日下午和晚上；若是办公场所拜访，一般不要约在上班后半小时和下班前半小时内，若去异性朋友处做客，尤其要注意时间安排，以对方方便的时间为宜。

约好时间地点后，就不轻易变动，因特殊原因不能如期赴约，务必尽快打电话通知对方，说明情况并诚恳致歉，待见面时，应再次致歉。拜访时应准时到达，提前和推迟都不易。考虑到交通拥挤或其他因素影响。可约定一个较为灵活的拜访时间，如"我在9点半到10点之间到达"，以免自己给人留下不守时、不守信的印象。

 小故事

王莉在某公司市场部工作，她准备去拜访顺达公司的市场部经理胡军先生。王莉事先预约的时间是本周三下午三点。王莉准备好了有关的资料、名片，并对顺达公司及胡军先生进行了了解。拜访前王莉对自己的仪容、仪表进行了精心、得体的修饰。到了周三，王莉提前五分钟到达顺达公司。在与胡军先生的交谈过程中，王莉简明扼要地表达了拜访的来意，交谈中能始终紧扣主题，给胡军先生留下了很好的印象，最终促成了合作。

### 拓展阅读

**拜访的时间**

① 于数日前预先约定时间，不宜利用周末、假日、清晨、夜晚或用膳时间前往拜会。

② 除业务洽谈虚耗时外，一般拜会以喝完咖啡或茶即告辞，时间约半个小时。

③ 拜会时应准时抵达，鉴于交通拥挤，为求保险，可提前数分钟抵达，如因故不能前往，应通知主人致歉，取消约会，在择合适时日拜访。

（2）悉心准备，以示尊重　为了以示对主人的尊重，在拜访之前应做好相应的准备和安排。尤其是一些重要的拜访，事先应考虑需要商量哪些事宜，如何与对方交谈，是否与他人一块前往，是否需要准备资料和名片等。

出发前要修饰好自己的仪表，服饰要整洁、得体、大方，还要检查一下你该带的资料、礼物之类的东西。准备充分了，就会有好的拜访效果。

**拓展阅读**

### 拜访的一般原则

① 如果有尊卑先后之分。年幼者及低位者应先拜访年长者及高位者。

② 男士拜访女士,应先征得同意,不能贸然前往拜会,除非是上班时间及业务需要,女士不宜单独拜访男士。

③ 认识新朋友,宜于认识后数日约定时间前往拜会,迁入新居,宜主动拜访邻居。

④ 业务需要拜会客户,应备好相关资料,对所要推销商品的特性应胸有成竹,以免临场窘态毕露。

### 2. 上门做客,理不可疏

(1) 进门有礼,不可冒失  无论到他人家中或办公室场所拜访,都不可破门而入。有门铃的首先按门铃,时间2秒左右即可,若间隔十几秒未见反应,可按第2~3次,切忌长时间连续不断按铃,吵到主人休息;没有门铃的,先敲门。敲门时用中指与食指的指关节有节奏的轻叩房门2~3下。不可以用整个手掌,更不能用拳头擂或用脚踢。在炎热的夏季,有的人习惯敞开着门,若在这时候拜访,也应敲门或告知主人,征得主人允许后方可进门。

进门后,随手将门关带上,如果带着雨具应放在门口或主人指定的地方,应避免把水滴在房间。在寒冷的冬天,进入主人家后,应在主人示意下脱下外套,摘下帽子、手套等随身带的物品,一起放在主人指定的地方。如果主人没有示意,则表示无意让你进屋,这时不可急匆匆地脱下衣帽。需要脱鞋时,应将鞋脱在门外,穿拖鞋后进屋,若无需脱鞋,则应先将鞋在门外的擦鞋垫上擦进泥土后方可进屋。

**拓展阅读**

### 做客时应注意的事项

① 略寒暄后简要说明本意,再依主人延揽就座,避免坐在主位上,若有其他客人或主人家属,应招呼后再坐。

② 如业务拜访,所谈内容要点要随时记录备查。

③ 主人另有要事或急于离开而有所示意时,应缩短拜会时间,一旦欲告辞,不应拖泥带水,站立续谈;而在礼貌上,主人应送到办公室或家门口,见主人刻意相送,应请主人留步。

④ 拜访时,如女主人曾出来打招呼或奉茶,辞去时,别忘了和女主人打招呼并致谢意。

(2) 言谈有度,举止得体  进屋后随主人在指定的座位,坐下。如果主人家中有长辈,应先与主人家长辈打招呼。若有其他客人也不能视而不见,应礼貌寒暄。但也不要随意攀谈和乱插话。没有得到主人示意,不能随意走动,特别是不能随意进入主人卧室,也不要乱动主人家的物品。主人端茶送水果时,应欠身致谢,并双手奉敬。上门做客时,最好不抽烟,非抽不可,也要征得主人同意。主人递烟时可接过,并主动为主人点烟。坐姿要端正,不要东倒西歪,不能把整个身体陷在沙发里。也不要双手抱膝,更不要跷二郎腿。若感觉疲劳,可变换坐姿,但不能抖动两腿。女士应注意两腿需要靠拢。

拜访交谈,要做到心中有数。适当的寒暄后,应尽快切入主题,不要东拉西扯,浪费时间,更不可过多询问主人家的生活和家庭情况。交谈时,要尊重主人,不可反客为主、口若悬河、喋喋不休。忽略交谈对象的反应,是谈话技巧之大忌,也是失礼的表现。

**拓展阅读**

### 拜访前应注意的事项

① 如系接受邀请函邀约，应事先回函表示准时赴约。
② 注意服装的整齐和仪表，事先计算交通堵塞的时间。
③ 拜访时，拟定商讨的业务文件、谈话内容，应预作准备，行前并做检查，如有文件乃至介绍信，应勿忘。
④ 对主人的背景，包括爱好、脾气、家庭等，应设法了解，有助于谈话。

(3) 善解人意，适时告辞　拜访、交谈时间时要注意掌握时间，要知道客走主人安的道理。一般拜访不要超过一个小时，初次拜访不要超过 30 分钟。如果主人心安不定，不停地看钟、看表或接听电话，面露难色，欲言又止，说明主人已无心留客，这时就应主动提出告辞。即便主人有意挽留，也不要犹豫不决。告辞前要向主人道别，如果带有礼物可以在进门时交给主人，也可在告辞时请主人收下。出门时应与主人握手告辞，并说"请留步"，出门后还应转身行礼，再次道别。

回到家后最好给主任打个电话，既让主人放心，又表达感谢之意。

 **拓展阅读**

### 回拜的原则

业务上的洽谈，不一定要回拜。但朋友间的访问者，则易于在来访数日后回拜；新邻居来拜访后，予以回拜；至于长者和上级接受拜会后，但宜择期邀宴请款待。回拜也应约定时间。

#### 3. 拜访的类别

如图 3-43 所示为拜访。

图 3-43　拜访

(1) 拜访上司　要拥有良好的向上沟通的主观意识，寻找对路的向上沟通方法与渠道以及有效的沟通技巧。最好的拜访上司的方式是由一个熟悉双方的第三方引荐，这个人最好是有一定的社会地位并能权衡诸方的利益，这样可以在三方的交谈沟通中与领导进行相对深入的接触和了解，可以同第三方了解到领导的兴趣和爱好，并投其所好，随着时间的增加建立良好的关系；如果是只身一人前往，要提前做好准备，要注意领导什么时间比较闲，避免在其比较繁忙的时候与其会面，这样沟通会非常地仓促，沟通的效果也不会好；同时还要对自己将要汇报的工作内容非常熟悉，这样就能够对领导在对话中产生的疑问对答如流，给对方留下好的印象。同领导建立良好关系是一个循序渐进的过程，主要以汇报和请示的形式进行开展，随着拜访次数的增多，也会越加熟练，不是只能凭几条理论就能换来领导的认可和支持的，需要不断地实践和总结经验。

（2）拜访同事　守时。去拜访同事前一定要商量好，拜访的日期及具体时间，要记得"浪费时间就是浪费生命"，如若约好的时间不能准时到达，需要打个电话，另行商议时间。守礼。到同事家里拜访，一定要懂礼貌，对待长辈一定要站起来以示尊敬，当主人介绍朋友给你认识的时候，一定要站起来表示对主人的感谢，同时要保持谦虚、谨慎的态度，不自吹自擂。进同事家门的时候，要注意脚上是否有泥，若是阴雨天，携带的雨具要放到主人指定的存放处。如果主人是长辈，或者是领导，一定要在对方坐下后再坐。拜访同事之前，一定要记得对方的喜好，比如对方能否喝酒，吸不吸烟，是不是对吸烟反感等，否则，犯了别人的忌讳，不仅达不到增进感情的目的，还会使双方的感情恶化。

（3）拜访客户　平时的准备包括丰富的知识、正确的态度、熟练的技巧和良好的习惯，以及物质准备。客户资料收集，要提前了解客户的资料，了解个人和企业各方面的情况。个人资料包括经济、健康、家庭、工作、社交、爱好、文化、追求、理想、个性；企业资料包括决策人、经办人、行业、产品、架构、效益、员工、规划和问题等。客户资料分析，提醒大家在了解资料的时候可以事先到网上做一些了解，除了解背景之外，还要了解客户心理的需求，就是指供应商选择的评判标准和价值，然后再做归类和整理。销售资料准备包括公司、产品、个人、资讯、证明、图片、式样，等等。

## 任务总结

很多时候人们都喜欢说："细节决定成败！"事实上，也有很多事情的成功是由无数细节堆叠而成的结果。接访礼仪并没有高深的学问，也没有非常深刻的理论，但是跟我们的生活息息相关，是我们生活当中的每一个细节，是我们生活当中的言行举止。我期待，通过本任务的学习和探讨，能够使每个同学成为有修养、有品位、有风度、有气质，懂得爱己爱人的现代人。

## 思考与练习

一、判断题

1. 接待来访客时，应先介绍主方人士，后介绍客方人士。（　　）
2. 接待客人时，我们要遵守"节俭务虚""自我方便"的原则。（　　）
3. 在告别时，可以站在门口和主人再作一次长谈来表示自己对此次拜访很满意。（　　）
4. 如果客人来时，你正在收看电视，可以坐下来边接待客人边看电视。（　　）
5. 拜访他人必须有约在先。（　　）
6. 接待多方来访者要注意接客有序。（　　）
7. 接待来访客人，当客人抵达时，应由主人先伸手与客人握手表示"欢迎"。（　　）

二、单选题

1. 介绍两人相识的顺序一般是：（　　）。
   A. 先把上级介绍给下级　　　　　　B. 先把晚辈介绍给长辈
   C. 先把客人介绍给家人　　　　　　D. 先把早到的介绍给晚到的客人
2. 事务性拜访的时间一般不宜过长，通常停留时间为（　　）。
   A. 1～2个小时　　　　　　　　　　B. 1个小时
   C. 20分钟至1个小时　　　　　　　D. 半个小时
3. 引客人到会议室，入座的惯例是（　　）。

A. 不拘形式，客人随意就座
B. 离门近为"上座"，请客人靠左边就座
C. 若与门等距离，左边相对于右边为"上座"，请客人靠左边就座。
D. 先远后近，先左后右

4. 在日常交往中，良好的待客礼仪，体现出主人礼貌、友好，也会让客人感到亲切、自然，有面子。要热情礼貌的接待来客，让客人有宾至如归的感觉，下列属于待客之道的是（　　）。
① 精心准备；② 热情迎客；③ 正确让座；④ 敬茶；⑤ 随客交谈；⑥ 送客有道
A. ①②③　　　　B. ④⑤⑥　　　　C. ②③　　　　D. ①②③④⑤⑥

5. 一位男士想要认识一位女士，在男士自报家门后，女士合乎礼仪的回答是（　　）。
A. 嗯，知道了
B. 点头同意
C. 自我介绍一番："你好，我是×××，很高兴认识你"。
D. 抱歉，我不想认识你

### 三、多选题

1. 服务礼仪接待的基本要求是（　　）。
A. 文明　　　　B. 礼貌　　　　C. 热情　　　　D. 周到

2. 上门做客时要做到：（　　）。
A. 进门有礼，不可冒失
B. 言谈有度，举止得体
C. 善解人意，适时告辞
D. 随意走动，边动边聊

3. 中国人素来重人情。走亲访友是人们维系感情的必不可少的方式，要想做一个受欢迎的客人，应注意以下哪几点（　　）。
A. 事先约定，守时守约
B. 悉心准备，以示尊重
C. 进门有礼，不可冒失
D. 言谈有度，举止得体，善解人意，适时告辞

### 四、简答题

1. 拜访的基本步骤有哪些？
2. 你对用户的意见是如何处理的？
3. 客来敬茶本是表达一种尊敬、友好、大方和平等的意思。苏轼是大诗人，无论人生荣辱，他总是一路走来，一路诗；并且行行走走都不离茶。于是就有"坐，请坐，请上座，茶，泡茶，泡好茶"的诗句，苏轼给我们的启示是？
4. 没有拜访就没有销售，但不等于销售人员去拜访客户就一定能实现销售。销售人员有效地拜访客户需要做哪些准备工作？

### 五、案例分析题

#### 实例1：一次不成功的接待

小周刚参加工作不久，学校举办了一次全国高校校长联席会议，邀请国内很多高校校长参加。小周被安排在接待工作岗位上。接待当天，小李早早来到机场，当等到来参加会议的人时，他便开口说："您好！是来参加全国高校校长联席会议的吗？请问您的单位及姓名，以便我们安排好就餐与住宿问题。"客人回答时，小李有条不紊地做了记录。后来在会场，小李帮客人引路，他一直小心翼翼，虽然自己一向走路很快，但是他放慢脚步，很注意与

客人的距离不能太远。上下电梯时,小李也是走在前面,做好带路工作。原本心想很简单的事情,却被上级批评了。

请问:小李做的接待工作是否成功?请加以说明。

案例 2:

王经理去某公司办理业务,刚一进门,只见一位倒背双手、面带微笑的女秘书迎了出来,并用亲切的话语向他问好。王经理虽然也客气地回应了女秘书的问候,却对女秘书的表现感到不满意。

试分析王经理为什么对女秘书的表现不满意。

# 任务十九 场所礼仪——营造和谐的工作氛围

### ▶ 任务描述

这世界并不会在意你的自尊,这世界指望你在自我感觉良好之前先要有所成就。

——比尔·盖茨

非难别人,找别人的错处,这和礼仪是直接对立的。任何人有了污点都会感到羞耻。缺点一旦被人发现了,他总会感到有点不安的,哪怕仅仅被人疑心有缺点也一样。

——洛克

对于职场人来说,办公室是大多数人的活动场所,是施展才能的根据地、展示风采的舞台。办公室是一个单位核心机构及窗口,工作人员的表现会体现一个单位的精神面貌。在工作单位如何与上下级搞好关系? 如何与同事和睦相处? 如何与同事很好的沟通? 认真学习、掌握各种场所行为规范,能够有助于在工作单位站住脚,在事业上一步步走向成功。

### ▶ 任务目标

1. 理解工作环境礼仪;
2. 理解和熟悉上下级关系礼仪规范;
3. 掌握同事间的关系礼仪;
4. 学会运用职场沟通礼仪,为了在职场得到顺利发展。

### 案例导入

**提升企业礼仪水平**

单位通知:"明天要去××单位参观,要求所有人员统一穿着工作服"。第二天早上 8:20 在规定的地点集合,等大家都到了,领导发现小张穿了一套自己的休闲装,很生气,决定不让小张参加。

问:领导为什么不让小张去××单位参观?

案例分析:不按照单位的要求随意着装;职场人员工作时间要根据工作的需要着统一的工作装,工作装是按照单位规定是必须穿的,无论员工下班之后怎样,上班了就必须穿着公司统一工作装,这是一种严谨的态度。

思考讨论:

1. 你知道工作中的礼仪要求有哪些么?
2. 工作中,讲究礼仪可以起到什么样的作用?

对于职场中需要注意的一些礼仪虽然我们耳熟能详,但在实践中能正确运用还是不多。因此,学会工作场所礼仪,重在掌握其基本的礼仪要求和灵活应用。

## 一、工作环境的礼仪

工作环境的礼仪是场所基本礼仪之一。包括工作场所的环境、员工仪表着装、行为举止要规范、言谈分寸要适度等方面,工作场所的环境好,会给进入办公区的员工带来积极、稳定的情绪,有助于很快进入工作状态,不仅工作效率高,而且质量好。所以每一个进入职场的人都应该了解基本的工作场所的内容。

### 案例分析

#### 办公室的故事

办公室的李敏每天上班下班前都将自己的工作区域清洁整理得干干净净,同时也主动清洁常用的复印机、打印机、饮水机、档案柜等,维护办公环境的整洁。

秘书小王每天都认真清洁整理自己的办公桌,收拾得干干净净,但很少参与清理和维护公用区域,也常将公用资源如电话本、档案夹锁进自己的办公桌"使别人找不到"。

办公室的小刘上班匆匆忙忙,接待室窗台布满灰尘,办公桌上杂物也堆得满满的。上司要的资料总是东翻西找,费时很多,有时还找不到。

你怎样评价这三位工作人员的行为?

---

**1. 工作环境要整洁**

要注意工作场所的清洁卫生,要做到环境的整洁、整齐、有序,物品堆放的整齐,窗明洁净,地面天天打扫,桌椅柜子天天擦拭,门窗定期擦洗,纸篓经常倒空。保持工作场所及办公室干净、整洁,桌面文件、物品摆放整齐,办公桌上除必要的文件、电脑、电话机、文具等办公用品之外,其他东西放到抽屉里。不在办公区吸烟、扎堆聊天、大声喧哗,不在上班时间到处串门聊天,干与工作无关的事情,不在办公区域的墙上和公共设施上乱涂乱画,保持卫生间清洁,节约用水,离开工作场所应关电源、门窗。另办公室可适当地摆放些绿色植物、盆景等来净化空气、美化环境。饮水时,如不是接待来宾,应使用个人的水杯,减少一次性水杯的浪费。不得擅自带外来人员进入办公区,会谈和接待安排在洽谈区域。当有事离开自己的办公座位时,应将座椅推回办公桌内。锁好贵重物品和重要文件。

#### 鲜花会说话吗?

车间内鲜花盛开,厂区地板一尘不染,连锅炉工也穿着干净的白大褂……来到双星鲁中公司,大多数人都不会相信,这是中国人自己开的制鞋工厂。员工大多来自于西部地区,98%是当地的农民,给管理带来一定难度。"只有没管好的企业,没有管不好的企业",为此,汪海总裁采用国际化管理方式,引入中国传统的"军事化、家庭化"的管理方式,带领全员向企业管理的最高境界攀登。他们制定严格的"车间管理无死角,材料管理无浪费,面上管理无灰尘"的现场管理标准,使车间真正实现了地沟见底、轴见亮光,设备见本色。

为给工人营造一个良好的环境,促进现场管理的水平,双星车间、锅炉房内均摆上了鲜花，将鲜花生长状态和整洁情况，作为衡量车间、锅炉房整洁"无尘"的标准。每天进行检测，只要发现花叶上灰尘多，则证明车间内不干净，对有关值班长进行严肃处理。用"让鲜花说话"的精神来管质量，做产品，大大提高了双星的整体管理水平。

### 2. 员工仪表着装的礼仪要求

无论是男女员工衣着应当合乎企业形象及部门形象，如果公司有工作制服，应穿着工作制服；如果公司没有统一的工作制服，那么应尽量穿着得体的服装上班，原则上员工上班期间着装要与工作性质相协调。上班前，应搞好个人卫生（图3-44）。

图 3-44 着装严禁太露

 **拓展阅读**

有的办公室人员过分注重自我形象。办公室桌子上摆着化妆品镜子和靓照，还不时忙里偷闲照照镜子、补补妆，不仅给人工作能力低下的感觉，且众目睽睽之下不加掩饰实在有伤大雅。

形象不得体，坐在办公室里，浓妆艳抹、环佩叮当、香气逼人、暴露过多，或衣着不整、品味低俗，都属禁忌之列。工作时，语言、举止要尽量保持得体大方，过多的方言土语、粗俗不雅的词汇都应避免。无论对上司、下属还是同级，都应不卑不亢，以礼相待，友好相处。

### 3. 行为礼仪的要求

员工在工作场合应注意行为举止的细节，因为琐碎小事，最能反映一个人的道德水准和礼仪风范。举止端正，精神振作。工作场合，不乱扔垃圾，不随地吐痰，不损坏公共设施，不损害公众利益。遵守工作纪律，上下班时间，不迟到、不早退，服从企业、公司、单位的工作安排，不做与工作无关的事情（如：上网聊天、玩游戏、看小说、看电视、听收音机等）。开关门窗、橱柜、抽屉时，动作轻缓，不随意翻看他人桌上的文件物品（图3-45）。

图 3-45 工作场合要懂礼貌

**拓展阅读**

### 工作区域要求

① 工作区域是每位员工的"人生、事业舞台",一旦进入这个"舞台",就要切实担当起自己的角色,唱好这出戏。

② 随时保持工作区域的整洁,井然有序,物品定位放置,私人物品一律存放更衣间的衣柜里,不可带到工作区来。

③ 保持工作区域内的安静、无噪声,做到"三轻"——走路轻、说话轻、操作轻。

④ 工作区域内不可做任何与工作无关的事以及会见、留宿亲友。

⑤ 非工作要事,员工不得相互串岗、脱岗,不用单位电话打私人电话。

⑥ 未经上级批准,不得进入公司的机要重地。

**4. 言谈礼仪的要求**

每天在上下班都要与同事互致问候。工作期间多谈论与工作有关的事宜。交谈中:称谓准确,态度和蔼,吐字清晰,语气平和,声音适中,说明事项尽量简明扼要,表述清楚。在工作场所不打探他人的私事,不谈论容易引起是非的话题。

**案例分析**

### 托朋友办事

张光得知老同学高震的亲戚在一个部门担任高管,他便找高震,希望能通过高震的亲戚找到一份较好的工作。高震见老同学相求,虽然觉得有一些为难,但面对同学的苦苦恳求,他还是答应了。可是,当高震问过他的亲戚后,答复说现在不招聘张光类的人员。高震便向张光说明了情况。但张光却认为高震不给他办事,立即拉下了脸说:"你还能干什么?这么一件小事你都不帮忙。"说罢便转身走人了,弄得高震心里很不是滋味。本来他准备说完这件事后,还想说有另一个和他关系不错的人,说不定能办成这件事。但看张光是那样的态度,他也不敢再说这层关系了,他怕如果再办不成,不知张光会怎样对待他。

分析:张光的这种意气用事的做法,就是不讲分寸,是求人办事时最为忌讳的。即使是关系再好的朋友也不能这样做,因为你是在求别人办事,强人所难、意气用事,说话没分寸,到最后吃亏的只能是自己。反之,当你心平气和、用商量的口气与对方沟通时,说不定就有望取得成功。因此,我们更应该明白,求人时说话要有分寸,千万不能自己把回旋的后路堵死,那样成功就更遥不可及了。

## 二、上、下级关系礼仪

上级与下级分工不同,是领导与被领导的关系。与此同时,上、下级也是合作关系。如何做到精诚合作,工作卓有成效,妥善处理好上、下级之间的关系至关重要。

**1. 与上级的关系**

在任何一个单位,上级与下级的关系都是最基本的关系。这个关系处理得好坏与否,对一个职员的前途和发展有至关重要的影响。

作为下属一定要充分尊重领导,听从指挥,与上级保持一定的距离,无论私人关系如何,在工作中都要做到公私分明。如果上、下级之间已经有矛盾,应尽力缓和、消除,不要公开顶撞上级。同时,作为上级也应体恤下级,尊重下级,不求全责备,不嫉贤妒能。

上级同下级说话时,不宜作否定的表态:"你们这是怎么搞的?""有你们这样做工作的吗?"在必要发表评论时,应当善于掌握分寸。点个头,摇个头都会被人看作是上级的"指示"而贯彻下去,所以,轻易地表态或过于绝对的评价都容易失误。

### 说话的态度

《三国志》里有几个人物:祢衡、孔融和杨修。三人皆为当时才俊,名望超群,都曾受到曹操器重。不同则是祢衡目空一切,把谁都不放在眼里;孔融自视望族,几经辱上;杨修自作聪明,妄自揣测上司意图并且擅自提前泄密。由于这三个人始终采取不和上司曹操合作的态度,或对上司轻薄无礼,或以戏辱上司为乐,或对上司意图不知深浅、妄加推测并泄密,或者参与上司家庭内部纷争,冥顽不化,屡教不改,先后被曹操用借刀杀人方式处死或直接处死。

### 2. 与下级的关系

下级对上级说话,则要避免采用过分胆小、拘谨、谦恭、服从,甚至唯唯诺诺的态度讲话,改变诚惶诚恐的心理状态,而要活泼、大胆和自信。跟上级说话,要尊重,要慎重,但不能一味附和。"抬轿子""吹喇叭",等等,只能有损失自己的人格,却得不到重视与尊敬,倒很可能引起上级的反感和轻视。

 **拓展阅读**

#### 与上司相处时特别注意事项

(1)在职场中不能"越位",权力代表着一种威严  领导者与被领导者之间并不存在不可逾越的鸿沟,但是社会客观上却赋予这两者以不同的社会职能。

就被领导者来说,在工作上,不能超越自己的一定范围内的权限,不能越俎代庖。如果下级替代了上级,定会招致上司的不满,还会给工作造成混乱。下级要服从上级领导,要严格按照上级的指示工作,并维护上级的威信。尊敬上级,争取上级的帮助和支持。认清自己工作的位置和地位,尽可能地帮助上级排忧解难,识大体、顾大局。

(2)摆正双方位置是搞好上下级关系的前提  也许有人会认为,与上级相处就是服从,完成其交办的任务,其实远非如此。作为被领导者来说,如果过傲,易把关系搞僵;过俗,易把上下级关系搞成权钱关系;过媚,易使正直的上级反感。

因此,被领导者的正确做法是对领导既热情又不过火,既大度相处又不缩手缩脚,在工作上,摆正领导与被领导的关系就显得尤为重要。

(3)尊重领导,愉快地完成上司交办的任务,并在工作中体现自己的创造性,如果确实完不成的要主动向领导说明原因。初涉职场的新人——对领导的决策不背后评判,更不能通过贬低领导来抬高自己。

记得一位朋友曾经说过:千万不要蔑视你的上级,既然能做你的上级,就肯定有过人之处。

## 三、同事关系礼仪

步入职场后,每个人都要长时间地与同事相处。而相处是否和睦,直接关系到自己的工作、事业的进步与发展。

同事关系是指同一组织中平级工作人员之间因工作而产生的关系。同事关系通常具有稳定性。因此,长期共处的同事应当彼此尊重,互相帮助,一视同仁,以便建立与保持和谐的同事关系。

同事是与自己一起工作的人,与同事相处得如何,直接关系到自己的工作、事业的进展。同事之间关系融洽、和谐,人们就会感到心情愉快,有利于工作的顺利进行,促进事业的发展。

搞好同事之间的关系应做到：尊重同事、关心帮助同事、物质上的往来应一清二楚、对于自己的失误或同事间的误会，应主动道歉说明，尊重同事的隐私，营造和谐的工作气氛。

处理好同事关系，在礼仪方面应注意以下几点。

### 1. 尊重同事

同事关系不同于亲友关系，它不是以亲情为纽带的社会关系，亲友之间一时的失礼，可以用亲情来弥补，而同事之间的关系是以工作为纽带的，一旦失礼，创伤难以愈合。所以，处理好同事之间的关系，最重要的是尊重同僚。

#### 对他人爱好的态度

小邱是某公司的一名职员，他的性格比较内向，不太喜欢和同事们一起说笑，但是，他是位兴趣爱好专一的人。他对军事武器颇有研究，喜欢在网上关注这方面的信息，或查找有关这方面的图片，对这方面的消息了如指掌，说起来津津乐道。很多同事对他这方面的爱好表示赞赏，可是有一位员工顾兵，表示很不能理解，军事武器对普通人来说是多么的不可触及。闲暇之时，小邱在网上找这方面的资料时，顾兵冷嘲热讽地说："我们这里出了军事专家啦，这真是浪费人才了，应该向布什申请个职位嘛。"小邱听后，觉得自己的人格尊严受到了侮辱，和他大吵了起来。

### 2. 物质上的往来应一清二楚

同事之间可能有相互借钱、借物或馈赠礼品等物质上的往来，但切忌马虎，每一项都应记得清楚明白。向同事借钱、借物，应主动给对方打张借条，以增进同事对自己的信任。有时，出借者也可主动要求借入者打借条，如果所借钱物不能及时归还，应每隔一段时间向对方说明一下情况。

### 3. 对同事的困难表示关心

同事的困难，通常首先会选择亲朋帮助。但作为同事，应主动问讯，对力所能及的事应尽力帮忙。这样，会增进双方之间的感情，使关系更加融洽。

### 4. 不在背后议论同事的隐私

每个人都有"隐私"，隐私与个人的名誉密切相关，背后议论他人的隐私，会损害他人的名誉，引起双方关系的紧张甚至恶化，因而是一种不光彩的、有害的行为。

 **拓展阅读**

#### 不与同事讨论私事

闷头苦干的员工一般不太主动与人闲聊，但难免被喜欢闲聊的同事扯入他们的话题。职场中难有这样的人，他们特别爱闲聊，性子又特别直，喜欢向别人倾吐苦水。虽然这样的交谈能够很快拉近人与人之间的距离，使你们之间很快变得友善、亲切起来，但事实上，鲜有人能够严守秘密。因此，遇到这种情况，你最好默默走开。

自己的生活或工作有了问题，应该尽量避免在工作的场所里议论，不妨找几个知心朋友下班以后再找个地方好好聊。办公室里是闲话的滋生地，工作间歇，大家很愿意找些话题来放松一会儿，为了不让闲聊入侵私域，应避开个人问题，才放得开谈论，而且无害他人。

**5. 对自己的失误或同事间的误会，应主动道歉说明**

同事之间经常相处，一时的失误在所难免。如果出现失误，应主动向对方道歉，征得对方的谅解；对双方的误会应主动向对方说明，不可小肚鸡肠，耿耿于怀。

**6. 异性同事关系的处理**

男女共事应保持一定的空间距离。要好的同事间可以多些交流，但是不要把自己的私生活带入办公室，情感应控制在友谊范围内。谈话时，不要对异性过多倾诉，以免对方产生误会。异性同事之间说话时尤其要注意语言文明，男士不要对女士说脏话，女士则不要对男士发嗲声。偶尔开玩笑是可以的，但是不能陷于低俗，不要伤及自尊，要适可而止。

## 四、职场沟通礼仪

**1. 主动问好**

在单位，无论遇见谁，上司、同事、保安、清洁工等都要开朗地道声问候。简单的一句问候，会增进你的人际关系。不断训练自己，充满热情地问候，将会给你带来意想不到的收获。

**2. 记住人名**

在职场中，牢记同事的名字是很重要的。如果能在短时间内准确无误地叫出同事的名字并与他们打招呼，无疑会有助于今后工作的开展，并能得到更多的帮助。对于职场新人来说，若你希望得到别人的重视，你就要先重视与尊敬他人，这需从重视他人的名字入手。

**3、虚心求教**

职场新手对所有的环境和工作都是陌生的，对诸多事情不知如何处理，因此要有从零做起的心态，放下面子，向老同事虚心请教，如此会使你尽快适应工作，融入集体之中。

**案例分析**

### 职场新人的处世之道

小王刚毕业就在某化工公司任财务职员，工作很认真，但他对老板横看竖看都不顺眼，甚至还毫不谦虚地认为：学化学出身的老板在财务方面肯定不如自己，公司的进账出账、财务报表等都非得靠自己才行。每次听到老板提出的有关财务的"愚蠢"问题时，小王总是在心里哀叹：如果我是老板，公司一定会更好。工作了一段时间后，小王才醒悟察觉出自己当初的愚蠢。

案例分析：小王原来的想法是有偏差的，我们在刚参加工作的时候也会出现这样的问题，总认为自己的意见才是最正确的。职场新人尤其要注意：首先，每个人看问题的角度不同，思考问题的结果就会不一样，应该多沟通；其次，每个人都有专长，作为管理者要统筹全局，不必做到样样精通；最后，作为职场新人，尽管有不同的意见，也应该尊重上司，尽力配合上司的工作。

**4. 多说谢谢**

维持良好的人际关系、表达感激最简单的一句话就是"谢谢"。诚恳地说声"谢谢"会带给他人最大的满足和感动。初入职场，一定要学会多用"谢谢"两字，只要运用得当，就会给他人留下良好的印象。

**5. 少说多看**

作为职场新人，不可能了解许多事情的来龙去脉，更没有正确分析判断的能力，因此，最好保持沉默，既不参与议论，更不要散布传言，以免卷入是非旋涡。最有效的应对办法是尽量少说多看。

#### 6. 慎用"我"字

在职场中,"我"字说得太多,过分强调"我",就会给人突出自我、标榜自己的印象,这会使他人在心里筑上一道防线,为人际沟通设置障碍,进而影响沟通的深入。

**案例分析**

**为什么总是戴"有色眼镜"看我**

程程是刚毕业的女大学生,在单位里做文案。在刚上班的两个月里,程程除了刚入职的兴奋劲,其余时间都是在郁闷中度过的。初入职场,程程经历了几件事情后认为,当新手就必须忍受各种不公平的看法。

第一次失误是程程自己造成的。那天,程程帮老同事装订文件,因为粗心,将其中的一张弄反了,结果老同事很生气,批评了程程。此后,每一次整理文件,程程都要仔细检查好多遍才交给他。有一次,其他部门转给老同事一份文件,程程没多考虑就直接给了他,结果,几分钟后,老同事很生气地把文件扔到程程的办公桌上:"你检查了再给我!"就转身走了。当时程程的头"嗡"地大了,我又做错什么呢?仔细翻看那份文件,发现原来少了一张,程程想:这又不是我的错,为什么总戴那副有色眼镜找我的碴儿呢?委屈归委屈,虽然这么想,程程还是到那个部门把文件重新整理了一份。但以后做事,程程好像得了强迫症似的,即使检查好多遍,也总觉得不放心。

案例分析:每个人的性格是不同的,有的人温良谦让,有的人火爆急躁,我们没理由要求别人做出改变,那就只能接受。程程是受了点委屈,可是,这对她的工作是有好处的,有利于她迅速成长。既然已经进入职场,就要有职场人的精神:认真负责、一丝不苟,在短时间内迅速适应环境,提高自己的业务水平。其实,老同事能指出问题,你应该感激,有时候,即使你花钱请别人,别人也不一定愿意说,谁愿得罪人呢?当然,程程应该放下思想负担,其实,每个职场新人都会经历很多看似不公平的事。

**任务总结**

本任务主要介绍工作场所的礼仪,共分为四个内容:一是工作场所礼仪的,工作环境要整洁,仪表着装要得体,行为举止要规范,言谈分寸要适度;二是以上下级关系礼仪,阐明了与上级的和与下级的关系礼仪;三是着重介绍了同事的关系礼仪,包括尊重同事,物质上的往来应一清二楚,对同事的困难表示关心,不在背后议论同事的隐私,对自己的失误或同事间的误会,应主动道歉说明,异性同事关系的处理;四是职场沟通礼仪技巧的主动问好,记住人名,虚心求教,多说谢谢,少说多看,慎用"我"字职场沟通礼仪。

### 思考与练习

一、判断题

1. 办公桌上可以放必要的文件、电脑、话机、文具等办公用品之外,其他东西。(    )
2. 休闲装、运动装适合在办公室穿着。(    )
3. 男女共事应保持一定的空间距离。(    )
4. 在职场中,同事的名字记不记住无所谓,只要特征分辨清楚就行。(    )
5. 作为下属一定要充分尊重领导,听从指挥,与上级保持一定的距离。(    )
6. 不在背后议论他人的隐私。(    )

二、单选题

1. 员工的行为举止的细节能反映一个人的道德水准和礼仪风范，包括举止端正、谈吐文明、精神振作（　　）。
   A. 个人形象　　B. 稳重大方　　C. 个人卫生　　D. 姿态良好
2. 在职场应向上司、同事、保安、（　　）主动问好？
   A. 清洁工　　　B. 男士　　　　C. 女士　　　　D. 其他人
3. 对自己的失误或同事间的误会，应主动（　　）说明。
   A. 讲和　　　　B. 澄清　　　　C. 问好　　　　D. 道歉

### 三、多选题

1. 工作场所的礼仪包括（　　）。
   A. 工作环境要整洁　　　　　　B. 仪表着装要得体
   C. 行为举止要规范　　　　　　D. 言谈分寸要适度
2. 与同事关系有尊重同事、物质上的往来应一清二楚、（　　）、异性同事关系的处理。
   A. 对同事的困难表示关心
   B. 不在背后议论同事的隐私
   C. 对自己的失误或同事间的误会，应主动道歉说明
   D. 男女共事应保持一定的空间距离
3. 职场沟通要（　　）、少说多看、慎用"我"字。
   A. 主动问好　　B. 记住人名　　C. 虚心求教，多说谢谢　　D. 小心谨慎

### 四、问答题

1. 工作环境的礼仪要求是什么？
2. 如何处理上下级的关系？
3. 怎样才能处理好同事之间的关系？
4. 如何运用职场沟通礼仪为职业发展奠定基础？

### 五、案例分析题

甲乙丙丁四人在一间办公室里忙完工作闲聊起来，甲男对乙女说："你这条项链很漂亮！"乙女说："这个我已经在网上看了好几天了，前天上午我从网上购买的，价格挺优惠的，才×××元，要不你给你媳妇也买一条？"甲说："好啊！你也帮我参谋参谋。"于是，乙就在电脑上打开购物网站给甲看，乙惊叫起来："噢，又便宜了！"甲说："赶快给我买上。"，于是乙就给他下单网购了。丙说："好像这款项链某某经理也给销售部的小王买了一条。"然后丁说丙："你怎么知道这么清楚？"丙说："昨天小王在路上碰见跟我聊了几句，然后她跟我炫耀来着。"甲说："好了好了，咱们不说别人行吗？"这时部门领导进来问："你们在谈论什么呢？"

问：请分析这几个人的错误在哪里？

# 会务礼仪——团队沟通的基本方式

### 任务描述

君子敬而无失，与人恭而有礼，四海之内，皆兄弟也。

——孔子

"国尚礼则国昌，家尚礼则家大，身尚礼则身正，心有礼则心泰"。

——颜元

了解会前、会中、会后的礼仪。在召开会议前、会议中和会议后应注意一些事项。因为在这种高度聚焦的场合，稍有不慎，会严重损害自己和单位的形象。

### 任务目标

1. 了解会议的含义与类型；
2. 理解会前、会中、会后礼仪的内容规范；
3. 能够完成会务安排。

### 案例导入

**轻率的小张**

小张是新分配来的大学生，平时工作很努力，领导有意重用他，多次为他提供锻炼机会。一次，小张被安排作为一个中型商务会议主持人以及圆桌讨论主持人。小张认为凭自己的能力完全能够胜任，事前没有进行周密的准备，会议当天才开始写串词。在会议上，主持人发起第一次圆桌讨论，因为准备不充分，小张非常紧张，没有把气氛调动起来，同事在台下给小张发短信，叫他不要随意打断嘉宾的谈话，要给他们制造话题和矛盾，使讨论更激烈些。可小张只是在台上发抖，脑子里一片空白，恨不得一头钻进地缝里。

最后，这次商务会议效果可想而知，领导对小张的表现及态度非常失望，小张的自信心也受到重创。

### 任务知识

会务工作是指会议的组织、保证和服务工作，是会议活动中的重要组成部分。有序、高效地做好会务工作，是会议取得预期效果的重要保证。

## 一、会议的含义

### 1. 会议的概念

会议，又称集会或聚会。在现代社会里，它是人们从事各类有组织的活动的一种重要方式。在一般情况下，会议是指有领导、有组织地使人们聚集在一起，对某些议题进行商议或讨论的集会。

会务礼仪是召开会议前、会议中、参议后及参会人员应注意的事项，懂得会议的礼仪对执行精神有很大的促进作用。

在许多情况下，商务人员往往需要亲自办会。所谓办会，指的是从事会务工作，即负责从会议的筹备直至其结束、善后的一系列具体事项。会务礼仪，主要就是有关办会的礼仪规范。

商界人士在负责办会时，必须注意两点：一是办会要认真。奉命办会，就要全力投入，审慎对待，精心安排，务必开好会议，并为此而处处一丝不苟；二是办会要务实。召开会议，重在解决实际问题。在这一前提下，要争取少开会、开短会，严格控制会议的数量与规模，彻底改善会风。

### 2. 会议的类型

在商界之中，由于会议发挥着不同的作用，因此便有着多种类型的划分。依照会议的具体性质来进行分类，商界的会议大致可以分为如下四种类型：

（1）行政型会议　它是商界的各个单位所召开的工作性、执行性的会议。例如，行政会、董事会，等等。

（2）业务型会议　它是商界的有关单位所召开的专业性、技术性会议。例如，展览会、供货会，等等。

（3）群体型会议　它是商界各单位内部的群众团体或群众组织所召开的非行政性、非业务性的会议，旨在争取群体权利，反映群体意愿。例如，职代会、团代会，等等。

（4）社交型会议　它是商界各单位以扩大本单位的交际面为目的而举行的会议。例如，茶话会、联欢会，等等。

按参会人员来分类，会议基本上可以简单地分成公司外部会议和公司内部会议。公司外部会议，可以分成产品发布会、研讨会、座谈会等。内部会议包括定期的工作周例会、月例会、年终的总结会、表彰会，以及计划会，等等。

### 3. 会议的作用

一般而论，以上四种会议类型常见于商界的会议，除群体型会议之外，均与商界各单位的经营、管理直接相关，因此也称之为商务会议。在商务交往中，商务会议通常发挥着种种极其重要的作用：

① 它是实现决策民主化、科学化的必要手段；
② 它是实施有效领导、有效管理、有效经营的重要工具；
③ 它是贯彻决策、下达任务、沟通信息、协调行动的有效方法；
④ 它是保持接触、建立联络、结交朋友的基本途径。

## 二、会前礼仪

在会议前的准备工作中，我们需要注意以下几方面（图3-46）。

### 1. When——会议开始时间、持续时间

要告诉所有的参会人员，会议开始的时间和要进行多长时间。这样能够让参加会议的人员很好地安排自己的工作。

图 3-46　会前准备

### 2. Where——会议地点
是指会议在什么地点进行，要注意会议室的布局是不是适合这个会议的进行。

### 3. Who——会议出席人
以外部客户参加的公司外部会议为例，会议有哪些人物来参加，公司这边谁来出席，是不是已经请到了适合外部的嘉宾来出席这个会议。

### 4. What——会议议题
就是要讨论哪些问题。

### 5. Others——会议物品的准备
就是根据这次会议的类型、目的，需要哪些物品。比如纸、笔、笔记本、投影仪，等等，是不是需要用咖啡、小点心等，以及接送服务、会议设备及资料、公司纪念品等。

 **案例分析**

**多变的通知**

有一次，某地准备以党委、人民政府名义召开一次全区性会议。为了给有关单位有充分时间准备会议材料和安排好工作，决定由领导机关办公室先用电话通知各地和有关部门，然后再发书面通知。电话通知发出不久，某领导即指示：这次会议很重要，应该让参会单位负责某项工作的领导人也来参加，以便更好地完成这次会议贯彻落实的任务。于是，发出补充通知。过后不久，另一领导同志又指示：要增加另一项工作的负责人参加会议。如此再三，在三天内，一个会议的电话通知，通知了补充，补充了再补充，前后共发了三次，搞得下边无所适从，怨声载道。

问题讨论：请你从协调的角度说说怎样才能不出现上述这种情况，从而使工作顺利进行？

分析：一项重要的会议工作应该有一个并且只有一个总负责的，不能是领导就都有权力下达指令，这样会使下属无所适从。就是会前缺乏周全的考虑造成的。会议内容没有确定好，因此也就无法确立参加会议的人员，在电话已经通知了的情况下，一再变更通知，造成了朝令夕改的结果。作为一级政府来说，是极其不严肃的。

## 三、会中礼仪

在会议进行当中，我们需要注意以下几方面（图 3-47）：

### 1. 会议主持
主持会议要注意以下工作：介绍参会人员、控制会议进程、避免跑题或议而不决、控制会议时间。

图 3-47 会中礼仪

**2. 会议座次的安排**

会议座次的安排分成两类：方桌会议和圆桌会议。

一般情况下会议室中是长方形的桌子，包括椭圆形，就是所谓的方桌会议，方桌可以体现主次。

在方桌会议中，特别要注意座次的安排。如果只有一位领导，那么他一般坐在这个长方形的短边的这边，或者是比较靠里的位置。就是说以会议室的门为基准点，在里侧是主宾的位置。如果是由主客双方来参加的会议，一般分两侧来就座，主人坐在会议桌的右边，而客人坐在会议桌的左边。

还有一种是为了尽量避免这种主次的安排，而以圆形桌为布局，就是圆桌会议。在圆桌会议中，则可以不用拘泥这么多的礼节，主要记住以门作为基准点，比较靠里面的位置是比较主要的座位，就可以了。

 案例分析

### 请柬发出之后

某机关定于某月某日在单位礼堂召开总结表彰大会，发了请柬邀请有关部门的领导光临，在请柬上把开会的时间、地点写得一清二楚。接到请柬的几位部门领导很积极，提前来到礼堂开会。一看会场布置不像是开表彰会的样子，经询问礼堂负责人才知道，今天上午礼堂开报告会，某机关的总结表彰会改换地点了。几位领导同志感到莫名其妙，个个都很生气，改地点了为什么不重新通知？一气之下，都回家去了。事后，会议主办机关的领导才解释说，因秘书人员工作粗心，在发请柬之前还没有与礼堂负责人取得联系，一厢情愿地认为不会有问题，便把会议地点写在请柬上，等开会的前一天下午去联系，才知得礼堂早已租给别的单位用了，只好临时改换会议地点。但由于邀请单位和人员较多，来不及一一通知，结果造成了上述失误。尽管领导登门道歉，但造成的不良影响也难以消除。

问题讨论：这个案例告诉秘书在会议准备时应注意什么问题呢？

"请柬发出之后"之所以造成失误，就在于秘书工作不细致，没能事先周密地安排。会议室没有确定下来就发了会议通知，等发了会议通知后才知道会议室另有安排，临时改变会议地点，这时另行通知已经来不及了，造成了几个老领导拂袖而去。

## 四、会后礼仪

在会议完毕之后，我们应该注意以下细节，才能够体现出良好的商务礼仪。主要包括：

① 会谈要形成文字结果，哪怕没有文字结果，也要形成阶段性的决议，落实到纸面上，还应该有专人负责相关事务的跟进。

② 赠送公司的纪念品。

③ 参观，如参观公司、厂房等。

④ 如果必要可合影留念（图3-48）。

图 3-48　会后合影

会务礼仪"三个三"见表3-14。

表 3-14　会务礼仪"三个三"

| 会前:把握<br>三个要点 | 制订详细的计划 | 会中:搞好<br>三项服务 | 场前服务 | 会后:抓好<br>三件事 | 善后服务 |
| --- | --- | --- | --- | --- | --- |
| | 根据分工落实 | | 场内服务 | | 会后总结 |
| | 会前反复检查 | | 场外服务 | | 会后督查 |

## 五、会务的具体事宜

### 1. 布场

① 认真调试音响、照明、空调、投影、摄像等会务设备。备齐会议需用的文具、饮料以及其他耗材。

② 高规格会议，在相应位置摆放写有与会者姓名的桌签。

③ 排列主席台座次的惯例是：前排高于后排，中间高于两侧，左手座高于右手座。通常：一号首长居中，二号首长排在一号首长左边，三号首长排右边，其他依次排列。

④ 签字仪式，主人在左手边，客人在右手边。双方其他人数一般对等，按主客左右排列。

⑤ 会议合影时，排序与主席台安排相同。

### 2. 服务

① 妥善准备与会者的交通、膳宿、医疗和保卫等方面的具体工作。

② 在会场外围，安排专人迎送、引导、陪同与会人员。重点照顾与会的年老体弱者。

③ 会议进行中，提供例行的茶歇服务。

### 3. 与会

① 准时到场，有序进场。

② 衣着整洁、举止大方。

③ 将手机关闭或调整到振动状态。

④ 认真听讲，适时鼓掌致意。

⑤ 中途离场动作要轻，尽量不影响其他人。

⑥ 禁止吸烟。

### 4. 主持

① 衣着整洁规范，动作稳健大方。

② 站立主持，双腿应并拢，腰背挺直；坐姿主持，应身体挺直，双臂前伸，两手轻按于桌沿。

③ 在会议期间，主持人不能与会场上的熟人寒暄、打招呼。

### 5. 发言

① 发言时，举止庄重自然，内容清晰，逻辑分明。

② 书面发言，宜间隔或抬头，杜绝埋头苦读。

③ 发言完毕，必须对听众致谢。

④ 遇人提问，应礼貌作答，对不能、不便回答的问题，应礼貌地加以说明。

**拓展阅读**

#### 会议的准备

国商石化股份有限公司董事会召开会议，讨论从国外引进化工生产设备的问题。秘书小李负责为与会董事准备会议所需文件资料。因有多家国外公司竞标，所以材料很多。小张由于时间仓促就为每位董事准备了一个文件夹，将所有材料放入文件夹。有三位董事在会前回复说将有事不能参加会议，于是小张就未准备他们的资料。不想，正式开会时其中的二位又赶了回来，结果会上有的董事因没有资料可看而无法发表意见，有的董事面对一大摞资料不知如何找到想看的资料，从而影响了会议的进度。

"发放资料"中的秘书缺乏的就是周到服务的精神。秘书有两点做的不周到：其一，以为会议资料只要准备齐全了，就万事大吉了。没想到要弄一个目录，让大家便于查找，不至于在会议中手忙脚乱，找不到该找的东西。其二，以为有三位董事不出席会议，因此没有准备足够的资料，没有想到声称不出席会议的两位董事又来了，以至于资料不够发，造成了工作中极大地被动。

案例分析：所谓会议，是指将人们组织起来，在一起研究、讨论有关问题的一种社会活动方式。通过会议解决问题、做好工作、发扬民主、联系群众。举行会议可以做到上传下达、部署任务、协调咨询、宣传鼓动、调解矛盾。组织、召集会议是秘书人员常务工作之一。

会前准备阶段，要进行的组织准备工作大体上有如下三项：

（1）拟定会议主题　会议的主题，即会议的指导思想。会议的形式、内容、任务、议程、期限、出席人员等，都只有在会议的主题确定下来之后，才可以据此一一加以确定。

（2）拟发会议通知　它应包括以下六项：一是标题，它重点交代会议名称。二是主题与内容，这是对会议宗旨的介绍。三是会期，应明确会议的起止时间。四是报到的时间与地点，对交通路线，特别要交代清楚。五是会议的出席对象，如对象可选派，则应规定具体条件。六是会议要求，它指的是与会者材料的准备与生活用品的准备，以及差旅费报销和其他费用问题。

（3）起草会议文件　会议所用的各项文件材料，均应于会前准备完成。其中的主要材料，还应做到与会者人手一份。需要认真准备的会议文件材料，最主要的当数开幕词、闭幕词和主题报告。

要安排好与会者的招待工作。对于交通、膳宿、医疗、保卫等方面的具体工作，应精心、妥当地做好准备。要布置好会场，不应使其过大，显得空旷无人；也不可使之过小，弄得拥挤不堪。对必用的音响、照明、空调、投影、摄像设备，事先要认真调试。需用的文具、饮料，亦应预备齐全。

要安排好座次。排列主席台上的座次，我国目前的惯例是：前排高于后排，中央高于两侧，左座高于右座。凡属重要会议，在主席台上每位就座者身前的桌子上，应先摆放好写有其本人姓名的桌签。排列听众席的座次，目前主要有两种方法。一是按指定区域统一就座。二是自由就座。在会议进行阶段，会议的组织准备者要做的主要工作，大体上可分为三项。进行例行服务工作；在会场之外，应安排专人迎送、引导、陪同与会人员；对与会的年老体弱者，还须进行重点照顾。此外，必要时还应为与会者安排一定的文体娱乐活动。

在会场之内，则应当对与会者应有求必应，闻过即改，尽可能地满足其一切正当要求。

精心编写会议简报，举行会期较长的大中型会议，依例应编写会议简报。认真做好会议记录。凡重要会议，不论是全体大会，还是分组讨论，都要进行必要的会议记录。会议记录，是由专人负责记录会议内容的一种书面材料。会议名称、时间、地点、人员、主持者、记录在内。在会议结束阶段，一般的组织准备工作主要有以下三项。

① 形成可供传达的会议文件。
② 处理有关会议的文件材料。
③ 为与会者的返程提供方便。

一般而言，与会人员在出席会议时应当严格遵守的会议纪律，主要有以下四项内容：
① 规范着装。参加会议应当着正装，以示庄重和严肃。
② 严守时间。对于会议主办方来说，应严守会议时间，不要随意推后，也不要超时；对与会人员来说，准时参加会议，表现出守时的文明素养。
③ 维护秩序。会场要井然有序，不随意走来走去，干扰会场气氛。
④ 专心听讲。手机一般应该关机或调到振动，更不应该在会场中大声打电话。

总之，会务礼仪最基本的要求就是"三周"：周全的考虑、周密的安排、周到的服务。

▶▶ 任务总结

会议是商务活动的重要内容与形式。一次会议的成功开始，最关键的就在会议接待环节。会议接待是否成功不仅需要精心组织、周密安排，而且要求参与人员有较高的职业素养与礼仪规范，确保会议过程的高效、统一、流畅。

## 思考与练习

一、判断题

1. 会议礼仪即负责从会议的筹备直至其结束、善后的一系列具体事项。（　　）
2. 商务会议是保持接触、建立联络、结交朋友的基本途径。（　　）
3. 签字仪式中，主人在左手边，客人在右手边。（　　）
4. 排列主席台座次的惯例是：前排高于后排，中间高于两侧，右手座高于左手座。（　　）
5. 发言完毕，必须对听众致谢。（　　）

二、单选题

1. 懂得（　　）对执行精神有很大的促进作用。
   A. 会议时间　　　　B. 会议内容　　　　C. 会议礼仪　　　　D. 会议方案
2. 圆桌会议最大的优势为（　　）。
   A. 方便　　　　　　B. 省地　　　　　　C. 避免主次　　　　D. 省事
3. 如果主客双方参加方桌会议，客人应坐在（　　）。
   A. 里边　　　　　　B. 外边　　　　　　C. 左边　　　　　　D. 右边
4. 以下不属于会后要抓好的三件事的是（　　）。

A. 善后服务　　　　B. 会后总结　　　　C. 反复检查　　　　D. 会后督查

### 三、多选题

1. 商界人士在负责办会时必须注意（　　）。
   A. 经费　　　　　　B. 认真　　　　　　C. 内容　　　　　　D. 务实
2. 以下属于社交型会议的是（　　）。
   A. 茶话会　　　　　B. 联欢会　　　　　C. 职代会　　　　　D. 展览会
3. 需要准备的会议物品有（　　）。
   A. 笔记本　　　　　B. 小点心　　　　　C. 投影仪　　　　　D. 会议设备
4. 会议主持人的工作包括了（　　）。
   A. 介绍参会人员　　B. 控制会议进程　　C. 控制会议时间　　D. 避免跑题

### 四、简答题

1. 会议有哪些类型？
2. 如何做好会议主持人？
3. 为什么会谈要形成文字结果？

### 五、案例分析题

#### "时装秀"方案

某服装集团为了开拓夏季服装市场，拟召开一个服装展示会，推出一批夏季新款时装。秘书小李拟了一个方案，内容如下。

1. 会议名称："2017××服装集团夏季时装秀"。
2. 参加会议人员：上级主管部门领导2人；行业协会代表3人；全国大中型商场总经理或业务经理以及其他客户约150人；主办方领导及工作人员20名。另请模特公司服装表演队若干人。
3. 会议主持人：××集团公司负责销售工作的副总经理。
4. 会议时间：2017年7月2日18日上午9点30至11点。
5. 会议程序：来宾签到，发调查表。展示会开幕、上级领导讲话。时装表演。展示活动闭幕、收调查表，发纪念品。
6. 会议文件：会议通知、邀请函、请柬。签到表、产品意见调查表、服装集团产品介绍资料、订货意向书、购销合同。
7. 地址：服装集团小礼堂。
8. 会场布置：蓝色背景帷幕，中心挂服装品牌标识，上方挂展示会标题横幅。搭设服装表演台，安排来宾围绕就座。会场外悬挂大型彩色气球及广告条幅。
9. 会议用品：纸、笔等文具；饮料；照明灯、音响设备、背景音乐资料；足够的椅子；服装集团生产的T恤衫。
10. 会务工作：安排提前来的外地来宾在市中心花园大酒店报到、住宿。安排交通车接送来宾。展示会后安排工作午餐。

问题讨论：小李的会议方案有无改进的地方？

# 任务二十一 职场位次礼仪

## 任务描述

"项王、项伯东向坐；亚父南向坐，亚父者，范增也；沛公北向坐，张良西向侍"

——《史记·项羽本纪》

位次是职场交往中的重要部分，反映出个人或企业的基本素养。通过恰当妥善的位次安排，使来宾能感受到被认可和受尊重的地位，展示接待方认真热情的态度和双方合作的重视。有时候，往往因为座位位次没有设置好，即使摆上再好的菜品都是没有用的。

掌握位次礼仪有助于提升职场接待技能，便于工作联系和维护企业形象，扩大人际交往的成效。在出行中，我们要做到"遵守公德、勿碍他人、以右为尊"。

## 任务目标

1. 了解不同轿车的乘车位次；了解4种行进中的礼仪；了解大型会议主席台的位次排列；了解茶话会的座次排列。

2. 掌握并运用乘车的位次礼仪；掌握并运用行进位次礼仪；掌握并运用会谈位次礼仪；掌握并运用会议位次礼仪；掌握并运用用餐位次礼仪。

3. 学会职场中上下楼梯的位次礼仪；进出电梯的位次礼仪；会客的位次礼仪；宴会（中西餐）的位次礼仪；会议主席台的位次；合影时的位次礼仪；出入房门的位次礼仪。

4. 能灵活运用各种社会交往中的位次排列礼仪。

## 案例导入

1995年3月在丹麦哥本哈根召开联合国社会发展世界首脑会议，出席会议的有近百位国家元首和政府首脑。3月11日，与会的各国元首与政府首脑合影。照常规，应该按礼宾次序名单安排好每位元首、政府首脑所站的位置。首先，这个名单怎么排，究竟根据什么原则排列？哪位元首、政府首脑排在前面？哪位元首、政府首脑排在后面？这项工作实际上很难做。丹麦和联合国的礼宾官员只好把丹麦首脑（东道国主人）、联合国秘书长、法国总统以及中国、德国总理等安排在第一排，而对其他国家领导人，就任其自便了。好事者事后向联合国礼宾官员"请教"，答道："这是丹麦礼宾官员安排的。"向丹麦礼宾官员核对，回答说："根据丹麦、联合国双方协议，该项活动由联合国礼宾官员负责。"

> 分析提示：国际交往中的礼宾次序非常重要，在国际礼仪活动中，如安排不当或不符合国际惯例，就会招致非议，甚至会引起争议和交涉，影响国与国之间的关系。在礼宾进行位次安排时，既要做到大体上平等，又要考虑到国家关系，同时也要考虑到活动的性质、内容，参加活动成员的威望、资历、年龄，甚至其宗教信仰、所从事的专业以及当地风俗等。礼宾次序不是教条，不能生搬硬套，要灵活运用、见机行事。有时由于时间紧迫，无法从容安排，只能照顾到主要人员。
>
> 上例就是灵活应用礼宾次序的典型案例。当您与上司乘坐一辆由专职司机驾驶的双排座轿车外出办公事时，您应该坐在哪个位置？是副驾驶座，你答对了吗？

## 任务知识

在工作和生活中，你是否遇到过这样的尴尬和困惑：会场上，面对着大大小小的领导，不知道该如何安排他们的座位；酒桌前，分不清究竟自己该坐在哪个地方；汽车里，上座到底是哪个位置？行进中，前后左右又该如何体现对客人的尊重？如此众多的问题使得人们往往迷失在座次的选择上。其实从小到大，人与人之间的交往一天也没离开过顺序的排列，上学站队，考试排名，推杯换盏，你来我往，这其中既有明确的标准，又有约定俗成的礼数。

位次，即人们在人际交往中，彼此之间各自所处的具体位置的尊卑顺序。在正常情况下，位次的尊卑早已约定俗成。

按照一般的交往规则，交往双方的位次是有一定之规的。位高者坐在上位，位低者就坐在下位。而哪里是上位，哪里是下位，这就是位次规范所要解决的问题。

## 一、行进中的位次礼仪

所谓行进中的位次排列，指的是人们在步行的时候位次排列的次序。在陪同、接待来宾或领导时，行进的位次引人关注。

### 1. 行路礼仪

（1）单排走　遵循"前排高于后排"，让对方先行，先进先出。把选择前进方向的权力让给客人。比如去餐厅吃饭，可以让客人依据对双方的判断，选择坐在哪里。但前提是客人比较认路、路也比较好走。比如，今天刚下了暴雨，前行的路上有一个大坑。这时你对一位女士说："女士先行"，就等于是把她当作了"探雷器"。

与客人单列行进，即呈一条线行进时，标准的做法是前方高于后方，以前方为上。如果没有特殊情况，应该让客人在前面行进。

（2）并行　并排行进的要求，是中央高于两侧，内侧高于外侧，一般情况下应该让客人走在中央或者内侧。

两人，一般把靠墙的一侧让给客人走，这样回避他人的机会少，即应当遵循"内侧高于外侧"。正式场合，"尊贵的位置"在右边。但规矩也不是一成不变的，一对男女走在人行道上，男子往往要走在外侧，因为那边靠近行驶的车辆，潜伏着危险（图3-49）。

图3-49　男女并行

（3）多人　一般遵循"中央高于两侧"，正式场合"尊贵的位置"则在中间。三人并行，四人并行，最好分前后两排行走。作为接待人员、陪同人员一般不要走在中间。

**拓展阅读**

### 步行时的五个细节

细节一：忌行走时与他人相距过近，避免与对方发生身体碰撞。万一发生，务必要及时向对方道歉。

细节二：忌行走时尾随于他人身后，甚至对其窥视、围观或指指点点。在不少国家，此举会被视为"侵犯人权"。

细节三：行走时忌速度过快或者过慢，以免妨碍周围人的行进。

细节四：忌一边行走一边连吃带喝，或是吸烟不止。那样不仅不雅观，而且还会有碍于他人的行走。

细节五：忌与已成年的同性在行走时勾肩搭背、搂搂抱抱。在西方国家，只有同性恋者才会这么做。

#### 2. 陪同引导

在陪同引导对方时，应注意方位、速度、关照及体位等方面，如：双方并排行走时，陪同引导人员应居于左侧。如果双方单行行走时，要居于左前方约一米的位置。当被陪同人员不熟悉行进方向时，陪同人员应该走在前面、走在外侧；另外，陪同人员行走的速度要考虑到和对方相协调，不可以走得太快或太慢。这时候，一定要处处以对方为中心。每当经过拐角、楼梯或道路坎坷、照明欠佳的地方，都要提醒对方留意，同时也有必要采取一些特殊的体位。如请对方开始行走时，要面向对方，稍微欠身。在行进中和对方交谈或答复提问时，把头部或上身转向对方。

#### 3. 上下楼梯

（1）单行　单列行进时，前方应高于后方，以前方为上。但需要注意，上楼梯时，尊者先上；下楼梯时，卑者先下；男女同行上下楼时，宜女士居后。如果陪同接待女性宾客的是一位男士，而女士又身着短裙，上下楼时，接待的陪同人员要走在女士前面。以防客人短裙"走光"，避免发生尴尬。上下楼梯时，因为楼道比较窄，并排行走会妨碍其他人，因此没有特殊原因，应靠右侧单行行进。

（2）陪同引路　在客人不认路的情况下，陪同人员要在前面带路。陪同引导的标准位置是左前方1~1.5米处，应该让客人走在内侧，陪同人员走在外侧，客人在后。行进时，身体侧向客人，用左手引导（图3-50）。

（3）规范　减少在楼梯上的停留。楼梯上来往的人很多，所以不要在楼梯上休息或慢悠悠地走、更不宜站在楼梯上与人交谈。

坚持"右上右下"原则。在上下楼梯、自动扶梯的时候，应该靠右侧行走。这样一来，有急事的人就可以从左边方便通过（较少）。

注意礼让别人。上下楼梯时，不要和别人抢行。出于礼貌，可以请对方先走。一般而言，上下楼梯要单列行进；没有特殊情况要靠右侧单列行进。

#### 4. 出入电梯

① 升降电梯没有其他人的情况下，在尊者之前进入电梯，按住开门的按钮，此时请尊

图 3-50　陪同引路上楼梯

图 3-51　电梯中的位次

者再进入电梯。如到出电梯时，按住开门的按钮，请尊者先出（体现服务原则）。

② 电梯内有人时，无论上下都应尊者优先（体现优先原则）。

③ 升降电梯愈靠内侧是愈尊贵的位置。

④ 进出电梯要有秩序，依次而行，不要拥挤，遇到老弱病残、孕妇和怀抱婴儿的人要给予照顾，让他们先进先出，必要时要给予扶持；在电梯内要互相礼让，不要大声说话。

⑤ 在电梯内的站次、位次　电梯中也有上座、下座之分，如果长辈或上级先进电梯，该位置就是上座，下座是离上级最远的位置。如果长辈后来才上电梯，就让出上座位置，（见图 3-15）。

**5. 出入房门**

进入或离开房间时，要求（图 3-52）：

图 3-52　出入房门

（1）先通报　在出入房间时，特别是在进入房门前，一定要以轻轻叩门、按铃的方式，向房内的人进行通报。贸然出入或者一声不吭，都显得冒冒失失。

（2）以手开关　出入房门，务必用手来开门或关门。开关房门时，最好是反手关门、反手开门，并且始终面向对方。不好的关门方式有用肘部顶、用膝盖拱、用臀部撞、用脚尖踢、用脚跟蹬等都是。

（3）后入后出　和别人一起先后出入房门时，为了表示自己的礼貌，应当自己后进门、后出门，而请对方先进门、先出门。

（4）出入拉门　平时，特别是陪同引导别人时，还有义务在出入房门时替对方拉门或是推门。在拉门或推门后要使自己处于门后或门边，以方便别人进出。注意：在职场上若无特殊原因，位高者先出入房门，房内之人先出；进门时，应始终面朝对方，不能反身关门，背向对方。注意顺序，一般情况，应请长者、女士、来宾先进入房门；若先走出房门，应主动替对方开门或关门。若出入房间时正巧他人与自己方向相反出入房间，应侧身礼让。

## 二、乘坐交通工具的位次礼仪

轿车是现代社会交往活动中最常见的交通工具，原则：因人而异、因时而异、因车而异。有关乘坐轿车的座次排列礼仪是根据轿车类型的不同，乘车时座次的排列也大为不同。最标准的做法，是客人坐在哪里，哪里就是上座。尊重别人就是尊重人家的选择。

乘坐轿车时，应当牢记的礼仪问题主要涉及上下车的先后顺序、座次、举止规范三个方面。

### 1. 上下车的先后顺序

在比较正规的场合，乘坐轿车一定要分清座次的尊卑，并在自己适得其所之处就座。而在非正式场合，则不必过分拘礼。

一般情况下，上下轿车时应该让客人或位尊者先上车，后下车。当然，如果很多人坐在一辆车中，谁最方便下车谁就先下车。在轿车抵达目的地时，若有专人恭候，并负责拉开轿车的车门，这时客人或位尊者可以率先下车。

  **案例分析**

**乘车位次怎么坐**

某公司新入职员工小张，担任公司总经理秘书的职位，某一天要和总经理贾总去客户公司进行商务洽谈，同行的还有财务部门的钱总监。

当单位司机小李把五座小轿车开过来的时候，小张心想，车前座的位置又敞亮又不用和别人挤，那应该是老总的位置，于是走过去打开前座车门请贾总上车。奇怪的是贾总只是微微一笑而并没有上车，这时钱总监打开了后座右侧车门请贾总上了车，并对小张说："还是你坐在前面吧。"钱总监自己打开左后侧车门，坐在了贾总身边。

小张虽然疑惑，但也知道自己一定是哪里出了错误，在忐忑中到达了客户的公司，离老远就看到对方的总经理吴总带着秘书小王在门口等候。车刚一停下，小王就熟练地上前打开了后侧车座的车门，并且用手挡在车门上方，自己站在车门旁，恭敬地请贾总下车，小张这才恍然大悟，原来这个位置才是公认的领导首席位置，如果刚才坐在这里的是自己或是钱总监，那就闹笑话了。

在商务场合，乘车位次有相应的规则。

在有司机驾驶的情况下，按照图3-53的数字的排列，依次是位置的高低。

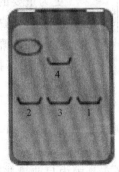

图3-53　五人座小客车

所以在这个案例中，小张应该坐在前排，而贾总应该坐在后排右手边1号位，钱总监的职位比小李高，应该坐在后排2号位，小张的级别最低，坐4号位。也正因为遵守了这样的座次，客户在接待时首先默认迎接的是级别最高的领导，不会出现认错人的尴尬。

经过这一次教训，小张懂得了原来乘车位次也是有讲究的啊，自己可不能再犯这种错误了。没想到第二天,因为与吴总公司的洽谈非常顺利,小张与同事们需要在公司准备一些资料,不知不觉就过了下班时间。贾总担心大家回家路上的安全,于是安排司机小李送一部分同事回家,自己开车送另三位顺路的同事,其中就有小张。

贾总上车后,小张看看另外两位同事,分别是人事部的赵部长和财务部的钱总监,都比自己的职位高,心想这回应该还是自己坐前座了吧。

没想到钱总监看出了小张的想法,主动走过去拉开了前座的门坐了上去,赵部长则拉开车右侧的门大大方方坐了上去,小张只能绕到左侧上了车。

小张一路上百思不得其解,没过多久,钱总监的家先到了,当他下车时,只见赵部长也下了车,补上了钱总监的空位。

回到家后,小张马上打开了电脑,恶补了一下"乘车位次礼仪",才发现,原来当领导开车时,车座的尊位就换了,变成4号位是级别最高的人乘坐,而且不能空缺,只要车上有人,并且级别低于开车的人,就要马上补位,以表示对领导的尊重。

另外,公司还有一辆吉普车,无论是司机小李开车还是贾总本人开车,第一尊位都变成了前排右侧车门,因为这种车型一般用于休闲旅游,前排视野好。

主人驾驶轿车时,应最后上车、最先下车,以便照顾客人上下车。

乘坐专职司机驾驶的轿车时,坐在前排者,大都应后上车、先下车,以便照顾坐在后排者领导或客人。

乘坐专职司机驾驶轿车引导人员,应先招呼尊长、女士、来宾从右侧车门先上车,将车门关上后,自己再坐到副驾驶座。下车时,自己应先下车,到右侧打开车门请领导或客人下车。如果车停在闹市,左侧车门不宜开启,从右门上车时,应当里座先上、外座后上。下车时,应外座先下、里座后下。

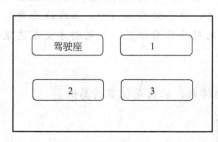

图 3-54 乘坐吉普车位次

为了上下车方便,坐在折叠座位上的人,应当最后上车,最先下车。

乘坐三排九座车时,应是低位者先上车、后下车;高位者后上车、先下车。

更为重要的是,不要忘了尊重嘉宾和客人的意愿和选择,嘉宾愿意坐在哪里,即应认定那里是上座。即便嘉宾不明白座次,坐错了地方,轻易也不要对其指出或纠正。这时,务必要讲究"主随客便"。

**2. 乘车的座次安排**

(1)吉普车 前排驾驶员身旁的副驾驶座为上座。车上其他的座次,由尊而卑依次为:后排右座,后排左座(图3-54)。

(2)双排五座轿车 这种座位的轿车是国内目前最普遍的车型。座次应安排如下:在有专职司机时,座次由尊而卑依次安排为:后排右座、后排左座、后排中座、副驾驶座[图3-55(a)];如领导或主人开车,尊卑顺序是:副驾驶座、后排右座、后排左座、后排中座[图3-55(b)]。

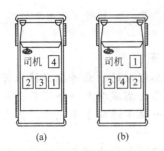
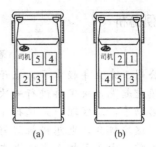

图 3-55 双排五座轿车座次安排　　　　图 3-56 双排六座轿车座次

  **拓展阅读**

　　由主人驾车送其友人夫妇回家时，其友人中的男士，一定要坐在副驾驶座上，与主人相伴，而不宜形影不离地与自己夫人坐在后排，那将是失礼的。若同坐多人，中途坐前座的客人下车后，在后面坐的客人应改坐前座，此项礼节最易疏忽。

　　(3) 双排六座轿车　如有专职司机，座次由尊而卑依次安排为：后排右座、后排左座、后排中座、前排右座、前排中座[图 3-56(a)]；如领导或主人开车，尊卑顺序是：前排右座、前排中座、后排右座、后排左座、后排中座[图 3-56(b)]。

　　(4) 三排七座轿车　三排七座轿车的座次安排为：如有专职司机，由尊而卑依次为：后排右座、后排左座、后排中座、中排右座、中排左座、前排右座[图 3-57(a)]；如领导或主人开车，尊卑顺序是：前排右座、后排右座、后排左座、后排中座、中排右座、中排左座[图 3-57(b)]。

　　(5) 三排九座轿车　对于三排九座轿车的座次安排，车内由尊而卑依次为：中排右座、中排中座、中排左座、后排右座、后排中座、后排左座（图 3-58）。

　　(6) 四排座轿车　乘坐四排座或四排座以上的中型或大型轿车时，通常应以距离前门的远近来确定座次，离前门越近，座次越高；而在各排座位中，则又讲究"右高左低"（图 3-59）。

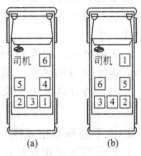

图 3-57 三排七座轿车座次

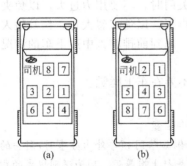

图 3-58 三排九座轿车位次

图 3-59 四排座轿车位次

案例分析

### 看看你是否像这个小王?

某公司王先生年轻肯干,点子又多,很快引起了总经理的注意并拟提拔为营销部经理。为慎重起见,决定再进行一次考查,恰巧总经理要去省城参加一个商品交易会,需要带两名助手,总经理一是选择了公关部杜经理,另一位是选择了王先生。王先生自然同样看重这次机会,也想借机好好表现。

出发前,由于司机小张乘火车先行到省城安排一些事务尚未回来,所以,他们临时改为搭乘董事长驾驶的轿车一同前往。上车时,王先生很麻利地打开了前车门,坐在驾车的董事长旁边的位置上,董事长看了他一眼,但王先生并没有在意。

车上路后,董事长驾车很少说话,总经理好像也没有兴致,似在闭目养神。为活跃气氛,王先生寻一个话题:"董事长驾车的技术不错,有机会也教教我们,如果都自己会开车,办事效率肯定会更高。"董事长专注于开车,不置可否,其他人均无应和,王先生感到没趣,便也不再说话。一路上,除董事长向总经理询问了几件事,总经理简单地作回答后,车内再也无人说话。到达省城后,王先生悄悄问杜经理:董事长和总经理好像都有点不太高兴。杜经理告诉他原委,他才恍后大悟,"噢,原来如此。"

会后从省城返回,车子改由司机小张驾驶。杜经理由于还有些事要处理,需在省城多住一天,同车返回的还是4人。这次不能再犯类似的错误了,王先生想。于是,他打开前车门请总经理上车,总经理坚持要与董事长一起坐在后排,王先生诚恳地说:"总经理您如果不坐前面,就是不肯原谅来的时候我的失礼之处。"坚持让总经理坐在前排才肯上车。

回到公司,同事们知道王先生这次是同董事长、总经理一道出差,猜测着肯定提拔他,都纷纷向他祝贺。然而,提拔之事却一直没有人提及。

问:为什么王先生没有得到提拔?

### 3. 上下轿车举止规范

上下轿车要互相礼让,不要争抢座位,不要抢占座位,注意动作的优雅。在轿车上不要对异性表示过分亲近,更不要东倒西歪地倒在别人身上。穿短裙的女士上车时,应双腿并拢,背对车座坐后,再收入双腿;下车时,应双脚着地后,再移身车外。如果跨步上下,姿态将会不雅观。要讲卫生,要自觉保持车厢整洁,不要将垃圾留在车厢内,不要在车上吸烟、吃喝等。要重视安全,不要与司机闲聊,更不要让司机接听移动电话或看书。尊长、女士、来宾上车时,应主动为他们开门、关门。在开、关门时,不要用力过大,以免夹伤人或引起客人的不满意。自己上下车开关门时,要先看后再行,以免疏忽大意,伤及他人。

乘坐主人驾驶的轿车时,不要让副驾驶座位空着,遇到前排客人中途下车的情况,后座的客人应当主动坐到副驾驶座位上。

有领导一同乘车的情况下,如果领导没有休息,不要在车上睡觉。

小资料

### 具体的场合中上下车的应变

在具体的场合中,需要我们根据实际情况应变:例如陪同领导外出办事时,同去的人较多,对方热情相送,这时我们应主动向对方道谢后,先行上车等候。因为送别仪式的中心环节应是在双方的主要领导人之间进行的,如果所有的人都非要等领导上车后再与主人道别上车,就会冲淡双方领导之间道别的气氛,而上车时也会显得混乱无序。再比如,如果到达时接待方已经准备了隆重的欢迎仪式,则应当等领导下车后陪同人员再下车。

## 三、会客座次礼仪

### 1. 相对式

特点：相对而坐，有一定距离。

范围：主要用于公事公办，需要拉开彼此距离的情形或用于双方就某一问题进行讨论时。例如部下向上司汇报工作、求职面试、洽谈生意等。

① 双方就座后，一方面对正门，另一方则背对正门。此时讲究"面门为上"，即面对正门之座为上座，应请客人就座；背对正门之座为下座，宜由主人就座。

② 双方就座于室内两侧，并且面对面地而座，此时讲究进门后"以右为上"，即进门后右侧之座为上座，应请客人就座；左侧之座为下座，宜由主人就座。

③ 如主宾双方人员不止一人时，其随员则按礼宾顺序排列在主谈人的左右（图 3-60）。

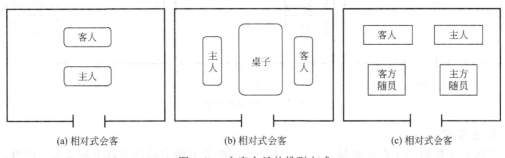

图 3-60　主宾会见的排列方式

### 2. 并列式

桌次排列方式为：主宾双方并排就坐，以暗示双方"平起平坐"，关系亲密友好，多是用于礼节性会客，此排列方式分为以下两种：

（1）双方一同面门而坐　此时讲究"以右为上"，即主人宜请客人就座在自己的右侧面。若双方不止一人时，双方的其他人员可各自分别在主人或主宾的侧面按身份高低依次就座（图 3-61）。

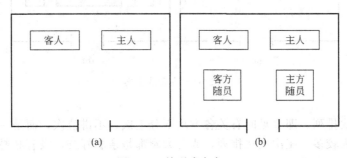

图 3-61　并列式会客一

（2）双方一同在室内的右侧或左侧就座　此时讲究"以远为上"，即距门较远之座为上座，应当让给客人；距门较近之座为下座，应留给主人（图 3-62）。

### 3. 居中式

所谓居中式排位，实为并列式排位的一种特例。它是指当多人并排就座时，讲究"居中为上"，即应以居于中央的位置为上座，请客人就座；以两侧的位置为下座，由主方人员就

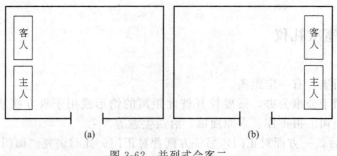

图 3-62　并列式会客二

座（图 3-63）。

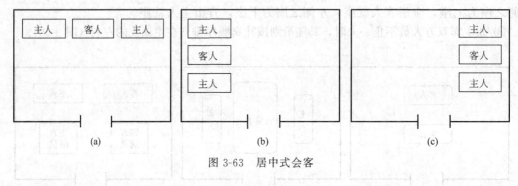

图 3-63　居中式会客

#### 4. 主席式

主席式主要适用于在正式场合，由主人一方同时会见两方或两方以上的客人。此时，一般应由主人面对正门而坐，其他各方来宾则应在其对面背门而坐[图 3-64(a)]。这种安排犹如主人在主席台主持会议，故称之为主席式。有时，主人亦可坐在长桌或椭圆桌的尽头，而请其各方客人就座在它的两侧[图 3-64(b)]。

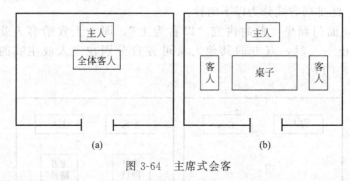

图 3-64　主席式会客

#### 5. 自由式

自由式的座次排列，即会见时有关各方均不分主次、不讲位次，而是一律自由择座。自由式通常用在客人较多，座次无法排列，或者大家都是亲朋好友，没有必要排列座次时。进行多方会面时，此法常常采用。

### 四、商务活动的位次礼仪

#### 1. 谈判位次礼仪

谈判是交往的一种特殊形式。由于谈判往往直接关系到交往双方或双方所在单位的切实利益，因此谈判具有不可避免的严肃性。

举行正式谈判时,有关各方在谈判现场具体就座的位次,要求是非常严格的,礼仪性是很强的。从总体上讲,排列正式谈判的座次,可分为两种基本情况:双边谈判、多边谈判。

(1) 双边谈判　双边谈判,指的是由两个方面的人士所举行的谈判。在一般性的谈判中,双边谈判最为多见。

双边谈判的座次排列,主要有两种形式可供酌情选择:横桌式、竖桌式。

举行双边谈判时,应使用长桌或椭圆形桌子,宾主应分坐于桌子两侧。

如果谈判桌竖放,应以进门的方向为准,右侧为上,属于客方;左侧为下,属于主方。

进行谈判时,各方的主谈人员应在自己一方居中而坐。

① 横桌式会谈座次排列。谈判桌在谈判室内横放,客方人员面门而坐,主方人员背门而坐。除双方主谈者居中就座外,各方的其他人士则应依其具体身份的高低,各自先右后左、自高而低地分别在己方一侧就座。双方主谈者的右侧之位,在国内谈判中可坐副手,而在涉外谈判中则应由译员就座（图 3-65）。

② 竖桌式会谈座次排列。谈判桌在谈判室内竖放。具体排位时以进门时的方向为准,右侧由客方人士就座,左侧则由主方人士就座。在其他方面,则与横桌式排座相仿（图 3-66）。

双边谈判如图 3-67 所示。

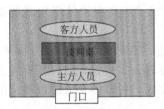 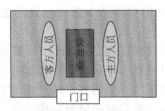 

图 3-65　横桌式会谈座次　　图 3-66　竖桌式会谈座次　　图 3-67　双边谈判

(2) 多边谈判　多边谈判是指由三方或三方以上人士所举行的谈判。多边谈判的座次排列,主要也可分为两种形式。

① 自由式。自由式座次排列,即各方人士在谈判时自由就座,而无须事先正式安排座次。

② 主席式。主席式座次排列,是指在谈判室内,面向正门设置一个主席位,由各方代表发言时使用。其他各方人士,则一律背对正门、面对主席之位分别就座。各方代表发言后,亦须下台就座。

 **案例分析**

张先生是位市场营销专业本科毕业生,就职于某大公司销售部,工作积极努力,成绩显著,三年后升职任销售部经理。一次公司要与美国某跨国公司就开发新产品问题进行谈判,公司将接待安排的重任交给张先生负责,张先生为此也做了大量的、细致的准备工作。经过几轮艰苦的谈判,双方终于达成协议。可就在正式签约的时候,客方代表团一进入签字厅就转身拂袖而去这是什么原因呢?原来在布置签字厅时张先生错将美国国旗放在签字桌的左侧。项目告吹,张先生也因此被调离岗位。

分析:中国传统的礼宾位次是以左为上,右为下,而国际惯例的座次位序则是以右为上,左为下。在涉外谈判时应按国际通行的惯例来做,否则哪怕是一个细节的疏忽,也可能会导致功亏一篑、前功尽弃。

**2. 签字仪式位次礼仪**

签字仪式,通常是指订立合同、协议的各方在合同、协议正式签署时所正式举行的仪式。举行签字仪式,不仅是对谈判成果的一种公开化、固定化,而且也是有关各方对自己履行合同、协议所做出的一种正式承诺。

举行签字仪式，签字桌在签字厅里横放，双方主签者面对房间正门就座，惯例为右高左低。面对房门右侧坐的是客方，左侧坐的是主方，以客为先。

从礼仪上来讲，举行签字仪式时，在力所能及的条件下，一定要郑重其事，认认真真。双方助签人，就是帮助翻页、吸墨、拿笔、递送合同文本的那个人，站在各自主签者外侧。其他参加仪式的人，有两个具体的排列办法。

（1）坐在各自签字者的对面　比如我是主方签字人，我的随从或者有关人员，坐在我的对面；你是客方，那么你的人坐在你的对面。

（2）站在双方签字人的后侧　具体方式是内侧高于外侧，由高而低向两侧分列。比如我是主签人，我的后面站的是我方最高人士，然后按地位依次向外侧排开；你的后面站的是你方地位最高的人，然后按地位依次向外侧排开。

其中最为引人注目者，当属举行签字仪式时座次的排列方式问题。一般而言，举行签字仪式时，座次排列的具体方式共有三种基本形式，它们分别适用于不同的具体情况：并列式、相对式、主席式。

① 并列式。签字桌在室内面门横放。双方出席仪式的全体人员在签字桌之后并排排列，双方签字人员居中面门而坐，客方居右，主方居左。

② 相对式。与并列式签字仪式的排座基本相同，只是相对式排座将双边签字仪式的随员席移至签字人的对面。

③ 主席式排座。主要适用于多边签字仪式。其操作特点是：签字桌仍须在室内横放，签字席仍须设在桌后面对正门，但只设一个，并且不固定其就座者。举行仪式时，所有各方人员，包括签字人在内，皆应背对正门、面向签字席就座。签字时，各方签字人应以规定的先后顺序依次走上签字席就座签字，然后退回原处就座。

**3. 会议的位次**

会议排位的基本原则：

① 以右为上（遵循国际惯例）；
② 居中为上（中央高于两侧）；
③ 前排为上（适用所有场合）；
④ 远门为上（远离房门为上）；
⑤ 面门为上（良好视野为上）。

会议不同于会客。会客是少数人甚至只是两个人之间的交往，而会议则一般是十余人甚至上百人之间的交往。因此，在会议中对宾主进行排位尤为复杂。会议主要分为小型会议和大型会议，分述如下。

（1）小型会议　一般指参加者较少、规模不大的会议。它的主要特征是全体与会者均应排座，不设立专用的主席台。目前主要有如下三种具体形式：面门设座、依景设座、自由择座。

① 面门设座　以面对会议室正门之位为会议主席之座。其他的与会者可在其两侧自左而右地依次就座（图3-68）。

② 依景设座。是指会议主席的具体位置，不必面对会议室正门，而是应当背依会议室之内的主要景致之所在，如字画、讲台，等等。其他与会者的排座，则略同于前者。

③ 自由择座。它的基本做法，是不排定固定的具体座次，而由全体与会者完全自由地选择座位就座。

（2）大型会议　一般是指与会者众多、规模较大的会议。它的最大特点，是会场上应分设主席台与群众席。前者必须认真排座，后者的座次则可排可不排。

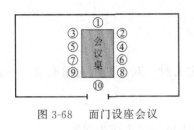

图 3-68　面门设座会议

① 大型会议应考虑主席台、主持人和发言人的位次（图 3-69）。

② 主席台的位次排列要遵循三点要求：前排高于后排；中央高于两侧；右侧高于左侧。

③ 主持人之位，可在前排正中，也可居于前排最右侧。发言席一般可设于主席台正前方，或者其右方。

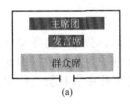
(a)

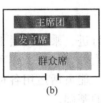
(b)

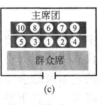
(c)

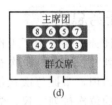
(d)

图 3-69　大型会议位置置排列

### 座次的风波

某分公司要举办一次重要会议，请来了总公司总经理和董事会部分董事，并邀请当地政府要员，同行业重要的知名人士出席。由于出席的重要人物多，领导决定用长 U 字形的桌子来布置会议桌，分公司领导坐在位于长 U 字横头处的下首。在会议的当天开会时，贵宾们都进入了会场，按安排好的座签找到了自己的座位就座，当会议正式开始时，坐在横头桌上的分公司领导宣布会议开始，这时发现会议气氛有些不对劲，有些贵宾互相低语后借口有事站起来要走，分公司的领导人不知道发生什么事或出了什么差错，非常尴尬。

**4. 宴会的位次**

举办正式宴会，一般均应提前排定其位次。宴会的排位，通常又可分为桌次安排与席次安排两个具体方面。

（1）桌次的安排　在宴会上，倘若所设餐桌不止一桌，则有必要正式排列桌次。排列桌次的具体讲究有三：以右为上、以远为上、居中为上（图 3-70）。

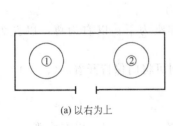
(a) 以右为上

(b) 以远为上

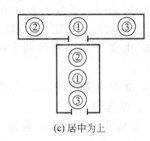
(c) 居中为上

图 3-70　宴会座次布置

① 室内面对门的位置中以右为上。此时的左右，是在室内根据"面门为上"的规则所确定的[图 3-70(a)]。

② 以远为上。当餐桌距离餐厅正门有远近之分时，通常以距门远者为上[图 3-70(b)]。

③ 居中为上。当多张餐桌并排列开时，一般居中央者为上[图 3-70(c)]。

（2）席次的安排　在宴会上，席次具体是指同一张餐桌上席位的高低。中餐宴会上席次安排的具体规则有四点：

其一，面门为主；

其二，主宾居右；

其三，好事成双；

其四，各桌同向。

① 面门而上。主人之位应当面对餐厅正门。有两位主人时，双方则可对面而坐，一人面门，一人背门。

② 主宾居中。主宾一般应在主人右侧之位就座。

③ 好事成双。根据传统习俗，凡吉庆宴会，每张餐桌上就座之人应为双数。

④ 各桌同向。通常，宴会上的每张餐桌上的排位均大体相似。

### 任务总结

本任务主要介绍了工作中和交往中重要的行进、乘坐交通工具、会客、商务交往活动等位次排列礼仪，学好位次礼仪有助于提升个人素养，便于工作和维护企业形象；因此了解位次礼仪知识，掌握位次礼仪的艺术及综合运用，能灵活运用各种工作中、社会交往中、商务交往中的位次排列礼仪，为将来工作打下坚实的基础。

### 思考与练习

一、判断题

1. 并行时，内侧高于外侧，中央高于两侧。（    ）
2. 男女同行时，上下楼女士应走在前面。（    ）
3. 出入房门时，由位高者先出入房门。（    ）
4. 我国传统的宴会方式是椭圆桌式。（    ）
5. 有人驾驶的电梯：陪同人员是后进后出，如果人较多时先进后出。（    ）
6. 上下轿车时，应该让客人先上车，后下车。（    ）
7. 会客位次礼仪，宾主双方面对面而坐，适用于公务性会客。（    ）
8. 签字仪式上，可设多个签字桌。（    ）
9. 按商务礼仪位次的横向排列规则是内侧高于外侧。（    ）
10. 客人较多时，如果无法安排座位，可以自由择座。（    ）
11. 宴请时，餐桌上的具体位次也有主次尊卑之分。各餐桌上位次的尊卑可以根据其距离该桌主人的远近而定，一般以近为上，以远为下。（    ）
12. 由主人亲自驾驶轿车时，车上前排座为上，后排座为下；以右为尊，以左为卑。（    ）
13. 如果有多次进出，只需最后一次关上门，其他时间可将门保持开着。（    ）

二、单选题

1. 竖桌式谈判不正确的是（    ）。
   A. 以右为尊　　B. 主方在左　　C. 客方在右　　D. 以左为尊
2. 双方并排行走时，陪同引导人员应居于（    ）。
   A. 左前方　　B. 右侧　　C. 左侧　　D. 右前方
3. 乘梯时，应有礼貌，出入电梯应做到（    ）。
   A. 先进后出　　B. 先出后进　　C. 同时进出　　D. 最后进出
4. 双边谈判的座次排列，主要有横桌式、（    ）。
   A. 并列式　　B. 自由式　　C. 居中式　　D. 竖桌式
5. 关于正确的进出门礼仪是（    ）。
   A. 男士一定要为女士开门　　　　B. 主人在前为客人开门

C. 自己为自己开门　　　　　　　　D. 女士为男士开门
6. 谈判时，如果谈判桌横放，面对正门（　　）。
   A. 主方　　　　B. 客方　　　　C. 主方和客方都可以　　D. 主持人
7. 宴会时，主人右侧的位置应该坐的是（　　）。
   A. 主宾　　　　B. 次主宾　　　　C. 买单的人　　　　D. 次主人
8. 乘轿车最安全的座位为（　　）。
   A. 后排左座　　　　　　　　　　B. 司机后面的座位
   C. 司机旁边的副驾驶座　　　　　D. 后排中座
9. 一般而言，上楼下楼宜（　　）行进。
   A. 单行　　　　B. 并排　　　　C. 平行　　　　D. 无所谓
10. 出入无人值守的升降式电梯，一般应请客人（　　）。
    A. 先进，后出
    B. 后进，后出
    C. 后进，先出
    D. 先进，先出

三、多选题

1. 位次排列的要求（　　）。
   A. 注意排列秩序　　B. 对象的不同　　C. 注意中外有别　　D. 注意规范操作
2. 座次的三原则为（　　）。
   A. 内外有别　　B. 中外有别　　C. 面门而上　　D. 注意成规
3. 桌次的排列是（　　）。
   A. 居中为上　　B. 以远为上　　C. 以右为上　　D. 以左为上
4. 会议的位置的排列遵守（　　）。
   A. 居中为上　　B. 前排为上　　C. 以右为上　　D. 以左为上
5. 会客座次有相对式（　　）。
   A. 并列式　　B. 居中式　　C. 主席式　　D. 自由式
6. 举行签字仪式时，座次排列有（　　）。
   A. 自由式　　B. 主席式　　C. 并列式　　D. 相对式

四、简答题

1. 行进中的位次排列是什么？
2. 乘坐轿车的位次排列是什么？
3. 乘坐轿车时应当注意哪些礼仪？
4. 中餐的席位排列是什么？
5. 如果你与经理、部门主任一同去参观，你行进的位置应该是哪里？

五、案例分析

在一次宴会上，教授的学生和教授（携带教授夫人）在一起吃饭。教授的台湾地区的学生是一家公司的老总。他来做东请教授和教授的其他学生。做东的学生坐在教授的对面，其他的学生随便坐。在吃饭的过程中，有一位同学突然站起来出去了，没有人问他到底去干什么。

问：1. 做东的学生位次的排列有没有问题？
　　2. 吃饭过程中教授的学生突然站起离开对不对？应该怎么做？

# 大学生就业形象设计

### ▶ 任务描述

我们每个人不管是刻意塑造，还是无意地去设计，总是在他人眼里无时无刻地展示着个人的形象。

近年来大学生整体数量的增加，毕业生就业压力就越来越大。用人单位对大学生的要求也变得越来越"苛刻"，不但要能力出众，而且对形象气质也有较高的要求。因此，大学生在求职面试的时候除了应展示大学阶段所学的专长外，还应综合自身条件注意自我形象设计，帮助成功求职。

本任务环节要求把握大学生求职准备的内涵，学习就业信息的收集整理的基本方法，了解求职材料及其构成，掌握求职材料的制作方法。

### ▶ 任务目标

1. 明确理解和掌握求职面试的个人形象设计；
2. 了解求职材料的基本结构及作用；
3. 掌握求职材料的制作方法；
4. 掌握书面求职基本礼仪。

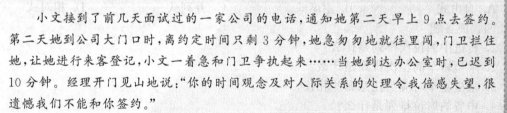

### ▶ 任务知识

我们每个人都有一个形象，不管是否刻意塑造，或没有意识地去设计，总会存在于别人眼中你的形象。现在就业单位对大学生的要求也变得越来越"苛刻"，不但要能力出众，而且要求形象气质也要符合职业的需求，因此注意打造良好的个人形象对求职成功起到了举足轻重的作用。

职场形象，通过衣着打扮、言行举止反映出的个性、形象、公众面貌和所树立的印象。同时也是在个人价值、人生观等方面与社会进行沟通并为之接受的方法。

保守职场：政府官员、法律界、金融业、高层企业、商界。

穿着法则：保守西装（套装）类。

创意职场：文化产业、媒体、一般商界、企业。

穿着法则：正式服装类。

随意职场：自由职业者、非强迫性着装管理公司。

穿着法则：休闲时尚类。

为什么要设计就业求职形象？

面试获得最佳第一印象，你就跨出了成功的第一步。穿对服装，不一定能让你获得录取；但穿错服装，肯定会使你失去工作机会。想要得到录用，穿着是除专业技能之外的重要方面。因此，大学生在求职面试的时候，除了应展示大学阶段的所学专长外，还应综合自身条件对自我形象进行认真设计和准备。

## 一、塑造优雅的个人求职形象

大学生就业求职形象设计的几大误区：只要把衣服穿体面就行了；衣服要买名牌；越贵越好；求职前应做专业美容；我很丑，我很矮，我很胖，穿什么都一样形象；包装好了就一定会成功。诸如此类的做法都是塑造个人形象的误区。要知道，品味≠价值，但品味影响着价值。

大学生就业求职形象要素见表 3-15。

表 3-15　大学生就业求职形象要素

| 外貌与着装 | 约占 50% |
|---|---|
| 语气与声音 | 约占 40% |
| 言谈与举止 | 约占 10% |

**1. 着装得体**

一切着装都是配合求职者的身份。面试时，合乎自身形象的着装会给人以整齐干净、精干和体现专业精神的印象。男生应显得干练大方，女生应显得庄重典雅。不能在面试时穿 T 恤、牛仔裤、运动鞋等，以免显出一副随随便便的样子。求职时，你的外表会影响主考官对你的评价。一般公司面试者的着装没有特别要求，面试者可以根据季节和地域习惯综合考虑进行选择。着装以"朴素典雅"为原则，需注意穿着与职位相称的服装，服装要合体，搭配要妥当，展现出正式而不呆板、活泼而不轻浮的学生特点：有朝气、整洁、朴素、大方、得体。面试时最好男士宜穿着正装，女士以西装套裙为佳。

服装颜色的印象见表 3-16。

表 3-16　服装颜色的印象

| 颜色 | 印象 |
|---|---|
| 黑色 | 象征着领导力 |
| 红色 | 象征着充满力量 |
| 灰色 | 表明逻辑性和分析头脑 |
| 白色 | 给人一种井井有条的感觉 |
| 绿色、黄色、橙色 | 和创造力相关联 |

 案例分析

### 失败的面试

小黄去一家外企进行最后一轮总经理助理的面试。为确保万无一失，小黄这次做了精心的打扮。一身前卫服装、时尚的手环、造型独特的戒指、亮闪闪的项链、新潮的耳坠，身上每一处都是焦点，她感觉简直是无与伦比、鹤立鸡群。她的对手只是一个相貌平平的女孩，学历也并不比她高，所以小黄觉得胜券在握。但结果出人意料，她并没有被这家外企所认可。主考官抱歉地说："你确实很漂亮，你的服装配饰无不令人赏心悦目，可我觉得你并不适合做助理这份工作。实在抱歉。"

案例分析：着装要讲"TPO"原则（时间、场合、地点），我们应该时刻注意自己的衣着和配饰。小黄一是没有分清场合，二是配饰太多，给人一种张扬、凌乱、不稳重的感觉，所以没有被这家企业录用。

（1）在面试与管理相关的职位时，记得穿黑色　黑色是最与领导力挂钩的颜色，礼仪专家说，"大多人觉得这是件好事，但初次面试的时候给面试官留下过于强势的印象也是不好的。"

但在面试管理职位或者你想让自己的形象中性一些时，黑色确实是不错的选择。15％的雇主在调查中推荐黑色。

（2）灰色适用于所有行业的面试　任何行业的面试中穿灰色都是不错的选择。"灰色传递出坚强、聪慧且值得信赖的形象"礼仪专家说。

鉴于穿灰色总让人感觉有些低气压，礼仪专家建议可以搭配一些画龙点睛的小装饰。举个例子，如果某人正在面试广告行业中的一个职位，他可以穿灰色的外套然后搭配一条红颜色的围巾，黄色的衬衫或者紫色的领带来增加一点个性和品位。

（3）想要体现出你注意细节，一定要穿白色　"极度干净的特质会暗示关注细节的个性，这让白色成为面试穿着的不错选择"礼仪专家说。如果你真的不想穿白色，选择一件版型不错的白衬衫也可以起到一样的效果。

（4）在需要创造性的职位面试中，千万别穿海军蓝色　海军蓝色传递出的形象是值得信赖，诚实可靠。在金融行业或者法律行业的面试中，它是一个不错的选择。但当你在面试一个更需要创造性的工作时，穿着海军蓝色可能会被认为过于保守。

但最多的雇主在职业塑造的测试中推荐蓝色，23％的人力资源管理者认为蓝色是他们最喜欢的衣服颜色。

（5）红色可能太过了　红色会给人勇敢和坚定的印象，但礼仪专家建议在面试中穿着红色可能会导致气场过强。

"红色可能传递出关于面试者不利的信息——他或她控制欲太强，性格反叛而且很固执"她说。

"举个例子，坚定和过于激进之间可能存在一条微妙的分界线，红色可能是一个冒险的选择，不过红色在销售行业或法律行业的面试中可能会让面试者显得思维活跃。"

（6）穿绿色会让见面气氛变得轻松一些，穿紫色或黄色可以显示出你的独特性，但千万别穿橙色去面试。

绿色总让人感觉平静、富足、蓬勃，是不错的选择，如果你想让你的衣着在面试官眼前一亮。绿色不但会让你和陌生人会面时的氛围变得缓和，而且能传递出你的可塑性。

当在面试需要有创造力的工作时，礼仪专家建立可以穿紫色或者黄色："紫色让人看上

去拥有艺术家的气质而且独特，黄色则让人看上去乐观向上且充满创造力。"

橙色，在面试穿着最糟糕颜色评选中荣登榜首，25%的雇主说橙色是让人看上去最缺乏职业态度的颜色。

（7）永远别穿棕色　和黑色相反，棕色传递出的信息是你是个简单而且不善改变的人。事实上，在任何面试中穿着棕色都不是一个好的选择。

"就像其他的颜色，棕色也包含着一些积极的信息"礼仪专家说，"棕色让人感觉舒服而且值得信赖。"但在大部分快节奏的行业或者创新的行业中，穿棕色会让人觉得你保守而且被动。"

### 2. 妆容自然

容貌略作修饰，这样会提高你形象的得分。容貌清秀、服饰整洁可以给人留下爽快，积极地印象；而蓬头垢面、不修边幅则显得拖拉、散漫。

男士应在面试前修剪鼻毛、胡须和指甲，保持面颊的干净。女士面试适宜化清爽自然、明快轻松的淡妆，会使面色看起来红润、朝气蓬勃，显得人更有亲和力，也是对他人的尊重，切勿浓妆艳抹，不宜擦拭香水。指甲要保持整洁，需提前修甲，可选择透明、接近健康甲色的指甲油，不要涂抹颜色过于艳丽抢眼的指甲油，注意更不要做复杂、夸张、与职业形象不匹配的美甲造型。

 案例分析

#### 穿衣打扮有学问

曾有一名求职者前往一所专科学院应聘计算机工程师职位。面试时，这名求职者打上了领带，穿上了西装。面试过程很顺利，求职者过硬的专业知识让招聘老师欣赏不已。

在决定是否录用这名求职者的过程中，却有一位老师提出了异议："你们注意到没有？这个面试者穿了一双旅游鞋，一方面，如此装扮很不得体；另一方面，也说明此人很有个性，也许比较难管理。"但由于当时学院急于用人，大家没有在意这个细节。几天后，这名求职者到学院正式上班了。但接下来的事情却让人感到意外，人们发现，当初那位老师的话逐一成真。上班后，此人不拘小节，衣着随意。更要命的是，他个性十足，很难听进别人的意见。领导找他谈过几次话，但收效甚微。日子久了，他成了学院有名的"刺头"。

问：面试时要穿什么？

 **拓展阅读**

#### 大学生就业求职形象设计的几大误区

只要把衣服穿体面就行了；
衣服要买名牌，越贵越好；
求职前应做专业美容；
我很丑，我很矮，我很胖，穿什么都一样；
形象包装好了就一定会成功。

### 3. 发型适中

发型最能直接地反映大学生的精神面貌，也能看出他的品位和对细节的关注程度，应该与妆容整体协调。大学生头发的长度有讲究，并且发色不易挑眼；发型凌乱不堪，头发留得太长或油腻，都会给招聘方留下不够振作、邋遢的坏印象。

男士在面试前应提前理发，要求清爽自然、干净利落、中规中矩、不宜过长，但也不要光头。

女士长发短发皆宜，但长发最好束起来、扎起来、盘起来，不要披头散发，尽量把整张脸显露出来，这样会显得干净利落，否则会给人一种慵懒的感觉。尽可能不要染发和烫发，如果已经染了很夸张的颜色，一定要染回黑色。

**拓展阅读**

### 面试时的着装与仪容的准备

男士：
① 短发，清洁、整齐，不要太新潮；
② 精神饱满，面带微笑；
③ 每天刮胡须，饭后洁牙；
④ 白色或单色衬衫，领口、袖口无污迹；
⑤ 领带紧贴领口，系得美观大方；
⑥ 西装平整、清洁；
⑦ 西装口袋不放物品；
⑧ 西裤平整，有裤线；
⑨ 短指甲，保持清洁；
⑩ 皮鞋光亮，深色袜子；
⑪ 全身3种颜色以内。

女士：
① 发型文雅、庄重，梳理整齐，长发要用发夹夹好，不能染鲜艳的颜色；
② 化淡妆，面带微笑；
③ 着正规套装，大方、得体；
④ 指甲不宜过长，并保持清洁。涂指甲油时须涂自然色；
⑤ 裙子长度适宜；
⑥ 肤色丝袜，无破洞；
⑦ 鞋子光亮、清洁；
⑧ 全身3种颜色以内。

男女仪容：
① 头发：发型简单、清洁、无异味；
② 饰物：简单、庄重，忌花哨；
③ 颜面修饰：淡妆；
④ 口腔卫生：无异味。

## 二、设计求职材料

**1. 求职材料：求职成功的敲门砖**

毕业生找工作的一般过程：查找招聘信息、制作和投递简历、通过简历筛选，参与招聘方组织的一系列笔试、面试，通过笔试、面试，签订劳动合同或者协议后进入职业生涯。其中制作一份高水平的简历并有效地投递简历是成功求职的开端。简历的质量及投递方式直接关系到求职者是否能进入后续的招聘环节。对于 HR，为了加快简历筛选速度，对每份简历的平均阅读时间为 10～30 秒。

> **拓展阅读**
>
> 小何学习成绩很好，有一定的实践经验。毕业前，面临两难选择，一方面他可以回家找一个很好的单位就职，另一方面又接到北京某公司的接收函。前者意味着安稳，后者意味着要走一条艰苦漫长的路。何去何从小何难以抉择，请你帮助她做个分析和决定。
>
> 小何应该要去北京发展。因为虽然去北京发展意味着要走一条艰苦漫长的路，但这有助于她自身的自我价值的实现。
>
> 由于大学生社会性思维、自我意识和社会性需要的逐渐成熟和完善，他们已逐渐形成了比较稳定的价值体系。尤其对于大学毕业生而言，他们所学的专业和大学期间所从事的个人感兴趣的活动，它在社会生活中具有何种意义和作用，也越来越明确。因而，他们对自身人生价值的定位和自我价值的实现有了基本的认识，并确立了自己的人生价值目标。
>
> 随着我国社会主义市场经济的建立和西方个人主义价值观的大量渗透，我国绝大多数毕业生注重社会价值的同时，更注重自我价值的实现，他们渴望运用自己的聪明才智成就一番大事业，然而，他们又缺乏艰苦创业的心理准备，不愿脚踏实地，因此，这种既想实现个人价值又不愿艰苦奋斗的矛盾心理往往使他们处于一种两难境地，产生强烈的心理冲突。小何的心理也正是如此。因此为了实现她自身的发展，她应该去北京发展。

**2. 怎样获得面试机会：换位思考**

假如你是面试官：想了解什么；应聘者是一个怎么样的人？应聘者是不是真的希望到我的公司来？应聘者是不是真的可以胜任这个岗位？假如你是求职者：怎么办？展现你自己，让对方了解你。表达你的意愿：通过求职意向、求职信。对照岗位要求，突出你的核心能力。

**3. 求职材料的制作流程**

求职材料的制作流程见表 3-17。

表 3-17 求职材料的制作流程

| 信息收集 | 明确就业目标,定向收集和筛选就业信息,确定就业岗位,列出目标岗位的职业要求,对照要求收集汇总相关材料和信息 |
|---|---|
| 分类整理 | 目标岗位效果信息,个人简历材料,教育背景材料,特长爱好材料,社会实践材料,奖励评论性材料等,选择最有代表性和针对性的材料 |
| 形成简历 | 将各类资料汇总,对于目标岗位的具体情况,将关键的信息和资料体现在简历中,合理取舍,补充完成,展现自己 |

**4. 求职材料的内容构成**

求职材料的形式可以是多样化或个性化的，可以是"求职简历"或"求职信"，也可以是普通高等学校就业工作统一制作的"毕业生就业表"。

基本资料包括：求职意向或求职信；教育背景与实践经历；专业技能与特长；荣誉与奖励；其他（个性特征、兴趣爱好等）（见图 3-17）。

附件：（推荐信、成绩单、各类证书、代表作或论文复印件）。

注意：都需要吗？如何编排顺序？

求职材料的基本内容虽有一定规范要求，但制作求职材料时一定要注意合理取舍、扬长避短，为进入面试打下基础。

图 3-71 求职简历制作

## 三、量身设计定做求职材料

### 1. 封面：让招聘人员看下去

个性化的封面设计应美观、大方、醒目、整洁，不花哨，信息明了，可采用一个学校典型建筑或富有学科特色的图案或照片，封面上的必要信息：学校、专业、姓名、求职意向、联系电话、电子邮箱等。需要多套时应采用黑白打印。

求职简历的封面设计见表 3-18。

表 3-18 求职简历的封面设计

| 封面设计的四原则：美观、大方、醒目、整洁 ||
|---|---|
| 设计 | 封面设计要有一个与自己专业特点和应聘岗位匹配的主题 |
| 风格 | 风格要与自荐材料内容主体风格要一致，具有同一性，整体性 |
| 内容 | 要涵盖尽量全面的信息，如联系方式至少两个以上，且有效；求职岗位、对岗位有力的技能或奖励 |

### 2. 基本资料：初步认识你

基本资料或个人信息的内容：姓名、性别、出生年月、籍贯、民族、政治面貌、联系地址和邮政编码、联系电话、E-mail、照片等，如果你觉得身高和体重对求职有利也可列出来。个人信息可采用表格形式列出，也可以直接用文字描述并在适当位置加贴照片。

### 3. 意向或求职信：表明意愿

求职意向：是求职材料的核心或中心思想，一定要有针对性；

用简明的语言清楚地陈述你想从事的工作或岗位；

求职意向应该是具体的、明确的，不能用太概括或模糊的语言，如"管理职位"；

求职意向要有一定的弹性，针对用人单位的适合岗位灵活表述。

### 4. 教育背景与实践经历：受过哪些与应职岗位相关的训练或经历

教育背景：修业时间；毕业学校；所学专业；学历学位；主修课程。

实践经历：学校或社会任职情况；社会实践活动经历；社会工作经验；项目参与经历；实习、培训及其他。

描述方式：时间＋承担的任务或角色＋做得怎样（业绩或评价）。

### 5. 技能与特长：凸显你的亮点

体现专业技能与特长的素材：与专业有关的职（执）业资格证书及其他第三方认证；外语、计算机水平及相关证书；发表的论文、著作、文艺作品，获得的成果、专利等；体现综合素质的培训经历及效果材料；得到社会认可的与职业能力有关的其他素材。

描述方式：因材料而异，用最简洁的文字提供最准确的信息。

案例分析

**亮出最美丽的羽毛（服装、发型、形象）**

有一个相貌平平的女孩子去应聘，顺利地通过了初试和复试，在决定能否聘用的面试中，招聘方总经理当面告诉她不能被聘用，理由是她的形象不适合所应聘的公关业务。女孩觉得很伤自尊、很憋气，本来那扇门已经关闭了，她却头脑一热突然转回身又打开了门，对主持面试的老板说道："主动权掌握在您的手里，说起来我没有讨价还价的资格。本来，您不需要理由就可以决定我是否被聘用，但您给了，而且给我的理由恰恰是一个不能被我接受的理由。我可以用一分钟换一套衣服，三十分钟换一种发型，但我的学识和内涵才是真正可贵的，我头脑冷静、随机应变的特质是公关职位真正需要的东西，而这是我多年磨炼的结果，是无法用服装、发型、形象这类因素改变的。"

本来她这样做只是想出一口气，不料恰恰用这种方式展现了自己的过人之处，第二天，公司和女孩联系，告诉她被录用了。

后来，她总结这次应聘经历时说："如果把人和鸟儿放在一起做一个比较，人有那么发达的大脑，自然比鸟儿聪明得多，但人有一点比不上头脑简单的鸟儿：鸟儿可以把自己生命中最可贵的东西———美丽的羽毛，在最短时间内展示出来，引起异性的注意，通过求偶的'面试'，但人却不能。生活的节奏越来越快，竞争也越来越激烈，这个时代已经很难给人一种机会，能像泡功夫茶一样让一个人的优秀特质慢慢地显露出来。为了能够在竞争中更好地生存，人应该学一学鸟儿，学会在最短的时间内展示自己最优秀的一面。"

---

6. 荣誉与奖励： 展示你的实力

荣誉与奖励素材：三好学生、优秀学生干部等在校学习期间获得过的荣誉；各类奖学金的获得记录能反映你的学习能力和发展潜力；参加大学生研究性学习和创新性项目、学科竞赛等的获奖情况；参加文艺、体育活动的获奖证明；其他你实际获得过的荣誉和奖励证明。

描述方式：时间＋荣誉或奖励名称＋奖励等级＋授奖机构。

7. 其他： 个性特征、 兴趣爱好、 自我评价等， 找到闪光点， 不宜多

个性特征：仅描述与目标岗位的职业要求相吻合的个性特质；

兴趣爱好：仅描述职业领域或组织群体受欢迎的兴趣爱好；

自我评价：要求真实、严谨，如"认真踏实、严谨负责、吃苦耐劳、爱岗敬业"之类的表述。

8. 附件： 推荐信， 成绩单， 各类证书、 论文、 作品复印件等

推荐信，成绩单，各类证书、论文、作品复印件等。

附件展现方式：将证书扫描后，用编辑软件排版成1～2页再黑白打印。

整体要求：量身定做，有的放矢；扬长避短，强调优势；简洁精练，绝无错误；1～2页纸足矣，细节决定成败。

## 四、 书面求职礼仪

求职信简便易行，是沟通双向选择的主要桥梁。向目标单位呈交求职信，其主要目的是能充分引起用人单位对自己的注意和兴趣，所以在求职信中要尽情地表现自己。把自己勾画成最适合用人单位需要的人。当然写求职信和个人简历要遵循诚实的原则，实施求事，切忌

浮夸滥造。一封朝气蓬勃的优秀的求职信，会使用人单位的决策者拍案叫绝或欲舍不忍。使求职者稳稳地抓住机会，达到成功推销的目的。

**1. 求职信件由开头、正文、结尾、署名四个部分组成**

（1）开头　信的开头，先写收信人称呼，要注意表示尊敬、亲切，并符合收信人的身份，要准确、不能乱用称呼，不要过于造作。

写到企业可称："尊敬的××总经理"或"人事处领导"。

写到学校可称："尊敬的校领导"或"尊敬的××校长"。

称呼写在第一行，顶格书写，以表示尊敬和有貌，称呼之后用冒号。

问候用"您好！"另起一行，空两格。

（2）正文

① 个人基本情况。介绍你的姓名，就读学校、专业。

② 用人单位招聘消息来源。写出用人信息或招聘消息的来源，说明自己申请该工作岗位的愿望及理由。在说明理由时，最好能体现你对该单位的关注与好感。适度地谈些你和你亲友、社会对该单位的好印象，往往能引起对方的好感。

③ 谈谈自己对该工作的兴趣，在专业知识、技能、经验、性格能力和意志等方面的优势。这是求职信的核心部分。要让对方感到无论从哪个角度看，你都能胜任这一个工作。

④ 结束语　表示你在等待对方的回音，并且要表示希望有面谈的机会。

（3）结尾　一般写表示祝愿或敬意的话。一般是另起一行空两格写"敬礼""再见"。或另起一行空两格写"此致"，转一行顶格写"敬礼"。

（4）署名　写清自己的姓名及通信地址、电话号码。求职信篇幅一般以2页信纸为好。

**2. 写求职信应注意的问题**

（1）有针对性　针对招聘单位的性质和特点及岗位特点，阐述自己的长处和观点。

（2）突出重点　所谓突出重点就是要突出哪些能引起兴趣，有助于获得赏识的项目。主要包括专业知识、经验、特长和个性特点等，也包括文体特长、语言特长、书画美术特长、社会特长等。

（3）强调特点　主要介绍个人的经验和实际能力。

（4）体现个性　在信中的字里行间要反映出你的热情和活力。

书面求职材料的写作要求及注意事项：

外观整洁、格式规范；字迹工整、词句精炼；实事求是、真诚取信；其他注意事项；内容精炼，最好使用计算机打印。

 案例

### 求职

某集团招聘副经理，应聘者张某有研究生学历且专业对口，其他条件亦符合。张某经过初试和复试信心百倍，等待最后的面试。办公室门口一提茶壶的老头问坐在沙发上等候的三位应聘者："见到面试办公室主任了吗？"问到张某时，张某用拇指指了一下里面，头也不回地说："在里面！"老头显得很尴尬，扶起了张某旁边倾倒的一盆菊花、拣起了张某扔在地上的纸巾，然后提着水壶走了。张某对着其背影说了一句："老家伙！"

当张某在进行最后的面试时，老者提着水壶进来了。考官全部站起来给他让座。张某才知道他就是董事长！

在此情形下，谁还会关注张某的专业知识和技能呢？

▶ **任务总结**

本任务通过对塑造优雅的个人求职形象的介绍，使求职者对着装、妆容、发型设计有了一定的认识；参照案例，结合实际情况，能恰当的设计求职材料，量身设计定做求职材料，运用书面求职礼仪知识，正确地书写求职信，通过实际锻炼将所学知识转化成技能。

## 思考与练习

一、判断题

1. 大学生就业求职过程中音调、语气、语速、节奏都将影响第一印象的形成。（　　）
2. 一个人的站、坐、走等姿势都应贯彻横平竖直的原则。（　　）
3. 面试者的着装不能可以根据季节和穿衣习惯进行选择。（　　）
4. 男士应在面试前修剪鼻毛、胡须和指甲。（　　）
5. 女士在面试时发型披发显得精神。（　　）
6. 求职面试时不考察求职者的专业知识与能力，了解其特长，只看其能力。（　　）
7. 求职信应当用冗长的语言陈述你想从事的工作或岗位。（　　）
8. 求职信的开头，先写收信人称呼。（　　）

二、单选题

1. 大学生就业求职形象外貌与着装占50%、语气与声音占40%、言谈与举止占（　　）%。
   A. 10　　　　　B. 20　　　　　C. 30　　　　　D. 60
2. 求职材料的制作流程：明确就业目标定向收集和筛选（　　），确定就业岗位，列出目标岗位的职业要求，对照要求收集汇总相关材料和信息。
   A. 信息收集　　B. 就业信息　　C. 分类整理　　D. 形成简历
3. 设计定做求职材料封面设计应美观、大方、醒目、（　　）。
   A. 特色　　　　B. 全面　　　　C. 整洁　　　　D. 有效
4. 求职书正文的个人基本情况主要介绍你的姓名、就读学校（　　）。
   A. 性别　　　　B. 籍贯　　　　C. 身高　　　　D. 专业。

三、多选题

1. 求职信件由（　　）个部分。
   A. 开头　　　　B. 正文　　　　C. 结尾　　　　D. 署名
2. 简历封面设计的原则（　　）
   A. 美观　　　　B. 大方　　　　C. 醒目　　　　D. 整洁
3. 求职材料的制作流程有（　　）。
   A. 信息收集　　B. 就业信息　　C. 分类整理　　D. 形成简历
4. 面试着装以"朴素典雅"为原则；服装要合体，体现（　　）特点。
   A. 整洁　　　　B. 朴素　　　　C. 气质魅力　　D. 大方得体

四、简答题

1. 作为一名面试者在面试时应设计哪些应试礼仪？
2. 求职材料及其构成是什么？
3. 求职材料的制作方法是什么？
4. 如何书写求职信？

五、案例分析题

下面是一位秘书专业毕业生写给某公司的求职申请。

刘经理：

我个人觉得要做好秘书工作的要诀是：你要懂得公文写作，这无疑是最重要的一点；你要懂得协调上下级关系，做好桥梁；你要辅助领导办好事，秘书就是参谋；你要有甘当幕后英雄的心理准备；你还要会懂得观察……要会交际应酬。而上述各个方面我都有心得体会，可以说样样精通，我相信能胜任。同时，在我入职之后，希望能与大家齐心协力使公司得到前所未有的发展。

求职者：李××××年×月×日

该公司人事部刘经理说：好像就他懂，我们是傻瓜似的，以为我们不知道呀。

分析与思考

1. 请分析刘经理为什么会这么说？
2. 请思考撰写求职函件时在语言表达上要注意什么？

# 求职面试礼仪

### ▶ 任务描述

"人尽其才，才尽其用，家国两利，各尽其责"，这是求职者和求才者双方共同追求的目标。

在就业压力非常大的现在能找到一份职业，尤其是一份适合自己专业和兴趣的职业，是一件令人羡慕的事。

任何事情自有其成功的秘诀，你若要"职"在必得，除了要有真才实学外，还必须掌握一定的社交技巧和求职礼仪。如文雅的谈吐，得体的举止，可以展现出求职者的修养和个人素质，也是一个员工的重要品质之一，这已经成为许许多多用人单位的共识。因此面试礼仪已成为求职者必修的一门课程。

### ▶ 任务目标

1. 掌握求职者在求职前的准备；
2. 掌握面试官在面试前的准备工作；
3. 了解面试的礼仪和技巧；
4. 掌握面试中应注意的细节。

### ▶ 案例导入

**从细节中赢得人心**

某公司，登报招聘一名文职人员，约30多人前来应聘。入选的竟是一位既没有带一封介绍信，也没有任何人推荐的小伙子。人问其故。经理解释说："他带来了许多介绍。他神态清爽，服装整洁，在门口蹭掉了脚下带的土，进门后随手轻轻地关上了门，说明他做事有条不紊，小心仔细。当他看到那位残疾人时，就立即起身让座，表明他心地善良，体贴别人。进了办公室，其他人都从我故意放在地板上的那本书上迈过去，而他却很自然地，俯身捡起它，并放到桌子上，并且回答我提问简洁明了、干脆果断。证明他既懂礼貌，又有教养，难道这些不就是最好的介绍信吗？"

**案例分析**：这位小伙子入选虽然没有带一封介绍信，但他通过得体的着装、文明谦和的态度、不卑不亢的作风，体现了温文尔雅的素质。

## 任务知识

在你最感兴趣的事物上，隐藏着你人生的秘密。兴趣是你最好的导师，做你感兴趣的事、想做的事，你才更有可能成功；做你想成为的人，你才可能享受到人生的美好。当你不知所措的时候，请静下心来听一听你内心的声音，成功之神必在不远处等着你的到来。

——比尔·盖茨给麦迪逊中学的回函

### 一、求职面试概述

**1. 求职面试的概念**

它是求职者在求职过程中与招聘单位接待者接触时应具有的礼貌行为和仪表形态规范，它通过求职者的应聘资料、语言、仪态举止、仪表、着装打扮等方面体现其素质。简而言之是大学生在求职面试过程中，所应该遵守的行为规范。人的影响等于：求职成功＝外表（55%）＋行为表现（38%）＋真才实学（7%）。

"凡事预则立，不预则废。"不少求职者之所以面试受挫或失败，就是由于不懂得如何求职，没有掌握求职面试的谋略与技巧。为了寻找到自己理想的工作，以便实现自己的人生价值，更好地报效国家，我们必须学会如何正确地认识求职面试，掌握求职面试的相关知识。

古语曰：知是行之始，行是知之成。求职者了解面试这一考核形式，既可以消除对面试的陌生感、恐惧感，尽快适应面试，又可以有针对性地在事前做好相应准备。

**2. 了解求职面试的过程**

所谓的求职过程就是在充分认识自我——了解自己能干什么、想干什么的基础上，再从招聘方的角度出发，适时调整自己的择业标准，将自己心仪的单位及岗位所要求的基本技能和素质最大地展示出来，以取得招聘方的认同的过程。

一个核心，两个基本点，三个"一些"。

一个核心：将自己心仪的单位及岗位所要求的基本技能和素质最有效、最大限度地展示出来。

两个基本点：一是充分认识自我，准确定位；二是充分了解应聘单位的具体要求。

三个"一些"：更新一些观念，掌握一些程序，注意一些技巧。

**3. 了解企业和面试信息**

公司背景——产品、了解总公司设立分公司的时间、业绩、活动的规模，主要业务、主要领导人、企业文化等。

职位要求——技术方面。

面试官——用人部门、人力资源部。

### 二、面试前的准备工作

《孙子兵法》中有一句话："知己知彼，百战不殆。"面试就如同一场探视性战斗，每一个应试者，都希望在面试时给主考官一个好印象，从而增大录取的可能性。可以说，这是求职者迈向成功的第一步。为此，求职者必须做好准备，搜集尽可能多的信息资料。做到心中有数，避免在面试时出现被动与尴尬。求职者需要准备的内容有如下几个方面。

**1. 知识准备**

不断积累文化知识、专业知识、社会知识，为求职和未来的职业生涯构建合理的知识结构。

2. 能力准备

不断提高学习能力、创新能力、实践能力、就业与创业能力，形成面向职业目标的基本技能、专业技能、自我管理技能和综合职业素质。

3. 必备的资料准备

备用简历、身份证、1寸免冠照片、学历证书、技能证书、获奖证书、笔、笔记本、与应聘职位相关的作品。最好把这些材料都放在公文包里，如果实在没有公文包可以放在资料袋里，大小应可以平整地放下A4纸大小的文件。

案例分析

### 面试前不应这样做准备

某科研机构招聘科研人员，由于待遇优厚，应聘者如云。某高校毕业生李云前往面试，只见她挽着同宿舍的张某袅袅婷婷地步入科研机构的面试大厅，进入前她又掏出化妆盒补了一下妆。进入面试屋子后，主考官问她有什么特长，她说她在学校是公关部长，有能力领导各种文艺活动，说着将她想给主考官看的资料从包里拿出来，结果在包里翻了半天，好不容易找到了，拿出来的时候将她的化妆品也带出来了，撒了一地，主考官们面面相觑。

案例分析：首先，她不应该在面试的时候带伙伴，表明她缺乏自信。其次，她不应该在面试的大厅里化妆，因为也许有人在观察应试者的一举一动。再次，她回答她的特长与所要应聘的单位不符合。最后，她对应聘时自己的准备物品放置得不合理，没有分类放置，次序零乱。

4. 心理准备

心理准备就是要对自身有个全面的认识和准确客观地评价，清楚知道自己希望的就业方向，即什么样的工作更适合自己的发展。要克服焦虑心理和恐惧心理，从容面对压力，善于展现实力，善于管理情绪，积极应对挫折。

（1）了解自我，增强自信　一是了解自己的人生目标、专业专长、兴趣爱好、就业倾向等方面的情况，这样不但能发挥出自己的才能，并能长时间高效地保持工作效率。克服自卑，要始终保持自信，准备充分，要有缜密的思维力、敏锐的判断力、充沛的精力，夺取答辩的胜利。

（2）转变角色，准确定位　要从心理上尽快成熟起来，学会独立思考，并且尽可能在经济上独立起来。客观地评价自己，以一种理性的态度为自己规划未来。

（3）端正心态，看淡成败　"先就业，再择业"。以平常心对待，就把这次面试当成是朋友与朋友之间的谈话。成败不重要，重要的在于参与。不要把成败看得太重要。

（4）取长补短，战胜困难　要以一颗平常心正确对待面试，要做好承受挫折的心理准备。即使面试一时失利，也不要以一次失败论英雄。敢与权威竞争，敢于正视自己的不足，取长补短。表现积极向上、敢于迎接挑战的精神以及战胜困难、夺取胜利的自信心和勇气，多听取家长、老师、同学、朋友的建议。

（5）有备而来，了解薪酬　对面试公司有了认识和了解，而不是漫天撒网捞鱼般的海投。在面试过程中简明扼要地阐述了自身的职业规划，再合理地提出薪酬要求的，面试官一般都不会反感，有的甚至会认为该名面试者做事条例分明、目标明确。相反，对于

那些只会木讷地作答，尤其在面试官问道："你还有什么问题想要问我"时，三句不离"五险一金"、福利待遇时，绝大多数面试官都会认为面试者目光过于短浅，没有很好的职业规划。

### 我的薪金我做主

一家外资的数码公司招聘一名技术开发人员。在面试时考官直接对前来求职的小平说："你应聘我公司的那个职位，按照我们公司的薪金制度，基本工资每月只有2000元，有问题吗？"小平笑了笑说："尽管这个薪金不算太高，但据我所知，贵公司对高级人才有另一套薪金制度——每月奖金最高大概是1000元，每年还可以发16个月的工资，工作一年后工资翻番。我本人具有研究生学历，又有三年的工作经验，完全符合高级人才的标准。我希望自己能享受这套薪金制度的最高标准，如果那样的话，我非常愿意从事这项工作。"考官笑了笑说："看来你是有备而来呀。我们的薪金制度的确是这样，你也符合高级人才的标准。欢迎你加盟本公司！"

案例分析：小平在前来面试之前已经了解该公司的薪金制度，知道了对方的情况。而对自身的情况，更是能恰当地把握自己的长处——自己的研究生学历、丰富的工作经历，这些都是与用人单位讨价还价的重要筹码。根据自己事先了解的情况，小平准确地提出了自己的期望待遇——高级人才的最高标准。这个要求虽然看似不低，但实际上也是符合公司的规定和小平自身情况的，对于这样一个睿智的人才，公司又怎能不喜爱呢？小平得到满意的薪金也是在情理之中了。

## 三、面试中的礼仪

得体的仪表，文雅的举止，是一个人基本素质的外在表现。不仅能赢得他人的信赖，给人留下良好的第一印象，还能增强人际吸引力。在现代生活中，越来越多的用人单位开始意识到求职者的仪表、举止、与个人素质之间的这种联系。不注重仪表礼仪，必然会影响求职择业，即便是那些自誉为天之骄子的大学毕业生，因仪表举止不雅，而在求职面试中痛失良机的也不乏其人。

求职者除了遵循一般的仪态仪表要求外，还有必要注重以下几点。

当你参加求职面试时，应当适当地打扮一下自己，总的原则是，不一味追求华丽时髦，以端庄得体为好。

### 面试礼节

① 不带礼物、不带陪同。
② 应试前不喝酒、不吃有刺激气味的食物。
③ 不抽烟、不嚼口香糖。

### 1. 仪表形象是敲门砖

（1）衣着要整洁　面试时切忌穿有破损的衣服，如掉了一个纽扣，衣服开了线，破了洞或是腿脚起了毛边。女士绝不能穿有破洞或掉了针的丝袜。男士要洗净头发，刮净胡须，整理好发型，不要留长发；女士长发，最好扎起来、束起来、盘起来。指甲要修剪整齐，甲垢清除干净。

（2）服饰要得体　根据设计好的着装检查是否符合规范、庄重、素雅大方、稳重文雅的职业形象；着便装（如夹克衫、休闲装）是否平整干净；长、短袖衬衫，下摆是否塞到裤子里面；西装颜色是否以黑色、深蓝色、灰色等为主。检查女士穿的套裙，与衬衫搭配是否颜色协调、裙子长短是否在膝上下10厘米左右；穿的长筒连裤袜是否是符合正式场合的礼仪规范要求，肉色的、无破损的；鞋子是否是前后闭口的一脚蹬（或船鞋）半高跟和高跟的皮鞋，切忌光腿不穿丝袜。检查衣服是否太露太透；皮鞋是否擦亮，擦净鞋上的尘土待面试。

（3）化妆要自然　女士应聘，可适当化妆。略施粉黛，会让人显得更有精神，更美丽，但不易浓妆艳抹，要自然、协调。充分体现出女性美好的形象。毫无疑问，在现代社会中，具有高审美趣味，懂得该如何打扮自己的女性，比那些不善于打扮自己的女性，有更多的求职机会。

（4）表情仪态要正确　人的姿态是身体语言，在面试中，若运用得当，将有助于面试成因此应试者应选择在他们的下作功，所以当你走进面试时时，要面带微笑，眼睛要注视对方，不可游离不定，让人怀疑你的诚意。

**拓展阅读**

### 视线处理

说话时不要低头，要看着对方的眼睛或眉间，不要回避视线。不要一味直勾勾地盯着对方的眼睛也会觉得突兀。做出具体答复前，可以把视线投在对方背景上，如墙上约两三秒钟做思考，不宜过长，开口回答问题时，应该把视线收回来。

视线处理：说话时不要低头，要看着对方的眼睛或眉间，不要回避视线。不要一味直勾勾地盯着对方的眼睛也会觉得突兀。做出具体答复前，可以把视线投在对方背景上，如看墙上约两三秒钟做思考，不宜过长，开口回答问题时，应该把视线收回来。

### 2. 举止是方向盘

（1）要准时赴约　赴约面谈或面试时，绝不可迟到，提前10～15分钟到达面试地点效果最佳，这样可使你有时间熟悉面试现场，一定程度上可缓解紧张。最好能提前去一趟，以免因一时找不到地方或途中延误而迟到。如果迟到了，肯定会给招聘者留下不好的印象，甚至会丧失面试的机会。抵达后要注意整理一下服饰。如果因赶路脸上出了汗，要擦干净，补好妆。特别要提醒的是，别忘了擦净鞋上的尘土。

（2）就座有讲究　座位上有上下尊卑之别，面试者，就座时应选择合适的位置。在面试过程中，由用人单位领导和有关人员组成的考官，应为尊者。因此，应试者应选择在他们的下坐，或者比对方座位低一些的沙发和椅子，尽量避免坐在考官正对面的竞争位置上。如果对方有指定位置，就应坐在指定的位置上。就座时不要自己先坐下，应等接见者请你就座时方可入座，这样已经扣掉了一半分数了。

### 案例分析

**绊倒在一双拖鞋上**

一家国际知名企业负责招聘一名质量经理,考官布下了一个小"陷阱"——拖鞋。

经过几轮筛选最后圈定了3个人选。当天,在办公室门旁放了一个鞋架,摆了两双拖鞋。门开了一半,要看看他们进门前的表现。三个人中,有一位敲门后直接就进来了,看都没看鞋架;有一位看到鞋架迟疑了一下,看了看自己的脚,然后敲门进来;只有一位问是否需要换鞋,换好后把鞋摆到鞋架上,进来,临走又把门轻轻关上,换好鞋又把拖鞋放回原处。最后,决定录用他,因为质量经理要非常严谨细致,换鞋反映出他细心;他能询问是否要求换鞋,体现出他做事主动,愿意尊重企业的规定,有融于企业文化的意愿。事后证明,他非常称职,很优秀。

(3)举止要谨慎 进入面试场合时不要紧张。如门关着,应先敲门,得到允许后再进去。开关门动作要轻,以从容、自然为好。见面时要向招聘者主动打招呼问好致意,称呼应当得体。进入面试场所绝对不可吸烟,烟蒂随手扔在地上。如果感冒了,要带上手帕、手纸,不可随地吐痰。切忌在面试前把手机关掉。同时,站、坐、立、行要注意。

(4)手势要适度 在面试中还可以通过肢体语言,如点头和手势来表示自己的看法和个性,但不要太夸张做一些表示关注的手势。交谈很投机时,可适当地配合一些手势讲解,但不要频繁耸肩,手舞足蹈。有些求职者由于紧张,双手不知道该放哪儿,而有些人过于兴奋,在侃侃而谈时舞动双手,这些都不可取。不要有太多小动作,这是不成熟的表现,更切忌抓耳挠腮、用手捂嘴说话,这样显得紧张,不专心交谈。一般表示关注的手势是:双手交合放在嘴前,或把手指搁在耳下;或把双手交叉,身体前倾。

 **阅读理解**

**习惯动作**

在面试时不可以做一些习惯的小动作,比如折纸、转笔,这样会显得很不严肃,分散对方注意力。

不要乱摸头发、胡子、耳朵,这可能被理解为你在面试前没有做好个人卫生。

不要做些玩弄领带、掏耳朵、挖鼻孔、抚弄头发、掰关节、玩弄招聘者递过来的名片等多余的动作。

不要弯腰低头,双手随意放不安稳,腿神不住晃动翘起等。

用手捂嘴说话是一种紧张的表现,应尽量避免。

**3. 言谈是定音锤**

交谈是求职面试的核心。面试是与面试官交谈和回答问题的过程,回答问题时要做到态度从容,不卑不亢,抓住重点组织好语言,不要离题,不要啰唆。对任何问题必须诚实回答,不可编造谎言,忌夸夸其谈。说话声音不能太小,语速不要太快,音调不宜太高。切不可出现文明寄语。

(1)掌握自我介绍的分寸 当主考官要求你作自我介绍时,不用像背书似的把简历上的一套再说一遍,那样只会令主考官觉得乏味。用舒缓的语气将简历中的重点内容稍加说明即可,如姓名、毕业学校、专业、特长等。主考官想深入了解某一方面时,你再作介绍。用简洁有力的话回答主考官的提问,效果会很好。进行自我介绍时所表述的各项内容,一定要实事求是，真实可信。过分谦虚，一味贬低自己去讨好别人，或者自吹自擂，夸大其词，都是不足取的。

**拓展阅读**

### 提醒

有一位公共关系学教授说过这样一句话："每个人都要向孔雀学习，2分钟就让整个世界记住自己的美。"

自我表现介绍也是一样，只要在短时间内让考官了解自己的能力、特长，就已经足矣，千万别干"画蛇添足"的蠢事。

### 反其道而行之

有一个广告专业的大学生，找工作四处碰壁。怎样才能把自己"推销"出去呢？他考虑了很久。一天，他闯进一家旅游公司的总经理办公室。总经理一看又是前天来的那个小伙子，便生气地说："我再一次告诉你，我们的人已经足够了，不需要新手。""那么你一定需要这个！"那个大学生边说边从包里掏出一块精制的匾额，上面写着："本公司名额已满，暂不录用。"总经理一看笑了起来，他很欣赏这个小伙子求职方法的新颖、独特，便聘用了他，并在后来委以重任。

一分钟内介绍你自己这是所有面试的必答题。如果你用一分钟重复你的简历，那么你的印象加分没有了！建议你最多用二十秒钟介绍自己的姓名、学校、专业。然后话锋一转，引出自己的优势或强项。一定要在最短时间内激发起面试官对你的好感，或者至少是兴趣。介绍自己时，尽量突出自己的优势、经验、特长、专业等基本信息。

**案例分析**

### 如何把握时间？

研究生毕业的小刘很健谈，口才甚佳，对于自我介绍，他自认为不在话下，所以他从来不准备，看什么人说什么话。他的求职目标是地产策划，有一次，应聘本地一家大型房地产公司，在自我介绍时，他大谈起了房地产行业的走向，由于跑题太远，面试官不得不把话题收回来。自我介绍也只能"半途而止"。

分析：自我介绍的时间一般为3分钟，在时间的分配上，第一分钟可谈谈学历等个人基本情况，第二分钟可谈谈工作经历，对于应届毕业生而言可谈相关的社会实践，第三分钟可谈对本职位的理想和对于本行业的看法。如果自我介绍要求在1分钟内完成，自我介绍就要有所侧重，突出一点，不及其余。

---

（2）交谈中口齿清晰、发音正确，尽量使用普通话。回答主试者的问题，口齿要清晰，声音要适度，答话要简练、完整（图3-72）。

讲话要言简意赅，通俗易懂。不可用面试听不懂的方言和行话，不要为了显示自己而只顾使用华丽、奇特的辞藻，这样会很难顾及语言的逻辑和通顺性，反而使人感到你用词不当、逻辑思维能力差。此外，急于显示自己的妙语惊人，往往会忽略了自己的语言过于锋利、锋芒太露而显得有些张狂。

图 3-72　面试交谈

### 入乡不随俗

南京大学天文学系一名女毕业生在参加宝洁公司最后一轮面试时，大胆地指出宝洁公司的不足并列举国外的事例加以佐证，使主考官不得不折服，结果她被首先选中。

点评：通常情况下，求职面试总是要说恭维话，以引起对方的好感而达到谋职的目的。但一味说好话也未必能打动人，指出对方的不足之处，且令对方口服心服，常常也能达到成功求职的目的。求职应聘不附和、不随俗、不从众，是有主见的表现，也是胜过别的应聘者的长处。

(3) 交谈过程中要注意掌握和控制语速、语调　一般情况下，语速掌握在每分钟 120 个字左右为宜，要注意语句间的停顿，不要滔滔不绝而让人应接不暇。语调是表达人的真情实感的重要元素，要通过语调表现出你的坚定、自信和放松。

 案例分析

### 面试中要把握话语的"温度"

有两名刚毕业的大学生同时到一家公司应聘。从外表来看，小王西装革履，颇有风度，小张则相貌平平，穿着朴素。按理来说小王在面试中应占优势。但结果适得其反，小张被录取了。原来，小王恃自己口才好，不等主考官说完便滔滔不绝大发意见，中间不让别人插话。而小张在交谈时，语速平稳，平静中又十分得体地叙述了自己的见解。主考官说，他从小张的叙述中，看到了小张礼貌、自信和稳重的品质，看到了小张潜在的创造力。而小王语速过快，给人的感觉是有些轻浮、不扎实，干工作不会有实干精神。

案例分析：面试时以什么风格、什么"温度"与主考官进行沟通是要慎重选择的。

(4) 交谈中的礼貌　可以通过灵活机敏的语言判断来表现自己机智，注意不要强话头，打断对方的讲话，更不要和对方争辩。学会倾听，好的交谈是建立在"倾听"基础上的。倾听是一种很重要的礼节，听清和正确理解对方的一字一句，不但要听出其"话中话"，而且要听出其"弦外之音"，这样才能做出敏捷的反应，回答好主考官的问题。

(5) 礼貌用语

① 问候用语。"您好！""早上好！""下午好！"。

② 表态用语。"好的,我明白了!""好的,您稍微等一下!""不好意思,我现在不能直接回答您这个问题,但是我……"
③ 抱歉用语。"对不起,我现在可以……""不好意思,我想……"。
④ 感谢用语。"谢谢!""谢谢(非常感谢)!""您对我的肯定。"
⑤ 文明用语。称呼恰当,如李先生、王小姐、陆经理、覃主任。口齿清晰,用词文雅。

案例分析

侃侃而谈为何落选?

小吴刚大学毕业,十分健谈。一次到一家企业去求职,他和这家单位的人力资源处长侃侃而谈了好半天,等到临结束时,人力资源处长对他说:"很抱歉,我们这儿没有空缺了,你到别的单位去,看看有没有合适的职位。"小吴很纳闷,对自己刚才"指点江山,热情激昂"的表现,还自我感觉良好,为什么人力资源处长不想录用我呢?

案例分析:小吴的失误在于自己滔滔不绝地谈了半天,却没有观察,人力资源处长的反应、对自己所谈的是否感兴趣、是否及时变化话题和内容。求职面试时,主要让主考官发问,让他了解你是否胜任工作,求职者实时的聆听是必备的礼貌。

### 4. 面试中常见的问题

面试中常见的问题见表 3-19。

表 3-19 面试中常见的问题

| 序号 | 问题 | 考察 | 回答要点 |
|---|---|---|---|
| 1 | 自我介绍 | 考察仪表仪态和表达能力 | 自我介绍时要简洁,突出你应聘该公司的动机和具备什么样的素质可以满足对方的要求 |
| 2 | 为什么应聘这个岗位? | 考察对企业岗位的认识 | 让求职者表明自己的热情和挑战欲。回答要对职位有足够的动力和自信心,具有明确的职业规划路线 |
| 3 | 怎样看待自己的专业?印象态度如何? | 说明职业取向和业务水平 | 明白该专业的前途,学习要有信心,要用心学习,多悟,多练,才能技能高,游刃有余,要有综合素质,德才兼备,方能立久 |
| 4 | 您对我们公司以及您所应聘的岗位有什么了解? | 体现专业素质 | 在面试前要先了解一下这个公司的一些基本信息。回答可以从行业性质、单位在行业中的地位以及你应聘的这个职位去分析,从培训机会和发展平台等发表一下评论 |
| 5 | 你有什么优缺点? | 考察自我认识能力 | 充分介绍你的优点,少用形容词,用能反映你的优点的事实说话。不要把自己说成是没缺点的人,不要说出"致命性"的缺点,尽量说对应聘岗位"无关紧要"的,一些表面上看是缺点,从工作的角度看却是优点的缺点,告诉对方:这个缺点,我将要如何调整 |
| 6 | 你与同学、同事相处得如何? | 考察团队精神 | 回答时有自己的主见,不要让别人左右你的世界观。吸收精华,剔除糟粕 |
| 7 | 你最喜欢和最不喜欢的人是谁? | 考察个人价值取向 | 不喜欢和没有责任心,没有团队精神但又骄傲的自以为是的人合作。不过,如果真的与这种人一起工作了,我会尽量克服自己的这种不喜欢,用自己的热情与真心去与他沟通,争取做到最好 |
| 8 | 在学习工作中,你解决过什么样的问题?取得过什么样的成就? | 考察具体解决问题的能力 | 大学最重要的就是实践了,可说些相关参与的实践社会工作,也可说在学校参与的社团活动。回答时尽量选择与你应聘岗位所需的经验与知识相符的在大学的收获 |

续表

| 序号 | 问题 | 考察 | 回答要点 |
|---|---|---|---|
| 9 | 谈谈你对生活的态度 | 考察生活态度是否积极向上、乐观 | 最好兼顾自己的生活态度与所应聘职位的契合程度,把握分寸,适度表达。可回答:"我的人生观基本是乐观奋斗,它直接影响到对生活的态度。我比较重视精神生活,如:有益身心的活动、合作无间的工作伙伴、志同道合的朋友等" |
| 10 | 你希望的薪水是多少? | | 你可以说,"你可能在这个问题上可以帮助我。你能否告诉我在公司中对相似职位的工作的大概薪水是多少?" |

 拓展阅读

回答问题的礼仪

有问必答;口气婉转、温和;改掉口头禅;态度诚恳;回答难题的技巧;注意眼神。

## 四、面试后的礼仪

### 1. 礼貌告别

① 面试结束时,可以强调自己对应聘该项工作的热情,并感谢对方抽时间与自己进行面试交流。离去时应询问"还有什么要问的吗?",得到允许后应微笑起立,道谢并说"再见"等。

② 起身离座后,将座椅轻轻推至原位置。不要背对着面试考官离开,应侧身打开,面带微笑,再次面对面试考官道别,然后轻关房门。

③ 面试结束时,若面试考官当场表态录取,要致谢,并表示将为应聘单位努力工作的决心。

### 2. 面试结束注意事项: 把握结束面试的最佳时间

怎么才能把握好适时离场的时间呢?一般来说,在高潮话题结束之后或者是在主试人暗示之后就应该主动告辞。

暗示语示例:

"我很感激你对我们公司这项工作的关注"。"谢谢你对我们招聘工作的关心,我们一做出决定就会立即通知你。""你的情况我们已经了解了。你知道,在做出最后决定之前我们还要面试几位申请人。"

### 3. 面试结束时的礼仪

① 对用人单位的人事主管抽出宝贵时间来与自己见面表示感谢,并且表示期待着有进一步与××先生/小姐面谈的机会。

② 与人事经理最好以握手的方式道别。

③ 离开办公室时,应该把刚才坐的椅子扶正到刚进门时的位置,再次致谢后出门。经过前台时,要主动与前台工作人员点头致意或说"谢谢你,再见"之类的话。

### 4. 及时跟进

① 面试结束后为了加深考官对你的印象,增加求职成功的可能性,面试后的两天内,你最好给招聘人员打个电话或写信表示谢意,感谢考官给自己面试的机会。

② 面试结束后,应该对在面试时遇到的难题进行回顾。

③ 尽量把参加面试的所有细节都记下来。一定要记下面试时与你交谈的人的名字和职位。

总结面试后的礼仪如下。

① 礼貌地与主考官握手并致谢。
② 轻声起立并将座椅轻手推至原位置。
③ 出门的时候要将门轻轻地关上。
④ 面试后24小时之内发出感谢邮件或短信。
⑤ 耐心等待，礼貌查询面试结果。

### 任务总结

本项目主要介绍了求职面试的概念；熟悉面试前资料和心理准备；详细介绍了面试中的仪表形象、举止礼仪、交谈礼仪；对面试后的职业事项简单地进行了描述；叙述了面试常见的问题。面试首先要注意在对方面前树立良好的第一印象，在面试过程中，大家一定要在形象设计、礼貌礼节、谈话技巧等方面做好准备。面试结束时，应聘者依然要注意自己的言行举止，注意和考官的交流。

### 思考与练习

一、判断题
1. 应聘时提前的时间越早越好。（　　）
2. 面试时为了表现礼貌，见到主考官时应马上主动握手致意，并且简单寒暄，避免冷场。（　　）
3. 面试时应该将手机关闭。（　　）
4. 交谈是求职面试的核心。（　　）
5. 面试开始时，应聘者可以自己找座位坐下，不用等别人让座。（　　）
6. 在应聘时对自己的优点和缺点说得越多越好。（　　）
7. 面试就是招聘单位通过会面来考察求职者。（　　）
8. 进入面试场合时不要紧张。如门关着，直接推门进去就行了。（　　）
9. 在整个面试过程中，保持举止文雅大方，谈吐谦虚谨慎，态度积极热情。（　　）
10. 面试后，尽快询问面试结果。（　　）

二、单选题
1. 求职面试中着装不正确的是（　　）。
   A. 男士可着西装、中山装、便装　　　　B. 男士可以穿夹克衫打领带
   C. 女士着职业套裙　　　　　　　　　　D. 女士不能穿皮裙
2. 求职者的自我形象设计必须重视仪表修饰，要做到（　　）。庄重和正规，给主试官留下良好的第一印象。
   A. 独特　　　　B. 个性　　　　C. 整洁　　　　D. 另类
3. 女士在面试时可适当地化（　　）。
   A. 不用化妆　　B. 随意　　　　C. 浓妆　　　　D. 淡妆
4. 参加面试时通常讲究（　　）。
   A. 按时到达　　B. 礼貌进门　　C. 准时赴约　　D. 无所谓
5. 求职成功外表、行为、真才实学分别占（　　）。
   A. 55%、38%、7%　B. 38%、55%、7%　C. 55%、7%、38%　D. 7%、55%、39%

三、多选题
1. 应试者回答问题的技巧（　　）。
   A. 把握重点　　B. 简捷明了　　C. 条理清楚　　D. 有理有据
2. 面试交谈中，回答主试者的问题要（　　）。

A. 口齿要清晰　　B. 声音要适度　　C. 答话要简练、完整　　D. 侃侃而谈

3. 面试礼仪包括（　　）。

A. 面试前　　B. 面试中　　C. 面试后　　D. 辞别礼仪

4. 介绍自己时，尽量突出自己的（　　）等基本信息。

A. 优势　　B. 经验　　C. 特长　　D. 专业

四、简答题

1. 求职面试的概念是什么？
2. 求职面试的心理准备有哪些？
3. 求职面试中对服饰有何要求？
4. 怎样在面试结束后仍给面试官留下好印象？

五、案例分析题

王琳大学时听人说就业不容易，所以毕业前投了很多简历，可都石沉大海，没有结果。后来好不容易盼来两家公司的面试机会，可是，都因没有作过面试辅导，面试出了问题。自己感觉明明不错，可就是没通过。于是找到职业顾问进行咨询，才知道这里面有很多学问，于是在做了职业生涯规划咨询之后又咨询了面试的问题，从头到尾对面试前、面试过程、面试之后的所有要求、做法和问题作了全方位学习，又针对专业和职位进行了场景训练。再次面试时心中有了底，心态也非常好，信心十足、面带微笑、语气和缓、应对自如，不但顺利通过面试，还得到面试官赞许的眼光和点头。王琳高兴极了，因为她终于用专业求职者的姿态，在众多竞争者中脱颖而出，进入了一家著名的外资公司，在同学中最先找到了合适自己的工作。

问：王琳在求职面试前做了哪些工作？

# PART4
## 第四篇
## 职场形象的提升

  人的德性是靠后天修养和形象塑造而来的。拥有个人魅力、力求完美、鲜明影响力的形象，已经成功了一半。形象无声地向世人传递着你的职业角色、品味、背景、优雅和企业文化。职业形象彰显一个人的才华、散发出的是一个人的气质，折射出的是一个人的修养。职场人士首先应从注重自我形象塑造开始，在个人的思想品质、文明程度和文化修养等基础方面，端正对生活的态度，通过学习，注意接受文学艺术的熏陶，用丰富的知识充实内心世界，因而形成独具魅力的气质风度。

  高雅的气质与形象、礼仪是密不可分的，气质是内在的，礼仪是内涵的外延。

# 任务二十四 气质的培养与职业形象

### 任务描述

当你穿着邋遢时，人们注意的是你的衣服；当你穿着无懈可击时，人们注意的是你。
——服装大师夏奈尔

希腊一位哲人说过：性格决定命运。这句话一直沿用至今，有的人对它深信不疑，有的人对它不置可否，还有的人不赞同话里的观点。事实上，影响人命运的是人的个性，性格是个性的主体，个性还包括气质。气质是指人们在许多场合一贯表现的、比较稳定的动力特点。性格与气质是个性的两个侧面，它们彼此制约、相互影响。

### 任务目标

1. 了解学习气质的含义和特征；
2. 熟悉气质与职业形象的关系；
3. 理解和掌握气质塑造对职业形象的影响；
4. 掌握良好形象的气质体现。

### 案例导入

**美与气质**

有一个女孩小眼睛、塌鼻子、厚嘴唇，全身骨骼粗大，满脸的青春痘，凭着这些"先天不足"的条件，却成了一个超级名模活跃在世界的舞台上。而那个在中国人眼里并不很美的女人，她被媒体称为"中国第一位世界级超模"，在模特界始终享有不可被撼动的地位！目前，她正活动在我们中国大地上。

凭着这副相貌，她没有去整容，只是以自己的自信，以这个时代人们的求变求异的时尚，异军突起，成为一名名副其实的模特。去留心有关时装杂志，你会发现她正在向你自信的微笑。当你看见她的微笑时你会说她真美！

自信能给人迷人的微笑和从容的举止，结果能形成你自己独特气质。时尚会认可你因为我们的时代在发生变化，在这变化中有着它独特的气息，和时代气质，如果这气息和你的特色刚好吻合，那么你就是美的！

## 任务知识

### 一、气质的概念

#### 1. 气质的含义

气质,是指人生来就具有的典型、稳定的心理活动的动态性特征,表现出一个人心理活动的动力特点。

任何人的气质均是独特的,是受先天制约的心里潜在的动力特征的综合。气质的个性在刚出生的婴儿身上已经存在。气质美,属于一种内在美、精神美,是以一个人的文化、知识、思想修养、道德品质为基础的,通过对待生活的态度、情感、行为等直观地表现出来。

在现实生活中,气质好的人,的确能给人以美的享受。比如,外貌秀丽,举止端庄,性格温柔给人以恬静的静态气质美;外貌英俊,举止文雅,性格沉稳的人,给人以高洁、优雅气质的美好感受。

#### 2. 气质的基本特征

气质的心理结构十分复杂,它由许多心理活动的特征交织而成。这些特征主要包括:

(1) 感受性　人对内外界刺激的感觉能力,这是神经过程强度特征的表现。

(2) 耐受性　人在接受刺激作用时表现在时间和强度上的承受能力。

(3) 反应敏捷性　反应的敏捷性包括两类特性:心理反应和心理过程进行的速度(如思维的敏捷性、识记的速度、注意转移的灵活程度等);不随意的反应性(如不随意主义的指向性、不随意运动反应的指向性等)。反应的敏捷性主要是神经过程灵活性的表现。

(4) 可塑性　人根据外界环境变化调节自己以适应外界的难易程度,它与神经过程的灵活性关系密切。

(5) 情绪兴奋性　包括情绪兴奋强弱与情绪外观的强烈程度。情绪兴奋性既和神经过程的强度有关,也和神经过程的平衡性有关。

(6) 倾向性　心理活动、言语和动作反应是表现于外部还是内部的特性。倾向性与神经过程强度有关,外向是兴奋过程强的表现,内向是抑制过程强的表现。

以上特征的不同组合,构成了一个人的气质系统。这种含有稳定的差异的气质,仿佛使人的所有的心理活动都染上了个人独特的色彩。

#### 3. 气质与性格

气质与性格既有联系又有区别:

首先,它们都具有稳定性和可变性。但是,气质主要是先天的产物,具有很强的生物制约性,而性格却主要是后天的产物,具有较强的可塑性。

其次,由于气质有很强的生物制约性,因而无优劣好坏之分;而性格特征总会受到一定的气质类型的影响,同时,它也会在一定程度上掩盖和改造气质。气质不同于性格,两者之间有本质差异:

① 气质是生物进化的结果,而性格则是社会历史条件及社会关系的产物。

② 个体从出生就具有特定的气质基础,因为气质最初是由人的先天生理机制决定的,虽则它也会受到环境与教育的影响而发生某种变化。个体在刚诞生时并不存在性格,性格是在人的活动及其与社会环境的相互作用下形成的。

③ 气质的可塑性小于性格。

④ 气质是心理的"形式的"或"动力的"特征,它并不涉及心理与行动的具体内容,而性格却包括了某种心理的内容,即人的社会态度及其行为方式。

### 4. 气质类型

认识自己的气质类型，了解自己的气质特征，对于自己职业形象的设计是非常重要的。

古希腊时期希波克拉底医生提出，人的体内含有四种体液，即血液、黏液、黄胆汁和黑胆汁，这四种体液构成了人体的性质。俄国生物学家巴甫洛夫为了说明人体的性质和区别，提出了气质这一术语，并且根据这四种体液中哪一种在人体内占优势，把人的气质分为四种类型。

（1）胆汁质　胆汁质人的自信，既可以表现为职业形象上的独立见解和坚韧，又可以表现为职业形象上的自负与傲慢；工作特点带有明显的周期性，埋头于事业，也勇于去克服通向目标的重重困难和障碍。但是当精力耗尽时，易失去信心（图4-1）。

（2）多血质　血液在体内占优势，多血质人的灵活，在职场中既可以表现为聪明好学与肯动脑筋，也可以表现为爱耍小聪明，满足于一知半解；在工作、学习上富有精力而且效率高，表现出机敏的工作能力，善于适应环境变化（图4-2）。

图4-1　张飞

图4-2　王熙凤

（3）黏液质　黏液占优势，黏液质人的迟缓，既可以表现为工作中的踏实认真与有条不紊，也可以表现为反应迟钝与办事拖拉；能长时间坚持不懈，有条不紊地从事自己的工作。其不足之处在于不够灵活，不善于转移自己的注意力（图4-3）。

（4）抑郁质　黑胆汁占优势，抑郁质人的多思，既可以表现为人际关系中的思想深沉与处事认真，也可以表现为疑心重重与善于幻想，等等（图4-4）。

图4-3　唐僧

图4-4　林黛玉

无论哪一种气质，在职业形象的设计中，都可以最大限度地发挥其优势，抑制其劣势，所谓"扬其所长，避其所短"。只要善于运用形象设计，任何一种气质类型，都可以设计好的职业形象。因此，没有必要勉强地将自己纳入某一特定的气质类型中，而应该了解自己主要具有哪些气质特征，这些特征在职业形象上有哪些表现，从而在职业形象设计中扬长避短。

高级神经活动类型、气质类型及其行为特征见表4-1。

表 4-1　高级神经活动类型、气质类型及其行为特征

| 高级神经活动类型 | 气质类型 | 行为特征 |
|---|---|---|
| 兴奋型 | 胆汁质 | 精力旺盛、行动迅速、思维敏捷、性情直率、大胆倔强、做事果断自制力弱、易冲动、性情急躁、主观任性，有时会刚愎自用，具有外向性 |
| 活泼型 | 多血质 | 灵活机智、精力旺盛、思维敏捷、易于激动、活泼好动、注意力易转移、情感外露。易粗心大意、缺乏忍耐力和毅力、情绪多变，具有外向性 |
| 安静型 | 黏液质 | 坚定顽强、稳重、沉着踏实、耐心谨慎、自信心足、自制力强、善于克制忍让、规律性强、心境平和、情绪不外露、沉默寡言，反应缓慢，不够灵活、易循规蹈矩，具有内向性 |
| 抑制型 | 抑郁质 | 敏感多疑、谨慎细心、体验深刻、易察觉到别人察觉不到的细节、易幻想、含蓄、做事稳妥可靠，感情专一，行动缓慢、多愁善感、不果断、信心不足、胆小孤僻、拘谨自卑，具有内向性 |

特点和气质类型见表 4-2。

表 4-2　特点和气质类型

| 气质类型 | 心理特性 | | | | | |
|---|---|---|---|---|---|---|
| | 感受性 | 耐受性 | 敏捷性 | 可塑性 | 兴奋性 | 向性 |
| 胆汁质 | － | ＋ | ＋ | ＋ | ＋ | ＋ |
| 多血质 | － | ＋ | ＋ | ＋ | ＋ | ＋ |
| 黏液质 | － | ＋ | － | － | － | － |
| 抑郁质 | ＋ | － | － | － | ＋ | － |

### 不同气质的行为表现

有个人上街，刚出门口，不小心踩了香蕉皮，摔了一跤。胆汁质的人会破口大骂："谁这么缺德！"多血质人会指着香蕉皮说："小样的，开什么玩笑啊你？"黏液质人会自我解嘲地笑笑，爬起来，拍拍身上的土，耸耸肩走了。抑郁质人会唉声叹气说："唉，真倒霉。刚出门就摔倒。"赌气回家，不上街了。

气质的类型理论见表 4-3。

表 4-3　气质的类型理论

| 类型 | 强势所在 | 表现最好的地方 | 优点 | 弱点 | 反感 | 追求 | 担心 | 动机 |
|---|---|---|---|---|---|---|---|---|
| 多血质 | 时常面带微笑、善于制造轻松气氛、有点子、有创意、引人注目 | 善于分享、热情开朗 | 善于劝导、重视关系 | 缺乏条理、粗心大意 | 循规蹈矩 | 欢迎与喝彩 | 失去声望 | 别人的认同 |
| 胆汁质 | 有顽强精神、充满自信、立场坚定、控制力强、具有前瞻性 | 有准确的判断能力、办事效率高 | 善于管理、主动积极 | 缺乏耐心、感觉迟钝 | 优柔寡断 | 工作效率、支配地位 | 被驱动、强迫 | 获胜、成功 |
| 黏液质 | 有耐心、能坚持原则。善于聆听、协调能力强。有同情心 | 具有团队精神、善于调节矛盾关系 | 恪尽职守、善于倾听 | 过于敏感、缺乏主见 | 感觉迟钝 | 被人接受、生活稳定 | 突然的变故 | 团结、归属感 |
| 抑郁质 | 有敏锐的观察力和超凡的艺术鉴赏力、做事有条不紊 | 注重细节、善于思考 | 讲求条理、善于分析 | 完美主义、过于苛刻 | 盲目行事 | 精细准确、一丝不苟 | 批评与非议 | 进步 |

### 5. 气质类型无好坏之分

每一种气质类型都有其积极的一面和消极的一面，具有双重性，不应笼统地把一种气质

类型评价为好的，把另一种气质类型评价为坏的。

### 6. 多数人是混合型气质

就是说每个人都有多种气质，但以一种为主。所以，自己需要弄清是哪一种，注意互补，为自己创造后天的完美气质。

**拓展阅读**

发生在电影院前的故事

心理学家达维多娃曾用一个故事形象地描述了四种基本气质类型的人在同一情景中的不同行为表现。四个不同气质类型的人上电影院看电影，但是都同时迟到了。

胆汁质的人和检票员争吵，企图闯入电影院。他辩解道，你们的表快了，他进去看不会影响别人，并且企图推开检票员闯入剧场。

多血质的人立刻明白，检票员不会放他进入电影院的，但是通过别的门口进场容易，就去找找看有没有别的门口。

黏液质的人看到检票员不让他进，就想：我可以看下一场，或者换一部电影看，反正这一场电影也不太精彩。

抑郁质的人会说：我运气真不好，偶尔看一场电影，就这样倒霉。接着就很伤心地回家去了。

同学们，你们看看，你是他们当中的谁？

### 7. 要完善自身的内在气质

气质特性尽管是最稳定的一种心理特性，它仍然会受后天的影响而发生一定的变化，即具有可塑性。丽质可以天生，而气质却有待培养，人在一定程度上是可以改变气质的某些特点，至于哪些会改变则因人而异。因此每个人都应了解自己的气质类型，并根据自己气质类型的特点，采取适宜的方式进行磨炼修养。良好的气质是可以通过长期的培养获得的。

## 二、气质与职业形象的关系

人的气质与形象是密不可分的，气质的优化是从人的内心方面对人的形象进行的根本性优化。

### 1. 气质的价值

人的素质差异首先取决于人的气质差异。气质会影响人活动的风格、行为和方式，从而会使人的行为不可避免地带有一定的个性特征，但不限制一个人的性格的发展方向，也不限制一个人的能力大小，也不决定一个人的社会价值和成就大小。任何一种气质类型的人，都可以在自己的事业上取得成绩，实践证明，人的个性形成又不能不受气质因素的影响。

**案例分析**

杨澜：我不漂亮，但很有气质

如今，"有才华的女人"已经无法定义杨澜。她与流行天后席琳·迪翁合作打造中国首家高级定制珠宝店，品牌命名为"LAN"，41岁的杨澜无疑已经成为这个国家的符号。

她是知性、大气、得体等一系列形容女性的褒义词的最好代言人。在很多人眼中，她就是职业女性的典范，永远优雅，永远出色，永远先行一步。

甚至在经营的企业出现惨况、丈夫的信誉受到外界攻击时，她依然微笑着，坦然地走在聚光灯下。我不是很漂亮,但我很有气质。

#### 2. 气质与职业形象

气质与职业活动有一定的关联,在职业活动中,气质会在一定程度上影响人的活动的效率,气质对人所从事的职业有着深刻地影响。

(1) 多血质气质与职业形象

① 情感职业形象。健谈,幽默,表现欲强,喜欢聚会,感情外露,性格善变,有些孩子气。

② 工作职业形象。对所有职业都会适应,对于新的环境适应能力较强。这种气质的人,无论做哪一行业内的哪一种工作,都可以胜任,而且很快就会成为一个团队中独当一面的人物,但做事容易表面化。

③ 服饰职业形象。追求个性风格。喜欢质朴、明快,式样大胆,给人一种朝气蓬勃的感觉。

(2) 抑郁质气质与职业形象

① 情感职业形象。做事慎重,通常会仔细考虑之后再采取行动,而且善于将面对的问题在头脑中组合、计算、确定对策,然后再按预定的目标一个一个地去实行,将问题处理好。

② 工作职业形象。有行政能力,能面对压力解决问题,能顺利地调和矛盾,工作仔细耐心,但过于悲观。

③ 服饰职业形象。讲究典雅、浪漫的个性风格,给人一种清新明朗的感觉。

(3) 胆汁质气质与职业形象

① 情感职业形象。感情专注,意志果断,诚恳热情。

② 工作职业形象。有与生俱来的领导能力。不拘眼前的胜负,专注于行动,满怀激情地向自己的极限挑战,在任何职业活动中都能表现出比较强的适应性,并能取得好的成果。

③ 服饰职业形象。讲究优雅、华贵的个性风格,给人以张扬而又不失严谨的感觉。

(4) 黏液汁气质与职业形象

① 情感职业形象。是完美主义者,有艺术天赋,冷静而富有诗意,有自我牺牲精神。

② 工作职业形象。做事有计划、有条理、有组织,有创造性,注重细节,追求高标准。

③ 服饰职业形象。讲究随意自然、成熟稳重的个性风格,给人以亲切质朴的感觉。

**拓展阅读**

### 订单与接待

有位商人有一批订单,先后去几家规模不同的公司考察。这几家公司的产品在价格、质量和售后服务等方面都不相上下。最后商人选择了其中规模较小的一家公司。有人问他选择的标准是什么?商人回答:"是接待人员。"原来其余几家公司的接待人员不是忙乱中出了差错,就是事先未仔细复核飞机到达时间,未去机场迎接。还有的接待人员衣着邋遢,接待时频频失礼。只有这家小公司的接待人员准时到达机场,穿着干净挺括,在整个接待过程中始终彬彬有礼。商人说:"通过这位训练有素的接待人员可以看出,这个公司员工的整体素质一定非常高,管理也一定非常好,工作效率一定会令我满意的。"

## 三、气质的塑造

### 1. 气质类型和特点

气质对人的心理过程和各种行为,包括职业形象的设计,都会产生重要影响。认识自己的气质类型,了解自己气质的特点,对于自己职业形象的设计是非常重要的。美国心理学家霍华说:"一个人最后在社会上占据什么位置,绝大部分取决于非智力因素。"

### 拓展阅读

#### 气度与成败

在《三国演义》第56回,描写周瑜第三次被孔明识破他的计谋,气得昏死过去,慢慢醒过来后,仰天长叹:"既生瑜,何生亮!"他大声连叫数声而亡,寿仅36岁。实际上,当时周瑜的事业正是如日中天,已经临近成功,他本来应该取得更大的成功。但是他顺利的时候趾高气扬,遇到强硬潜在对手的时候,他心胸狭窄,不能容人,嫉贤妒能,多次设计想把诸葛亮除掉。但事与愿违,爱动怒,他不但没有真心和孔明联合吴蜀共同抗击曹操,以取得更大的胜利和持续的成功,却因为度量小而早早地失去了年轻的生命,既害自己,又害东吴不能稳据江东。令人可悲,可叹!

法国著名作家斯丹达尔说:"做一个杰出的人,仅仅有一个合乎逻辑的头脑是不够的,还要有一种强烈的气质。"

气质类型及其特点尽管时刻在影响着我们形象设计的方向与内容,但它并不决定我们职业形象设计结果的好坏与优劣。只要我们善于运用形象设计的技巧,任何一种气质类型,都可以设计与训练出好的职业形象。气质不能决定个人职业活动的社会价值和成就高低,任何气质类型的人都可在各自专业领域发挥重要作用,成为出类拔萃的人。

**2. 塑造自己的气质**

(1) 控制气质负面性　客观地评价自己,对自己气质的负面性要有正确的认识,以便控制它,改变它。每个人都应超越自己的缺点,要用更大的耐心,更多的了解来平衡,要处理得当。

(2) 提高气质修炼的技巧性

① 利用音乐。音乐能够通过对人的大脑皮层的刺激作用影响情绪,从而使人血压正常,肌肉放松,脉搏放慢。比如,听听轻音乐,那么,人的身体节奏能够和这种音乐相适应、相平衡,改变人的脑电波活动,精神放松。

② 学会微笑。渐渐地你的气质会越来越好,达到气质调节的高潮境界。

③ 善于疏导。把自己内心存积起来的郁闷打扫干净,使神经通路畅通无阻。

④ 生物反馈。是指人可以了解和控制自己心理的生理机能。在人体的整个系统中,有一种生理活动,它可以调节其他活动,这种活动就是反馈活动。心理在一定程度上支配生理,相应的生理在一定程度上支配心理,所以,调节心理就是调节生理。要使自己的身体保持健康,无疾病,也就要调节自己的气质,改善自己的气质。

⑤ 控制情绪、情感。情绪控制在外在的表现就是控制表情。表情控制必须掌握:克服不良习惯,注意表情的稳定,身体姿势端正。在职场中要注意控制情感,不要易动感情,这样会给人感情脆弱的感觉,也不要动不动就怒气冲天,哀哀哭泣或暴跳如雷。遇到事情要冷静,要健康快乐的生活,光靠人类的智慧是不够的,人类的智慧是有限的,而人类的情感和气质是无限的。所以人的气质修炼对每一个职业人都非常重要。

**3. 气质类型与职业形象塑造**

气质对从业人员来说十分重要,不可忽视,要注意改善自己的气质,通过完善自己的职业形象。

(1) 胆汁质人的自我培养

① 培养创造力。胆汁质人一定要确立目标,然后向着这个目标前进。在前进的过程中,不断地问自己:在前进的道路上,自己的气质有没有表现出来?注意培养创新意识,提高创造能力。

② 培养集中力。胆汁质人容易分心。就是说，在做一件事情的过程中，要是出现了什么干扰，他就会转移注意力。胆汁质型的人，不到万不得已，或是情绪亢奋，是集中不了注意力的。要想集中注意力，就要在自身周围确定注意目标。一般说来，只注视一点，视野就会变得狭小起来，其他事物就会在眼中消失。同时，意识视野也趋于狭窄，精神上的集中程度就会提高，从而出现平稳的心理效果。培养集中力，可以做这样的练习：集中注视眼前的某一个事物。尽量注视得久一些。然后，再回到书本上来。在同样的情况下，以同样的方式，反复进行相同的行为，就能形成条件反射。因此，如此重复，注意力就会集中起来。

③ 培养韧性。胆汁质人有一种消极的忍耐力，那就是，当他受到打击和被逼入苦闷的境地之中，便一动不动地忍耐着，等待攻击结束，情形好转。他们的这种忍耐力是很强的。但是，胆汁质的人却缺乏一种积极精神，一种促使他们采用一切手段以求反抗攻击、打破现状的精神。在把力量投向外部方面，在为自己开拓道路方面，他们显得软弱。即使面对问题，稍一遭遇困难，他们就失去为实现目标执着追求的意念。胆汁质人气力一旦衰弱，耐力、集中力和紧张感也会随之崩溃。为了干什么就干到底的力量，为了始终朝着实现目标的方向行动，胆汁质人应不断为自己提出暗示，进行自我鼓励。要不断对自己说："坚持、坚持、再坚持。"

④ 培养决断力。胆汁质人好悲观，好担忧，什么事都要往坏处想，做起事来很谨慎，一失败就恐惧。他们十分在意周围人的评价，总是先想到不能让人在背后指指点点。他们对自己没有信心，显得有些畏缩不前、忧心忡忡，决断力很弱。胆汁质人必须积极地正视自己的缺点，努力培养自己的决断力。培养决断力，可以从小事做起，因为过于重大的事情，一旦决断失误就会更加没有信心。在日常生活中，刻意地磨炼自己，该决断时就决断，决不逃避。这样坚持下去，就会逐渐改变自己气质中的某些弱点。

⑤ 培养行动力。胆汁质人是思考型的人，也是完美主义者。因此在行动之前便先进行反省：这样干好不好，对不对。并反复调查行动所需条件是否完备。就这样思来想去，觉得没有百分之百成功的把握，最终还是放弃了行动。这实际上是缺乏自信心的表现。而自信心，是通过实践产生出来的。失败的教训和成功的喜悦都是它滋生的土壤。从只是想要行动的欲望中是产生不了行动的。想干固然重要，可行动力不是欲望，它要通过行动来培养。无论多么出色的思想、意图和能力，如果不转向实行，不在实践中尝试，那就只不过是画饼充饥而已。胆汁质的人要时刻提醒自己：行动，行动，再行动！魅商的提高就寓于行动之中！

⑥ 培养表现力。胆汁质人在吸收知识、积蓄才能方面很出色，但遗憾的是，有效地使用这些知识的能力不足。他们是用头脑生活的人，他们有很丰富的知识，可无法用到实际中。究其原因，还是因为他们怕羞、怕丢面子、怕失败。所以胆汁质人一定要多多练习表现，多多说话，多多和人交流。要时时提醒自己：表现，表现，再表现！表现多多，魅商多多！

（2）多血质人的自我培养

① 培养创造能力。多血质型的人，要发挥能动性的作用。要注意：仅仅做到这一步是不够的，还需要培养自己的创造力。要时时记着提醒自己：眼下在做事，有没有自己的创造？如果没有，那么，就打破重来！

② 培养韧性。多血质的人的气质中有不怕碰钉子的成分，这种成分应该发扬光大。不怕碰钉子这一点，往前再走一步，那就是韧性了。多血质人在自我教育中，在气质的训练中，应该培养自己的韧性。运气、毅力和苦干，是一个人做事情成功的条件，其中毅力又有关键性的作用。而毅力，就是韧性加上恒心。培养韧性，关键的步骤是：做一件事情的时候，不管遇到什么困难，都要提醒自己"干下去，干下去，别气馁"。而遇到逆境的时候，更要如此。

③ 培养决断能力。多血质人都是充满自信、敢作敢为的实干派。要注意的是，在实干的过程中，一定培养自己的决断能力，不能在该出手时犹豫。勤于思考，不要为了稳妥而失去闯劲！

④ 培养活动能力。多血质人有潜在的活动态势。不让他们活动，他们会很难受。可是，在活动的时候，如果没有活动的能力，那就会适得其反。时时想着：活动是我的气质特征，我不能因为能力的缺乏而抑制自己的气质发挥。

⑤ 培养表现能力。多血质人天性活泼，喜欢表现。可是，一旦缺乏表现能力，那么，这种好的气质就会弄巧成拙。记住：要说服别人，不仅要讲自己的道理，还要讲对方的道理。这是培养表现能力的一个重要步骤。这个步骤也可概括为：倾听，即听取别人的意见。同时，要注意，要表现时，要时刻提醒自己做到言辞文雅、态度谦逊，并能理解对方。不要以为凡是表现，就是言辞夸张、华丽堂皇。

⑥ 培养集中力。对于多血质人来说，培养自己的集中力，也就是培养自己集中注意力的能力十分重要。因为这个气质类型的人，往往就是因为心思太活、注意力不够集中而失去很多机会。集中力的培养，可以在工作中进行。要时刻提醒自己"集中注意力，集中注意力"。在提醒自己的过程中，时时刻刻不忘专心致志，时时刻刻不忘把全部精力集中到手中的工作，这样，时间久了，就会养成注意力集中的习惯。

（3）黏液质人的自我培养

① 培养创造力。重点要培养的是自己的毅力。这一点，黏液质人比较缺乏。所以黏液质人不论在任何场合、任何时间，都要牢记：要有毅力。对于这种类型的人，只要有毅力，创造力就不成问题。

② 培养表现力。黏液质人具有自我调节的能力，可以在生活中进退自如。他们可以巧妙、机敏地在谈天中获取想索取的情报。对待老实人，他们可以真诚相待；对待诙谐的人，又可以谈笑风生。能做到这一点并不是他们在刻意追求这种效果，而是因为他们具有天生的表现力。所以，对于黏液质的人而言培养表现力要注意的问题是：留心别人的谈话，同时态度要真诚。

③ 培养集中力。黏液质人在做自己感兴趣的事情，或执行心目中的权威者的命令时，能集中精力去干。但在其他情况下，则往往在短期内能集中精力，而不能持久。

④ 培养韧性。对于黏液质培养可以提前对某一件事拟个计划，逐步实施，培养耐力。

⑤ 培养决断力。黏液质人的气质特征之一是很有决断力。他们根据对自己有用无用、有利没利这一价值观进行决断，不太受常识、人情等约束，一经决断，就立即行动，事后很少为结果好坏而烦恼。因此，黏液质的人培养决断力就要重在对行动的合理性的反省。

⑥ 培养行动力。黏液质人有时也会表现出考虑太细、犹豫不决的一面，但他们在经过周密思考以后，还是能够果断地采取行动的。所以培养行动力就是要在培养行动中充分发挥的能力，同时还要注意行动的后果。

（4）抑郁质人的自我培养

① 培养创造力。抑郁质人是不拘泥于固有的观念、思想活跃的人。他们常能产生一些新想法，并能以此创造新局面。他们具有现实的创造力，提升和培养这种创造力，让他们在实践中不断地提醒自己：提高，提高，再提高！

② 培养表现力。抑郁质人话题丰富，说话风趣，不过能否让人感觉真实，就难说了。有夸张、有比喻，起承转合齐备，可是反复说明的却是一面之词。这样，还是缺乏说服力。抑郁质的人要时刻提醒自己：表现，表现，再表现！只有如此才能尽展魅力！

③ 培养集中力。抑郁质人瞬间的集中力是超群的。但遗憾的是，他们缺乏持久性。这是因为抑郁质人的兴趣和注意力会不断转移，往往是越想集中注意力，越弄得自己心不在焉。抑郁质的人在学习和工作中，要注意培养自己的集中力，尽可能地专心。可以这么练习：在工作前，拿出一两分钟，进行一下集中能力的练习。具体做法是，闭上眼睛，想象在广大空间中，把精力集中到一个点，不要分神。如果集中到一点有困难的话，可以扩大为一条直线。一般来说，这个方法会延长集中的时间。然后再把一条线扩大为一个面，逐渐地构

想出空间的星星和漩涡等简单的图形,并且反复、深入地描绘它,使图形一天一天复杂化。这样,注意力就会一天比一天集中。

④ 培养韧性。抑郁质的人的气质中有不怕碰钉子的成分,应该培养自己的韧性。运气、毅力和苦干,是一个人做事情成功的条件,其中毅力又有关键性的作用。而毅力,就是韧性加上恒心。

⑤ 培养决断力。抑郁质人有得天独厚的决断力,不过多是较草率的决断。抑郁质人在决断之前,最好先冷静一下,要慎重,先想想可行不可行,要三思而后行。要不断提醒自己:思考,然后再行动。

⑥ 培养活动力。抑郁质人本身就具有很强的活动力,要能养成冷静捕捉时机,清醒地行动的习惯。

### 四、良好形象的气质体现

形象就是一个人的外表给他人的印象,所指的远远不只是长相,而是个人气质、文明程度、人格魅力的综合反映。良好的形象应表现出以下几方面的气质:

#### 1. 自信

自信就是自我认同、自我肯定,是塑造良好形象的首要气质。

自知之明。所谓自知,不仅要认识自己的短处,更要认识到自己的长处。

扬长避短。寸有所长、尺有所短。不要拿自己的短处比别人的长处,要以充分的自信,在适当的时候,以适当的方式展示自己的优势。

沉着冷静。面对困难和挫折要临危不惧,妥善应对;面对失败要勇于接受,并积极地吸取教训,不能消极地回避,相信只要方法得当,积极努力,就能反败为胜。

#### 2. 乐观

人的心情也是主观对客观的反映。乐观的心情是主观对客观的积极反映。

乐观愉快的人,不仅能更好地享受人生,提高自身生活质量,还能营造和谐、融洽、愉快的氛围,感染周围的人,成为受人欢迎的人,并给人以良好的形象。

乐观豁达的人,所具有的特征是机灵、幽默、随和、易相处,一般不会令人感到尴尬,更不会令人生厌,而是给人以好感。

乐观是一种积极的人生态度,乐观的人能在困难的情况下,迎接挑战,创造机遇,给他人或团队带来希望。

#### 3. 正派

光明磊落、襟怀坦白、处事公道、为人正派,是机关干部应当展示的良好形象,也是人们的期望和要求。

为人:"君子坦荡荡,小人常戚戚"。敢说真话,不说假话,更不搬弄是非,给他人造成误会和不快。言行一致,做到言必信、行必果,诚实守信,不令人失望。

处事:办事公道,做到公开、公平、公正,不搞暗箱操作,增加透明度,使他人放心。

待人:真诚待人,不谋私利,处处事事多为他人着想,在关键时刻能牺牲自己的利益,为他人谋取利益。

#### 4. 礼貌

礼貌是言语动作谦虚恭敬的表现,是一个人文明程度的标志。讲文明、懂礼貌,使人与人之间更加容易沟通,增进了解,达成共识。

遵守公共秩序。在公共场合能自觉地遵守公共秩序,是对他人的尊重,也是个人形象的良好展示。有些规则是约定俗成的,更要靠人们的自觉去维持。

约束个人行为。每个人都有自己的言行习惯,有些习惯也许与公共秩序的规范不完全一致，要尽量地约束自己，适应他人。

### 5. 得体

凡事皆有度，良好形象的展示同样重要的也是把握好分寸，要因地制宜、因时而易。

待人接物要恰到好处，不能有失身份；穿衣打扮不能矫揉造作；在对待一般性问题上，要"随大流"、从惯例，不必标新立异；遇事要沉着冷静，保持理性，而不感情用事，自乱方寸。

**拓展阅读**

### 气质的表现是风度

**1. 风度的含义**

风度是一个人气质的自然外露，是个性美的关键。譬如，平时的各种坐姿站姿、待人接物、举止谈吐、行为礼貌等都能显现出人的风度。

**2. 气质与风度的关系**

气质与风度是互为表里，相辅相成的。气质是风度之灵魂，风度是气质的显现，必须以内在的气质作基础。优雅的风度取决于高雅的气质，气质不佳难有好的风度。

风度总是伴随着礼仪，有风度者必然礼仪行为规范、得体。

**3. 礼仪体现气质和风度，塑造美的形象**

气质是人的内在涵养或修养的外在体现，属于心理活动的范畴。风度是人的内在气质在情趣追求方面的外在流露，属于审美追求的范畴。礼仪是人的内在素质在行为规范方面的外在表现，属于价值取向的范畴。合乎礼仪的言行都必定是美的，和谐自然的。要做一个有品位、有风度、有修养、有魅力的现代人，不懂礼仪，不循礼仪规范行事，是不可想象的。礼仪规范行为，体现气质和风度，塑造美的形象。

没有经过琢磨的钻石是没有人喜欢的，这种钻石戴了也不好看。但是一旦经过琢磨，加以镶嵌修饰之后，它们便生出光彩来了。美德是精神上的宝藏，但是使美德生出光彩的则是良好的礼仪、修养、风度……无论做什么事情，人必须具有端正的态度和优雅的方法，才能做得漂亮，自己感受到成功的喜悦，也会得到别人的肯定和赞赏。

### 加强修养，塑造形象

修炼自己的声音，让它美妙动听；
修炼自己的语言，让它妙趣横生；
修炼自己的眼睛，让它传神丰富；
修炼自己的表情，让它神采飞扬；
修炼自己的行为，让它规范专业；
修炼自己的学识，让它知思涌泉；
修炼自己的脾气，让它逗人喜爱；
修炼自己的个性，让它鲜明唯美；
修炼自己的心灵，让它平和美丽；
修炼自己的气质，让它超凡脱俗；
修炼自己的灵魂，让它崇高圣洁；
修炼自己的人生，让它阳光幸福。

## 拓展阅读

### 气质的修炼

首先，要有一定的知识底蕴。要注重自己的品行修养。

其次是要注重个人的养成教育。形成良好的言行举止习惯。要注重自己的品德修养，学会处理各种问题，历练自己的人格魅力。要经得起风风雨雨的考验，遇事不急不躁，稳中求胜，妥善处理问题，游刃有余。

总之，气质是一门学问，值得每一个人去研究学习。

1. 沉稳
(1) 不要随便显露你的情绪。
(2) 不要逢人就诉说你的困难和遭遇。
(3) 在征询别人的意见之前，自己先思考，但不要先讲。
(4) 不要一有机会就唠叨你的不满。
(5) 讲话不要有任何地慌张，走路也是。

2. 细心
(1) 对身边发生的事情，常思考它们的因果关系。
(2) 对做不到位的执行问题，要发掘它们的根本症结。
(3) 对习以为常的做事方法，要有改进或优化的建议。
(4) 做什么事情都要养成有条不紊和井然有序的习惯。
(5) 经常去找几个别人看不出来的毛病或弊端。

3. 胆识
(1) 不要常用缺乏自信的词句。
(2) 不要常常反悔，轻易推翻已经决定的事。
(3) 在众人争执不休时，不要没有主见。
(4) 整体氛围低落时，你要乐观、阳光。
(5) 做任何事情都要用心，因为有人在看着你。
(6) 事情不顺的时候，歇口气，重新寻找突破口，即使结束也要干净利落。

4. 大度
(1) 对别人的小过失、小错误不要斤斤计较。
(2) 在金钱上要大方。
(3) 不要有权力的傲慢和知识的偏见。
(4) 任何成果和成就都应和别人分享。
(5) 必须有人牺牲或奉献的时候，自己走在前面。
(6) 检讨任何过失的时候，先从自身开始反省。

5. 诚信
(1) 做不到的事情不要说，说了就努力做到。
(2) 虚的口号或标语不要常挂嘴上。
(3) 停止一切"不道德"的手段。
(4) 不要弄小聪明。
(5) 计算一下产品或服务的诚信代价，那就是品牌成本。

6. 担当
(1) 检讨任何过失的时候，先从自身或自己开始反省。

（2）事项结束后，先审查过错，再列述功劳。
（3）认错从上级开始，表功从下级启动。
（4）着手一个计划，先将权责界定清楚，而且分配得当。
（5）对"怕事"的人或组织要挑明了说。

## 任务总结

气质，对于我们实在是一种可供无尽挖掘的宝藏，我们一定不能忽略气质，更不能歪曲理解气质，气质是生命最美丽动人的风景之一。作为一个职业人，培养自己的气质从一点一滴做起。

## 思考与练习

一、判断题

1. 一个人的气质是指一个人内在涵养或修养的外在体现。（　　）
2. 气质是指整体典型地表现出心理过程的强度、心理过程的速度和稳定性以及心理活动的指向性等动力方面的特征。（　　）
3. 气质不是学来的，而是培养出来的。（　　）
4. 品味决定气质。（　　）
5. 要一个好的生活环境，好的心态，才能培养出好的气质。（　　）
6. 胆汁质人不自信。（　　）
7. 抑郁质人迟缓。（　　）
8. 气质不会影响人活动的风格、行为和方式。（　　）
9. 胆汁质工作职业形象，有与生俱来的领导能力。（　　）
10. 气质对人的生理过程和各种行为，都会产生重要影响。（　　）

二、单选题

1. 气质是指风格、（　　）。
   A. 气度　　　　B. 气质　　　　C. 魅力　　　　D. 风度
2. 多血质人的（　　），在职场中既可以表现为聪明好学与肯动脑筋。
   A. 浪漫　　　　B. 个性　　　　C. 自尊　　　　D. 灵活
3. 人的气质与形象是密不可分的，气质的优化是从人的（　　）方面对人的形象进行的根本性优化。
   A. 内心　　　　B. 外表　　　　C. 形象　　　　D. 素质
4. 人的素质差异首先取决于人的（　　）差异。
   A. 气度　　　　B. 风度　　　　C. 魅力　　　　D. 气质
5. 多血质气质服饰职业形象表现为：追求个性风格，喜欢质朴、明快，（　　）大胆，给人一种朝气蓬勃的感觉。
   A. 造型　　　　B. 式样　　　　C. 色彩　　　　D. 亮度
6. 黏液质气质工作职业形象：做事有计划，有条理，有组织，有创造性，注重（　　），追求高标准。
   A. 过程　　　　B. 细节　　　　C. 计划　　　　D. 节奏
7. 多血质气质服饰职业形象，讲究（　　）、浪漫的个性风格，给人一种清新明朗的感觉。

A. 质朴      B. 庄重      C. 稳重      D. 典雅

三、多选题

1. 气质的基本特征包括感受性、耐受性、（　　）。
A. 反应敏捷性      B. 可塑性      C. 情绪兴奋性      D. 倾向性

2. 气质类型有（　　）。
A. 胆汁质      B. 多血质      C. 黏液质      D. 抑郁质

3. 提高气质修炼的技巧性包括（　　）控制情绪、情感。
A. 利用音乐      B. 学会微笑      C. 善于疏导      D. 生物反馈

4. 修炼气质对职业形象的作用自信、乐观、正派、（　　）。
A. 素质      B. 魅力      C. 礼貌      D. 得体

四、简答题

1. 什么是气质？气质特征包括哪些？
2. 气质类型和和特征有哪些？
3. 气质与职业形象的关系是怎样的？
4. 从哪几方面塑造自己的气质？
5. 修炼气质对职业形象的作用是什么？

五、案例分析题

### 记得低头

富兰克林年轻时曾去拜访一位前辈，那时他年轻气盛，挺胸抬头，迈着大步，一进门，头就狠狠地撞在了门框上。出来迎接他的前辈看到他的狼狈样，笑笑说："这是你今天拜访我的最大收获。要想平安无事地活在这世上，你就必须时时记得低头。"从此，富兰克林把"记得低头"作为毕生为人处世的座右铭。

分析：低头说明了什么？

# 素质修养与职业形象提升

### 任务描述

观念主导行动,行动养成习惯,习惯形成品德,品德决定出路。

一个人的职业素养决定了他自身未来的发展。我们需要更好地认清自己,树立正确的职业意识,给自己拟定一个有规划的人生,自发地改变自身工作的原动力,更主动、更努力地去工作,达到改善自己的目的!

素质与形象的关系:素质是形象的基础和内在依据,形象是素质的外在表现。只有具备较高的素质,才能表现出良好的形象。一个人具有良好的形象,也能从侧面反映出其较高素质。因此,培养、塑造良好的职业形象与职业素养,对人生的成功至关重要。

### 任务目标

1. 了解素质的概念、职业素质的分类;
2. 熟悉理解素质的作用,素质的特征,素质的层次;
3. 掌握职业素质与职业贡献、职业自信、职业诚信、职业忠诚的概念;
4. 掌握职业素质与职业贡献、职业自信、职业诚信、职业忠诚的关系。

### 案例导入

丁俊晖打台球,有一场球本来胜局已定,但在夺冠之后仍然认真打,最后打出了147分的满分。这就体现出一种职业素养。由此可以看出,职业台球人应该有的特点:冷静、理智、高水平、高标准。冷静、理智体现在胜不骄、败不馁。不为一点成绩而沾沾自喜,不为一点失败而气馁。高水平、高水准体现在真正的功夫,稳定的超乎寻常的水平。

## 一、素质与职业形象

### 1. 素质的含义

"素"是指本色、白色,颜色单纯,不艳丽,本来的、原有的、带有根本性质的物质。"质"是朴素、单纯。素与质组词后,表示的是事物本来的性质。

素质的概念有广义和狭义之分。狭义素质,是指人的心理状态的生理条件,人的先天感觉器官和神经系统方面的特点,也称天赋。表示人的先天性或固有性。广义素质,不仅指遗传先天素质,还包括后天环境影响和教育训练而形成的社会素质。人的素质包括政治素质、思想素质,道德素质、业务素质、审美素质、劳技素质、身体素质、心理素质等。

### 2. 素质的特征

(1)具有稳定性和可塑性 实践证明,人的素质一旦形成,便具有相对稳定性。表现在职业的行为中,在客观环境的约束下,已形成的素质不是一成不变的,是具有可塑性的。不具备的素质可以通过学习、训练,通过努力获得补偿,使其完善。一般性素质可以通过培训成为成熟的素质。而本来一个人有良好的素质,事后不去维护,努力保持在一定的条件下也可能退化。所以人的素质是稳定性与可塑性的统一。

(2) 具有统一性和差异性　素质既有统一性又有差异性。每个人作为一般意义上的人来说其素质具有共同的基本的特征,表现在生理、心理、个性等基本的组成因素和结构。但每个人在具体表现形式上又有自己的特点,有些人性格中某种因素表现强于其他因素,表现为外向性格;而有些人正好弱于其他方面,表现为内向性格。

(3) 具有隐蔽性与外显性　素质,对人来说有时看不见,摸不着,说不清。但又客观存在,人的语言、行为等随处表现出其素质。

(4) 具有自然性和社会性　人先天的自然素质,是构成人素质的基础。它规定了素质发展的限度。素质的形成,更重要的是后天环境的影响和教育训练。也可以说,人的素质是一种社会产物,具有鲜明的社会性。因此,素质形成与外部客观条件息息相关。如社会生产力水平,社会政治制度,科研和教育发展程度,社会环境等因素等。人是通过教育和个人努力来重新组合并完善自己的。

(5) 具有稳定性和动态性　素质一般是指那些相对稳定的特征,即只有相对稳定的特征才称之为素质。但素质并不是一成不变的,是通过与环境、教育的相互作用不断变化和发展的,这种变化发展可以通过知识、能力、思想等表现出来。

**放下自己,别把自己看得太重**

有这样一个故事:

人问神:"为什么我无法飞起来?"

神没有回答,却去问鸟:"你为什么能飞起来呢?"

鸟回答说"不知道。"

于是人愤愤不平:"我这么聪明,这么有能力,上知天文、下晓地理,可我为什么偏偏无法飞起来呢?而这样一只笨鸟却能在天空中翱翔!"

这时神对人说:"你无法飞翔的原因,正是因为你把自己看得太重。"

### 3. 素质的七个层次

素质的七个层次见表4-4。

表4-4　素质的七个层次

| 素质层级 | 定义 | 内容 |
|---|---|---|
| 技能 | 指一个人能完成某项工作或任务所具备的能力 | 如:表达能力、组织能力、决策能力、学习能力等 |
| 知识 | 指一个人对某特定领域的了解 | 如:管理知识、财务知识、文学知识等 |
| 角色定位 | 指一个人对职业的预期,即一个人想要做些什么事情 | 如:管理者、专家、教师 |
| 价值观 | 指一个人对事物是非、重要性、必要性等的价值取向 | 如:合作精神、献身精神 |
| 自我认知 | 指一个人对自己的认识和看法 | 如:自信心、乐观精神 |
| 品质 | 指一个人持续而稳定的行为特性 | 如:正直、诚实、责任心 |
| 动机 | 指一个人内在的自然而持续的想法和偏好,驱动、引导和决定个人行动。 | 如:成就需求、人际交往需求 |

### 4. 素质作用

素质,实质是指一个人的质量质地。对人的各方面的发展起到重要的制约作用。事实上,一个人的事业成功与否与素质息息相关。管理学者曾概括认为,管理者素质在其从事的工作中起着重要作用,并提出:智力比知识更重要;素质比智力更重要。由此可以看出,人的知识、智力和觉悟都是素质所包括的内容,是构成素质的基本要素,所以,事业的成功首先应从提高整体素质入手。

### 接受别人的服务

一个刚入职的大学生，第一天按时到单位来上班，当他走进办公室发现同事们已经打扫好卫生，各自坐在办公桌前办公，这时有一个同事拿着热水瓶，一一给大家倒水，当走到他跟前时同事问他："小张，要不要水沏茶？"，小张嘴向放杯子的地方头都没抬一下说"要"，其他什么话也没说，屁股都没抬，一声"谢谢"都没说就坐等同事帮他倒水。

问：1. 小张做得对吗？
　　2. 你们指出小张错在哪里？
　　3. 小张的同事们会怎么想？
　　4. 你们认为小张应该怎么做？

**5. 素质与职业形象的关系**

二者之间是表里关系，素质是形象的基础和内在要素，职业形象是素质的外在表现。只有具备较高的素质，才能表现出良好的形象。一个人具有良好的形象，也能从侧面反映出其素质较高。你只有具备了好的品质、行为和外表，大家才会对你的职业品质、职业行为的外表印象和评价。职业生活中的那些事业成功者，都是由于有了好的素质和好的形象才成功的。主要表现如下。

（1）有好的品质形象　　如：有正确的理想、信念、人生观、价值观、道德品质等。
（2）有好的行为形象　　如：善于为人处世，对人讲究礼仪，有很强的工作能力等。
（3）有好的外表形象　　如：讲究个人卫生，善于穿戴、举止文明等。

良好的生理素质，是从业人士素质形成和发展的客观物质基础；一定社会条件下的后天实践，使从业者素质形成和发展的必要条件。素质是一个人在活动中所具有的稳定的身体、精神及社会的基本特质，他调节人的活动，所以素质是形象的基础，形象是素质的表现和放大。

### 从《中国诗词大会》看董卿的形象塑造

在《中国诗词大会》这档电视节目中，董卿作为节目主持人在节目展现了自己强大的文化内涵，在与挑战者、百人团以及现场嘉宾的交流与沟通之中都展现出了独特的人格魅力，满足了电视机前的观众对《中国诗词大会》的内心期待。董卿的表现：一是"慧中"的内涵形象，作为主持人不仅有着"秀外"的外表，更有着"慧中"的内在涵养，主要体现在以下几个方面：执着的敬业精神，深厚的知识功底，文学储备深厚，沉着灵活的控场能力。二是"秀外"的外在形象，主要表现在，时尚得体的服饰妆容，温暖亲切的副语言，柔和且有辨识度的声音，三是主持人与节目完美地融为一体。四是品牌形象塑造。从央视的《中国诗词大会》这档节目可以完美地展现董卿"秀外慧中"的主持风格，不管是外在形象还是内在文化修养，她都称得上是当今央视女主持人典范形象。

## 二、素质修养与职业形象

**1. 职业贡献**

社会是一个庞大的机器，每个人都是这个机器上或大或小的部件，人在社会中接受多方面的教育，由自然人变为社会人，人与社会、人与人、相互依存，人的社会属性明确地要求人在社会中除了获得执业报酬外，还必须承担相应的社会义务。社会像一个链条，一环扣一环，每种职业都是其中的一环，缺一不可。三百六十行，行行相关。职业贡献是从事某个职业，为其职业做出的成绩。你的职业劳动为社会，为他人做出了贡献，你同时也会享受到他人的职业劳动成果。职业既是为自己谋生，也是为社会做贡献的岗位。人承担社会义务，主要在职业中体现。

职业具有三个功能：谋生的手段；为社会做贡献的岗位；实现人生价值的平台。三者密不可分，其中"谋生"是基础，"贡献"是灵魂，"价值"是结果。

### 顺丰速运创始人王卫

1993年，22岁的王卫在广东顺德创立顺丰速运。当时，这家公司算上王卫本人也只有6个人。2010年，这家公司的销售额已经达到120亿人民币，拥有8万名员工，年平均增长率50%，利润率30%。18年前，当王卫背着装满合同、信函、样品和报关资料的大包往返于顺德到香港的陆路通道的时候，他肯定想不到，未来顺丰会成为不折不扣的行业冠军。2017年2月24日，顺丰控股在深交所举行"重组更名暨上市仪式"，顺丰控股董事长王卫出席重组更名暨上市仪式。2016年4月，王卫位列"中国最具影响力的50位商界领袖"第29名。

#### 2. 职业自信

自信，是个人对自己所作各种准备的感性评估。自信能促进成功。

相信自己行，是一种信念。自信不能停留在想象上。要成为自信者，就要像自信者一样去行动。

自信是发自内心的自我肯定与相信。自信无论是在事业上还是在工作上都非常重要。只有自己相信自己，他人才会相信你。

（1）自信的含义　自信又叫自信心，是一个人自己相信自己的心理，是相信自己有能力实现自己愿望的心理，是对自己力量的充分肯定。自信心是人们成长与成才不可缺少的一种重要心理品质，是在生活中逐步形成、发展起来的。自信，就是受挫不气馁，失败不灰心，顺利不自负，无论在什么样的情况下都坚定不移地相信自己能够获得成功，坚信"我行，我可以"。健全的自信往往是引导成功的关键，而自卑感却是实现目标和希望的障碍，自信能使人发挥出更大的潜能，以过人的胆识和信心，实现其人生的最大愿望。实践证明，成功的生活经验是产生自信心的基础。

有一天，绝顶聪明的纳斯鲁丁跑来找奥修，非常激动地说："快来帮帮我！"奥修问："发生了什么事？"纳斯鲁丁说："我感觉糟糕透了，我突然变得不自信了，天啊！我该怎么办？"奥修说："你一直是很自信的人呀，发生了什么事让你如此不自信呢？"纳斯鲁丁非常沮丧地说："我发现每个人都像我一样好！"看起来非常自信人往往也非常不自信，如果真是这样，自信满满的人可能正是那些不太自信的人，处处谦虚忍让的人更像是内心笃定的家伙。

（2）自信是成功的先决条件　如果你想成功的话，自信就是动力，没有动力，永远达不了理想的目标。成功的先决条件，就是自信。

① 自信是成功的必备因素。自信是一种精神状态，为了使信心能为你的成就有所助益，你必须具备积极的自信。古今中外，事业上有所成就的人，都有各自的成功秘诀：自信。这些人尽管各自的出身、经历、思想、性格、兴趣、处境等有所不同，但他们都有一个共同点就是对自己的才智、事业和追求充满必胜的信心，并坚持不懈。就像凸透镜把太阳光汇聚到一点，点燃了火种。

维克多·格林尼亚年轻时是英国很有名的一个浪荡公子。有一次，在一个盛大的宴会上，他像往常一样傲气十足地邀请一位年轻美丽的小姐跳舞，那位姑娘觉得受到了极大的侮辱，怒不可遏地说："算了，请你站远一点。我最讨厌像你这样的花花公子挡住我的视线。"这句话刺痛了格林尼亚的心。他在震惊、痛苦之后，猛然醒悟，对自己的过去无比悔恨，决心离开家乡，去闯一条新路。他在留给家人的纸条上说："请不要问我的下落，容我刻苦努力学习。我相信自己将来会创造出一番成就来的！"结果，经过8年的刻苦奋斗，他终于发明了以他的名字命名的"格氏试剂"，并荣获诺贝尔奖，成为著名的化学家。

② 自信是成功的动机。自信来自成功的经验，然后它会制造更多的成功，而成功又会产生更多的自信。自信可以帮助我们发现自己的长处，从而产生一种积极进取的成就动机，激励自己去发挥特长，以达到自我实现的目标。有自信心的人，既不自卑，也不自负，能正确认识自己，在恰当地评价自己的知识、能力、品德、性格等内在因素的前提下，相信自己各方面都有可取之处，相信自己能弥补各方面存在的不足，能够看到自己各方面还有很大的潜力可挖和发挥，达到自己的理想目标。

### 主见

父子二人赶驴到集市去，途中听人说："看那两个傻瓜，他们本可以舒舒服服地骑驴，却自己走路。"于是父亲让儿子骑驴，自己走路。又遇到一些人说："这儿子不孝，让父亲走路他骑驴。"当父亲骑上驴让儿子牵着走时，又遇到人说："这父亲身体也不错呀，让儿子在下面累着。"父亲只好让两人一起骑驴，没想到又碰到人，有人说："看看两个懒骨头，把可怜的驴快压爬下了。"父亲与儿子只好选择抬着驴走的方法了，没想到过桥时，驴一挣扎，坠落河中淹死了。这则流传已2500年之久的寓言，提醒我们必须学会有主见，掌握自己的命运，因为你无法得到每一个人的认同或赞许。

③ 自信是对人生价值的肯定。"一个人所发挥出来的能力，只占全部能力的4%，也就是说，我们还有96%的潜能未开发出来。"——心理学家奥托

人是有巨大潜能的，坚定自信有助于开发人的最大潜能。

### 传奇数学家华罗庚

3个3个地数，还余2；5个5个地数，还余3；7个7个地数，还余2。问这样东西是多少？只有小学程度的华罗庚很快算出来结果，令老师惊讶不已！

④ 自信是英雄的本质。自信是一种美，一种与时代和谐的美，它能产生一种强大的推力，使你坚信自己能攻破任何艰难险阻，扫平一切暗礁浊浪。

爱默生所说"自信是个人魅力的本质，成功和失败，顺利和挫折都是我的老师，它使我辨别真善美，增强我向逆境挑战的勇气，我知道建立自信是困境中重新崛起的一种特有的力量。"自信是成功之基，自信使不可能变成可能，使可能变成现实。不自信使可能变成不可能，使不可能变成毫无希望。选择自信就是选择成功。速度滑冰名将叶乔波，由于有一种向逆境挑战的勇气和力量，她才能经受住常人难以忍受的"残酷"训练，她带着严重的伤痛，参加冬季奥运大赛，获得了值得国人骄傲的成绩，圆了几代人的梦想，为祖国争得了荣誉。

**拓展阅读**

### 个子矮小不影响伟人气质

我国改革开放的总设计师邓小平身高156cm；建立了世界上第一个苏维埃社会主义共和国、深受苏联人民爱戴的列宁身高156cm；雷锋身高156cm，并未影响他成为一个时代青年的楷模；曾横扫全欧洲，被无数人崇拜的拿破仑身高162cm；男人味十足的俄罗斯总统普京身高170cm，现任总统梅德韦杰夫163cm。

#### 3. 自信与职业形象

（1）自信的作用　古希腊哲学家塞涅卡说："不是因为这些事情难以做到，我们才失去信心，而是因为我们缺乏自信心才使这些事情难以做到。"

现代社会需要各行各业的专家和能工巧匠都来大显神通。三百六十行，行行出状元。我们固然需要出色的核子物理学家，但制作糕点的专家我们同样需要，二者都是高尚的、有用的人，并无高下之分。

自信心就像催化剂一样，它可以把人的一切潜能激发出来，让所有的功能调整到最佳状态。一个人如果缺乏自信心，就会缺乏探索事物的主动性和积极性，他的能力自然就会受到约束和局限。

### 尼克松竞选美国总统败于不自信

曾任美国总统的尼克松，因为一个缺乏自信的错误而毁掉了自己的政治前程。1972年，尼克松竞选连任总统。由于他在第一任期内政绩斐然，所以大多数政治评论家都预测尼克松将以绝对优势获得胜利。然而，尼克松本人却很不自信，他走不出过去几次失败的心理阴影，极度担心再次失败。在这种潜意识的驱使下，他鬼使神差地干出了后悔终生的蠢事。他指派手下的人潜入竞选对手总部的水门饭店，在对手的办公室里安装了窃听器。事发之后，他又连连阻止调查，推卸责任，在选举胜利后不久便被迫辞职。本来稳操胜券的尼克松，因缺乏自信而导致惨败。

① 自信是态度。自信是一个人对待自己的积极态度。自信的人，能充分认识到自己的能力、相信自己的能力、肯定自己的能力、相信自己的选择、相信自己的理想的实现，无论做什么事都有主见，保持一颗勇敢、前进、愉悦的心，坚持到底，达到理想的彼岸。

② 自信是动力。自信是一种动力。有了动力，再加上努力，成功还会远吗？自信是奇迹的出发点，坚信自己所能做到的，就会发生奇迹，"自信"在自己的心中，"自信"仿佛散发着无穷的魔力！笑一笑，点点头，每种形式处处体现着自信。生活的困难像一条汹涌的海浪，而自信则是渡过海浪的船。用自信的生活态度去面对将来的岁月，你就真能做到"剑锋所指，所向披靡"。

### 动力是自信，动力是欣赏

十九世纪荷兰伟大画家凡高生前只卖过一幅画，他的画也确实不招当时人待见，因为他的弟弟提奥就是一个画商，提奥推销别人的画，能不推销自己深爱哥哥的画。凡高没有收入，靠经营图画的弟弟供养。

凡高画的画卖不出去，还不停止作画，不被外界认可，不懈的动力是什么？自信。他喜欢画，他认为自己的画有价值、有意义。他不说自己的画作卖不出去，他的内心世界的想法是:"我必须试着去卖(这些画),但凡有可能,我情愿把现在的画都留给自己,哪怕只收藏一年,我也确定它们会比现在更值钱。我很想把这些画留下来的原因就这么简单。""必须"是为了生计;"情愿留下来"是因为价格低、不合理、不公平交易、投入与产出不成比例。他矛盾着、坚守着,所以他的画一直收藏到死。当然,还有另一种动力,弟弟提奥的欣赏。作为画商,提奥没有说哥哥画得不好,他没有按当时的画风指导凡高,来获取经济利益。提奥懂得哥哥的作品是永世的,不着急,耐心等待。

凡高去世了,提奥在不到一年后的相同日期也死了,追随哥哥而去。他们都没有看到凡高的画作被拍卖成天价,每一幅作品都值得世人永久珍藏。咸鱼会翻身,奇迹会发生,这就是证明。

③ 自信是信念。相信自己行,是一种信念,也是一种力量,自信是人对自身力量的确信,深信自己能做成某件事,实现自己所追求的目标。

④ 自信是勇气。一个人只有相信自己的能力才能获得成功。面对挑战、激烈的竞争充满自信的人,对自我有一种积极的认识和评价。他们充满激情、勇气和战斗力,有什么困难可以压倒他?

 拓展阅读

### 拿破仑希尔说信心

信心是生命的力量。

信心是奇迹。

信心是创造事业之本。

只要你相信会成功,你一定能赢得成功。

信心是心灵的"第一号化学家"。当信心融合在思想里,潜意识就会立即感受到这种震撼,把它变成等量的精神力量。再转送到无限智慧的领域之中,促进成功意识的物质化。

(2) 克服自卑,加强自信心训练

① 自卑的含义。自卑,顾名思义,主体自己瞧不起自己,它是一种消极的情感体验。自卑在心理学上,是指一种自我否定,主要是低估自己的能力,觉得自己各方面不如人,可以说这是一种性格的缺陷。主要的表现在于对自己的能力、品质评价过低,还会有一些特殊的情绪体现,如害羞、不安、内疚、忧郁、失望等。

② 自卑的危害。长时间的自卑,会造成心理上的不健康,导致生理上出现亚健康状态,具体的危害在于会使人心理上情绪低沉,郁郁寡欢,常因害怕别人看不起自己而不愿与人来往,只想与人疏远,缺少朋友,顾影自怜,甚至自疚、自责。自卑的人,缺乏自信,优柔寡断,毫无竞争意识,抓不到稍纵即逝的各种机会,享受不到成功的欢愉等。而在生理上会导致免疫系统功能下降,抗病能力也随之下降,从而使人的生理过程发生改变,出现各种病症,如头痛、乏力、焦虑、反应迟钝、记忆力减退。

③ 克服自卑,加强自信训练。自卑并不可怕,只要你掌握了一些方法,完全可以克服你的自卑心理,让你成为一个有自信的人,如何克服自卑心理?坚持自信,才能建立自信。

第一,相信自己,在你的桌子醒目的地方,放一张卡片写上"我能行",每天大声地念上几遍,让这种精神感染你的情绪,渗入你的身体。

### 两种心态与结果

有一个故事,一个人乘船出海,不幸船触礁沉没了,他被抛在大海里,但是他想:哼,太平洋我也能横渡，何况这是内海。于是他信心百倍地游啊游，他终于被船救起。另一个人，失足掉进大路边的一个小水坑里，他害怕极了：天哪，我没救了，我必死无疑了！他狂蹬乱扒一阵后，淹死了。后来人们发现，如果他站起来，水坑里的水才刚刚到他的腰。前者由于自信而挽救了自己的生命，后者则因完全否定自己而被淹死在浅浅的水坑里。

第二，发现优点，在纸上列上几点优点，不论是哪方面（细心、形象好、眼睛好看等），在从事各种活动时，想想这些优点，并告诉自己有什么优点。这样有助于你提升从事这些活动的自信，这叫做自信的"蔓延效应"。

第三，形象改善，尤其是外在的形象，如着装职业化、展业注重礼仪、待人接物友善热情、言谈举止文明大方等。

第四，学会微笑，微笑会增加幸福感，进而增强自信。

第五，提高内涵，明确岗位目标和职责；多学习，扩大知识面，丰富专业知识；积极参加各项集体活动，提升专业技能；与同事和谐相处，不断拓展人脉，做大限度地发挥团队的协作精神。

第六，目标管理，充实自己，要相信天生我才必有用；明确自己的优点和不足，做事脚踏实地，根据自己的实际状况拟订个人短中期目标以及长期目标，随时进行积极地调整。时刻保持正面积极、实事求是的态度，以达成目标为自我期许。

案例分析

### 别人的眼睛重要，自己的眼睛更重要

意大利有位叫艾菲罗的画家，他曾经极用功地画了一幅画。为了检测这幅画究竟如何，他将画送至画廊展出，并在画的旁边放了一支笔，要求观众在认为不妥之处画出记号，结果整幅画被涂满了记号，他心情很不好。但思索了一阵后，他又将这幅画重新临摹了一幅，再次放到原处展出，旁边同样放了一支笔，请观众在认为是妙笔之处做出记号，结果整幅画全是赞美的标记。这使得他信心大增，于是继续努力，终于成为著名的画家。

案例分析：如何正确看待自己，关键就在于自己的视角。俗话说："金无足赤，人无完人。"有缺点在所难免，但我们无须把眼睛老盯在自己的缺点或不足上，那样会搞坏自己的心情，挫伤自己的自尊心和自信心。我们常说要善于发现自己身上的不足，但这不是让你沉浸在失意和自责中，而是要使自己更好地把握现在，挑战未来。

## 三、职业诚信

俗话说，人无诚信不立，家无诚信不和，业无诚信不兴，国无诚信不盛！诚信对于一个企业的生存发展起着至关重要的作用。诚信包括诚实和守信两个方面的含义。诚实，就是言行一致，不讲假话。守信，就是遵守诺言，说到做到。

### 1. 职业诚信的概念

诚，就是真实不欺，不欺骗自己。

信，就是真心实意，不欺骗别人，遵守诺言和契约。

职业诚信就是坚守职业道德的品质，反映了一个人在从事某种职业时的工作水平和对工作的认真负责态度。诚信是一种文化，一种文明，一种精神，一种力量。科学家们警告，时下地球上的生物正以每天近百种的速度从我们的身边消失。而社会学家关心的是，有多少人类的优秀文化遗产和文明成果也在被人们轻视和遗忘，其中最重要的一条就是诚信。

古人云："人无忠信，不可立于世。"人言为信，成言即诚，诚信就是语言的出现和形

成,是人类走向文明的开始。亦即诚信的标志一样,文字的产生和发展也是诚信的产物和必然。

### 案例分析

**用心做事要求员工做个诚信的人**

在联想公司,诚信是一种信仰,更是一种工作态度。诚实做人,注重信誉,坦诚相待,开诚布公,是联想人最基本的道德准则。2007年温州商会邀请柳传志赴温州作经验交流,但是暴雨正在侵袭温州,他搭乘的飞机迫降上海,为了不影响参会,他让人找来公务车连夜赶往温州,当他第二天早上出现在会场的时候,所有人站立鼓掌。柳传志说:品牌最核心的东西就是诚信!

在柳传志看来,人真的像爱护自己的眼睛一样爱护自己的名誉,既然承诺了,就要做到,只有这样才会得到别人的尊重和信任。

**2. 诚信是成功的支撑**

如果把成功比喻成一棵繁茂的大树,那么,诚信便是每日滋润它茁壮成长的阳光。

如果把成功比喻成一栋高大的房屋,那么,诚信便是支撑它屹立不倒的支柱。

如果把成功比喻成一条流淌的小河,那么,诚信便是给予它生命与活力的源头。

诚信,是一切美德与品质的基础。只拥有诚信的人,才能够拥有成功。

### 小故事

一位年轻人带着自己的"健康、美貌、诚信、机敏、才学、金钱、荣誉"这七个锦囊过河,可是他带的东西太多了,必须得扔掉一个锦囊,才能顺利渡过这条河,他思考了半天,哪一个锦囊都舍不得扔,最后他把"诚信"扔进了河里。

(1) 诚信是金  诚信,这关系着一个人的生活、学习、工作,一个人如果失去了诚信,将在社会上没有立足之地。一个人失信,就失去了朋友。失去的不仅仅是金钱,而是一切!他就会成为一个穷光蛋!诚信,失去就在一刹那,而得到却要几年,甚至几十年。一个企业一个公司没有诚信,就会倒闭;一个人失去诚信,他将一生没什么成就。千万不要失去诚信,失去了,再想得到,只需用两个字来说"太难!"

(2) 诚信是美德  诚信一直是取得他人信任的基础,是做人的根本和道德的要求。诚信是人与人交往的基础,人类有别于兽类就是人间不可磨灭的诚信,它与我们和睦相处,共同发展,亲如一家。诚信是做人的资本,因为它是自我把握的尺度;诚信是一种道德上的准则,因为它可以使我们彼此信任,平等相待。诚信是通往灵魂高贵的门,是开启人类智慧的门,是通往幸福生活的门,是通向美好理想的门,是实现人生价值的门。

### 小故事

一则报道说:一公共汽车司机在行车途中突发心脏病猝死,临死前他用最后一丝力气踩住了刹车,保证了车上二十多个人的安全,然后他趴在方向盘上离开了人世。他生命的最后举动,说明在他心里,时刻想到的是要对乘客的安全负责,他虽然是一个普通人,却体现出高尚的人格和职业道德。

(3) 诚信是信任  信任是人与人之间美好的桥梁,让别人相信你。诚信是每个人与生俱来的品质，不管你从事什么职业，都应具有"诚信"，只要你有了诚信，别人都会对你刮目相看。

### 案例分析

闪光的品格

一个顾客走进一家汽车维修店，自称是某运输公司的汽车司机。"在我的账单上多写点零件，我回公司报销后，有你一份好处。"他对店主说。但店主拒绝了这样的要求。顾客纠缠说："我的生意不算小，会常来的，你肯定能赚很多钱！"店主告诉他，这事无论如何也不会做。顾客气急败坏地嚷道："谁都会这么干的，我看你是太傻了。"店主火了，他要那个顾客马上离开，到别处谈这种生意去。这时顾客露出微笑并满怀敬佩地握住店主的手："我就是那家运输公司的老板，我一直在寻找一个固定的、信得过的维修店，你还让我到哪里去谈这笔生意呢？"

分析：面对诱惑，不怦然心动，不为其所惑，虽平淡如行云，质朴如流水，却让人领略到一种山高海深。这是一种闪光的品格——诚信。

### 拓展阅读

如何塑造诚信形象？

① 信守约定：及早、正确地履行约定，不欺骗；
② 不轻诺、不浮夸：不要不负责任地信口开河，许下诺言；
③ 迅速行动：要准确、干脆、果敢地行动，若不能实现诺言，要及早据实汇报；
④ 诚心和人接触：表里如一。

#### 3. 诚信与职业形象

诚信在现实生活中难以用诚实守信来表达，是做人的根本，也是优良的职业信念。诚实守信要求言行一致，说到做到，不欺诈，不虚假说话，做事实事求是，遵守承诺，讲求信用。诚实守信是职业活动中调节职业人员与工作对象之间关系的重要行为准则。

（1）以诚为本，以信敬业  职业人员要坚持做到以诚为本，以信敬业。首先要培养诚信的动机。有诚信的动机，必须会有诚信的结果。因此，要注意培养和强化讲求诚信的职业道德品质。

（2）树立形象，讲究诚信  职业人员要树立形象，讲究诚信就必须采取诚信的行为，说到做到。要有对自己的行为承担责任的职责与义务。

（3）信守诺言，言行一致  遵守"言必信，行必果"，要求人们信守诺言，不出尔反尔，要说到做到。许诺是郑重的事，只要你的许诺不是在被迫或强制的情况下做出的，你的许诺就是你自主的行为，就应当努力履行，并为你的许诺承担责任，珍惜自己的职业信誉。

（4）诚实立身，友善待人  以诚信和友善对待他人，这样自己才能立足。友善待人，是以诚信待人，以善意待人。职业人应该奉行职业道德行为。古人曰："诚可感天，诚可感人"以及"给人以诚实。虽疏远也亲密，给人以虚伪，虽亲密也疏远。"这就要求真正以谦虚之心、以欣赏之心、以包容之心对待他人。

拓展阅读

### 诚实的林肯

阿伯拉罕·林肯是美国历史上的一位有名的总统，他出身卑微，但为人和蔼公正，诚实厚道。林肯21岁那年，在朋友开的一家商店里当店员。有一天，一位老妇人来买纺织品，多付了12美分。林肯当时没有发觉，等他结账时发现多了钱之后，当晚就步行赶了六英里（大约9656米）路，把多收的钱退给了那位老妇人。又有一次，一位女顾客来买茶叶，林肯少称了四盎司（大约113克），为此他又跑了好长一段路把少给的茶叶补上。附近的居民都很尊敬和喜爱这个瘦瘦高高的年轻人，亲热地称他"诚实的林肯"。

## 四、职业忠诚

### 1. 职业忠诚的概念

"忠，敬也，从心。"是中正方直的道德心理，它外化为道德规范，即专心致志忠于某一信念理想和人物，尽心竭力地对待所从事的事业。"诚"是真实无妄的态度和言而有信、脚踏实地的行为。忠诚是每个员工应具备的基本的职业道德。作为公司员工，你必须忠于公司；作为老板的下属，你必须忠诚于老板；作为团队的成员，你必须忠诚于你的同事。

 小故事

日本索尼公司有这样一句话：如果你想进入公司，请拿出你的忠诚。索尼公司认为，一个不忠于公司的人，即便你的能力再高，也不能录用，因为他可能给公司带来比平庸者更大的破坏。

职业忠诚主要是对于自己所从事职业的认真负责态度及愿意为此献身的精神。其本质是一种对事业的献身精神和忠诚意识，是一种对事业执着追求的责任心和使命感，是一种良善的劳动态度和工作作风，一种精益求精的职业品质和刻苦钻研的精神。

### 2. 职业忠诚的价值

每个人最值得别人留恋的，就是对别人的忠诚。你也许什么都没有，但你可以拥有忠诚，这将是你能为这个世界做的最大贡献。忠诚不仅仅是一种美德，更是一种做人境界。忠诚，让人铭记一份真情，让世界处处充满爱。

（1）忠诚是立身之本　忠诚是一个人在单位、在社会的美德。古人说："人无忠信，不可立于世""不信不立，不诚难行"。拥有忠诚的人，无论在什么情况下，都会受到人们的赞美；拥有忠诚的人，其人格会得到升华。如果不慎丢失了忠诚，那么这个人就可能品质低下。忠诚不仅是立身之本，事实上也是任何一个团队组织战斗力的保证。

（2）忠诚最大的受益者是自己　忠诚不是一种纯粹的付出，忠诚会有忠诚的回报。企业不仅仅是老板的，同时也属于职员。

忠诚的确是国家的需要，老板的需要，企业的需要，你得依靠忠诚立足于社会。

你自己才是忠诚的最大受益人，忠诚的人会比不忠诚的人获取更多。虽然，你通过忠诚工作创造的价值不属于你个人，但你通过忠诚工作造就的忠诚品质，却完完全全属于你，你因此在人才市场上更具竞争力，你的名字因此更具含金量。

 小故事

美国标准石油公司里，有一位小职员叫阿基勃特。他在远行住旅馆的时候，总是在自己签名的下方，写上"每桶四美元的标准石油"字样。在书信及收据上也不例外。只要签名，就一定写上那几个字。日复一日，年复一年，他因此被同事叫做"每桶四美元"，而他的真名倒没人叫。

公司董事长洛克菲勒知道这件事后说："竟有职员如此努力宣扬公司的声誉，我要见一见他。"于是邀请阿基勃特共进晚餐。

后来，洛克菲勒卸任，阿基勃特成了公司的第二任董事长。

（3）忠诚是人的基本品格　忠诚是相互的。如果缺乏对别人的忠诚，就别指望得到别人对你的忠诚。而无论什么样的诱惑，既是忠诚最大的陷阱，也是对忠诚最大的考验。面对诱惑，有多少人禁不住考验而丧失忠诚，昧着良知出卖了一切。其实，当他在出卖一切的时候，也出卖了自己。

### 3. 忠诚与职业形象

（1）勇于承担责任　一个人要想成功，必须干出一些不同寻常的事情来。怎样才能干出不寻常的事情来，靠的是什么？就是你的责任感和忠诚。责任是忠诚的根基。尽职尽责，无论做什么事，它都会决定你日后事业上的成败。一个成功的经营者曾说："如果你能真正制好一枚别针，应该比你制造出粗陋的蒸汽机赚的钱更多。"世界上只有平凡的人，没有平凡的工作。做任何一项工作，重要的不是干什么，而在于怎么做。

（2）干一行，爱一行，成一行　一个员工，只要你手头上有工作，就要以虔诚的心态对待这份职业。即使你自命不凡，心中梦想的是更加美好的职业，但是对手中的职业，一定要以欢快和乐意的态度接受，以虔诚和认真的姿态完成。所以，不仅要"干一行，爱一行"，还要"爱一行，成一行"。只有干好你手头的工作，人生才有一个完美的结果，当一个人"干一行，爱一行，成一行"时，才会发挥出他自己最大的效率，而且也能更迅速、更容易地获得成功。

（3）高效执行命令　一个人对职业忠不忠诚、有没有责任心不是靠嘴巴喊出来的，而是通过行动体现出来的。忠诚于自己的职业，热爱自己职业的人，必定具有高效的执行力，快速、果断的决策，进而全身心地投入到具体行动中去。

（4）保守行业机密　保守行业机密是身为员工的基本行为准则，是事业的需要。不注意保守秘密是一种极不负责的态度，势必会使公司在各个方面处于不利地位。所以，事关工作的机密，员工一定要处处以公司利益为重，处处严格要求自己，做到慎之又慎。否则，不经意地一言一行就泄露了公司的商业秘密。

（5）常怀感恩之心　肯尼迪总统曾经理直气壮地说："不要问国家能为你做什么，而要问，你为国家做了什么。"感恩是忠诚的动力。

真正的感恩应该是真诚的、发自内心的感激，而不是为了某种目的，迎合他人而表现出的虚情假意。与阿谀奉承不同，感恩是自然地情感流露，是不求回报的。感恩并不仅对公司和上级有利，对个人来说，感恩可以丰富人生。

### ▶▶ 任务总结

素质修养与职业形象提升直接关系到个人的发展，提高职业素质，对于确保事业兴旺发达，提高自我整体素质，树立职业形象，具有十分重要的意义。本任务主要介绍了素质的含义、特征，素质的层次，素质作用，素质与职业形象的关系；详细介绍了素质修养与职业形象，职业贡献；职业自信的含义，自信是成功的先决条件，自信与职业形象；职业诚信的概念，诚信是成功的支撑，诚信与职业形象；职业忠诚的概念，职业忠诚的价值，忠诚与职业形象。

### 思考与练习

一、判断题

1. 素质具有稳定性和可塑性。（　　）

2. 素质实质是指一个人的先天的自然素质。（　　）
3. 素质是职业形象的外在要素，职业形象是素质的内在表象。（　　）
4. 三百六十行，行行都是其中的一环，缺一不可，互不相关。（　　）
5. 自信是成功的首要条件。（　　）
6. 自卑是一种消极的自我评价和自我意识。（　　）
7. 忠诚是人的基本品格。（　　）
8. 从业者要坚持做到以诚为本，以信敬业，要培养诚信的动机。（　　）
9. 热爱本职，忠于职守，是职业道德的主要规范。（　　）
10. 热爱本职，忠于职守，是社会分工对每个从业人员的真实表现。（　　）

二、单选题
1. 狭义素质是指人的心理状态的（　　）。
   A. 先天素质　　　　B. 后天环境　　　　C. 教育训练　　　　D. 生理条件
2. 职业形象是素质的（　　）。
   A. 品质形象　　　　B. 品德形象　　　　C. 内在要素　　　　D. 外表形象
3. 诚信，在现实生活中常以诚实守信来表述，是做人的（　　）。
   A. 基础　　　　　　B. 手段　　　　　　C. 根本　　　　　　D. 基础
4. 在职场中要求从业人员要忠于职守、（　　）。
   A. 热爱本职　　　　B. 爱岗敬业　　　　C. 忠于职业道德　　D. 自强自信
5. 自信不但会给人带来成功，也会因成功给自己树立好的（　　）。
   A. 成功的动机　　　B. 职业形象　　　　C. 职业贡献　　　　D. 职业热忱
6. 人的心理素质具有（　　）。
   A. 差异性、相对稳定性、可测性　　　　B. 同一性、相对稳定性、间接可测性
   C. 差异性、绝对稳定性、间接可测性　　D. 同一性、相对稳定性、可测性
7. （　　）是自信的创造者，甚至是胜利和成功的必需工具。
   A. 恒心　　　　　　B. 素质　　　　　　C. 能力　　　　　　D. 热情
8. 一个人自己相信自己的心理，相信自己有能力实现自己愿望的心理，对自己力量的充分肯定，这是一种（　　）。
   A. 自尊心　　　　　B. 自信心　　　　　C. 自主性　　　　　D. 自立性

三、多选题
1. 自信是成功的先决条件，表现在（　　）。
   A. 是成功的必备因素　　　　B. 是成功的动机
   C. 是对人生价值的肯定　　　D. 是英雄的本质
2. 职业的三大功能（　　）。
   A. 谋生　　　　　　B. 贡献　　　　　　C. 价值　　　　　　D. 结果
3. 职业忠诚的价值（　　）。
   A. 忠诚是立身之本　　　　　B. 忠诚最大的受益者是自己
   C. 忠诚是人的基本品格　　　D. 作用胜过才干
4. 忠于职守，爱岗敬业，表现在（　　）。
   A. 热爱本职，忠于职守，是社会的需要
   B. 热爱本职，忠于职守，是职业道德的主要规范
   C. 热爱本职，忠于职守，是社会分工对每个从业人员的基本要求
   D. 热爱本职，忠于职守，是从业人员的工作需要

四、简答题

1. 素质的含义、特征是什么？
2. 素质与职业形象的关系是什么？
3. 什么是职业贡献？
4. 从哪些方面加强自信心？自信与职业形象的关系怎样？
5. 什么是职业诚信？如何塑造诚信职业形象？
6. 什么是忠诚？忠诚与职业形象的关系怎样？
7. 职业忠诚的价值有哪些？

五、案例分析题

张艺谋的成功

特殊的历史环境，使得年轻时的张艺谋未能上高中就插队当了农民和工人，很多人像他一样没有选择，但能像他一样坚持自己梦想的却不多。终于，在1978年，张艺谋以27岁的高龄去学习自己钟爱的摄影，为自己未来的转型进行积累。

重新进入课堂学习后，张艺谋老老实实地做起了摄影，虽然他的志向是导演，但他显然十分清楚自己要做什么。这个时候的他仍在学习，不是在课堂上，而是在实践中学习。

在《黄土地》获奖后，张艺谋有两个选择：继续作为一个已经很成功的摄影师或者转型开始做导演。然而，意料之外，他却做了另外的选择——做一名演员！并且也获得了一定的成功。不过也可以说，这实在是最明智的选择。要做导演，特别是要想成为较有建树的导演的话，当然最好能亲身体验过做演员的感受，才能在拍片的时候和演员们够契合。

《红高粱》成功以后，张艺谋拍了一段时间的文艺片，在全国大众都熟悉了他的名字后，张艺谋敏锐地捕捉到了商业片的市场价值，并与中国电影市场的需求相契合，他开始转向了商业大片，开始了自己的大片之旅，并一直延续到现在。尤其是借助2008年北京奥运会开幕式的无形宣传，使得张艺谋导演蜚声海内外，风头无人能及。

问：张艺谋的成功之路说明了什么？

## 参考文献

[1] 中国人寿保险股份有限公司教材编写委员会编.职业形象与礼仪.北京:中国金融出版社,2010.
[2] 丁兴良.职业形象.北京:机械工业出版社,2010.
[3] 林洁.职业形象塑造.北京:中国水利水电出版社,2009.
[4] 韩秀景.大学生职业形象设计.南京:南京大学出版社,2008.
[5] 范进.职业礼仪培训手册.广州:广东经济出版社,2012.
[6] 金正昆.公司礼仪.北京:首都经济贸易大学出版社,2003.
[7] 李兴国.社交礼仪.北京:高等教育出版社,2006.
[8] 姚旭.交际礼仪.北京:中国劳动社会保障出版社,2007.
[9] 韦维.礼仪教程.北京:中国科学技术出版社,2003.
[10] 景德根,杨国寿.礼仪简明教程.吉林:延边大学出版社,1999.
[11] 范荧.中外礼仪集萃.上海:上海外语教育出版社,2007.
[12] 刘长凤.实用服务礼仪培训教程.北京:化学工业出版社,2007.
[13] 金井良子.礼仪基础.北京:中国人民大学出版社,1997.
[14] 林友华.社交礼仪.北京:高等教育出版社,2003.
[15] 刘国柱.现代社交礼仪.北京:电子工业出版社,2005.
[16] 范进.职业礼仪培训手册.广东:经济出版社,2006.
[17] 金正昆.商务礼仪教程.北京:中国人民大学出版社,2005.
[18] 万友,王莹译.不同对象不同场合不同礼仪.北京:中国人民大学出版社,1975.
[19] 王颖,王慧.商务礼仪.大连:大连理工出版社,2001.
[20] 金正昆.现代礼仪.北京:北京师范大学出版社,2006.